亚洲环境情况报告

第 2 卷

日本环境会议《亚洲环境情况报告》编辑委员会　编著
编辑委员：淡路刚久　寺西俊一　等
编辑顾问：宫本宪一　原田正纯　等

周北海　邵　霞　张坤民　郑　颖　翻译
张坤民　郑　颖　审校

U0193972

中国环境出版社 · 北京

版权登记号：01-2014-1174

图书在版编目（CIP）数据

亚洲环境情况报告. 第 2 卷/日本环境会议《亚洲环境情况
报告》编辑委员会编著；周北海，邵霞译. —北京：中国环
境出版社，2013.12
ISBN 978-7-5111-1680-2

Ⅰ. ①亚… Ⅱ. ①日…②周…③邵… Ⅲ. ①区域环境—
调查报告—亚洲 Ⅳ. ①X321.3

中国版本图书馆 CIP 数据核字（2013）第 295495 号

本書の全部または一部の複写・複製・転訳載および磁気または光記録媒体への入力等を禁
じます. これらの許諾については小社までご照会ください.
© 2000〈検印省略〉落丁・乱丁本はお取替えいたします.
Printed in Japan ISBN 4-492-44264-2 http://www.toyokeizai.co.jp/
简体中文版由东洋经济新报社授权中国环境出版有限责任公司，仅限中国大陆地区销售。
未经出版者书面许可，不得以任何形式复制或抄袭本书的任何部分。

出 版 人　王新程
责任编辑　周　煜
文字编辑　曹　玮
责任校对　尹　芳
封面设计　宋　瑞

出版发行　中国环境出版社
　　　　　（100062　北京市东城区广渠门内大街 16 号）
　　　　　网　　址：http://www.cesp.com.cn
　　　　　电子邮箱：bjgl@cesp.com.cn
　　　　　联系电话：010-67112765（编辑管理部）
　　　　　发行热线：010-67125803，010-67113405（传真）
印　　刷　北京中科印刷有限公司
经　　销　各地新华书店
版　　次　2014 年 3 月第 1 版
印　　次　2014 年 3 月第 1 次印刷
开　　本　880×1230　1/32
印　　张　13.75
字　　数　379 千字
定　　价　48.00 元

【版权所有。未经许可，请勿翻印、转载，违者必究】
如有缺页、破损、倒装等印装质量问题，请寄回本社更换

原书前言

1997 年 12 月，我们出版了《亚洲环境情况报告 1997/98》，作为非政府组织（NGO）版的《亚洲环境情况报告》丛书创刊号。

之后仅在不到 3 年时间里，亚洲地区的政治、经济、社会、环境等各方面，都出现了值得关注的动向，其中包括一些剧变的事态以及可以称之为 21 世纪新时代的预兆。例如，在中国大陆，人们对于各种公害与环境破坏的关注及行动迅速高涨起来，这是 3 年前根本无法想象的，它既可能影响今后的亚洲环境，也可能决定性地影响全球环境问题的走向。此外，在中国台湾，民进党首次取代了国民党执政，10 年前曾协助我们在台湾最大的重化工城市高雄做过公害调查的民进党谢长廷律师也就任市长之职，开始致力于"绿色革命"。此外，在饱受民族分裂之痛和政治军事对抗的朝鲜半岛，出现了新的"南北对话"的趋势。这些现象对于我们这些祈愿今后亚洲地区环境合作新发展的人来说，都是大受欢迎的动向。

在本套丛书创刊（1997/98 版）之际，我们提出的基本口号是："全球环境保护从亚洲开始"。这蕴涵了我们共同的思想，即重视亚洲地区当前的现实，积累真正的行动经验，才是迈向更大的全球环境保护道路的第一步。本书由（1）专题篇、（2）各国（地区）篇和（3）资料解说篇组成，分别包括以下内容：（1）专题篇涉及亚洲的工业化与城市化、汽车大众化、环境污染引起的健康损害、生物多样性保护 4 个方面；（2）各国（地区）篇涉及日本、韩国、泰国、马来西亚、印度尼西亚、中国以及中国台湾 7 个东亚的国家或地区；（3）资料解说篇通过 23 项对相关数据进行解说。本书作为丛书的第二卷，同样沿袭了创刊号的 3 篇式结构，但每篇都是全新的内容：（1）在专题篇新增了能源、矿山开发与矿害、固体废物、海洋环境、地方自治等 5 个专题；（2）在各国（地区）篇，新增了菲律宾、越南、印度，加上创刊号已述及的东亚 7 国（地区）的续篇；（3）在资料解说篇，虽然同创刊号一样由 23 个细目组成，但是新增了亚洲环境非政府组织（NGO）的情况等内容。

此外，贯穿全书的新信息是，面向 21 世纪"寻求亚洲环境合作的新发展！"。这一点是因为本书的发行正是从 20 世纪向 21 世纪的"世纪交替"，换言之，是在向"千禧之年"的过渡年，所以 21 世纪亚洲地区的基本课题正在于此。这也是今后为了具体实现创刊号中提出的"全球环境保护从亚洲开始"口号不可或缺的重要课题。

我们衷心希望，本书能在创刊号之后继续赢得大量读者，真正接受我们的思想和理念，大家都能从自己做起，致力于亚洲环境保护，进而实现全球环境保护这一人类的共同课题。哪怕是多一个人也好，基于反省 20 世纪"环境破坏的世纪"，誓把 21 世纪切实变成"环境保护的世纪"。这种历史性浪潮，在亚洲地区确实已经高涨起来了。

我们今后也将继续为本套丛书的第三卷尽快开始准备。对于我们的努力，若能得到各位有关人士的援助与合作，将倍感荣幸。

2000 年 9 月

编辑委员会代表

淡路刚久，寺西俊一

中译本前言

2004 年 3 月，在中文版《亚洲环境情况报告》（以下简称《报告》）第一卷的"中译本前言"中，记述过此书的出版经过、原书价值、译审体会等。当时指出，这本书至少有 4 个方面的价值：一是明确着眼于亚洲环境，执笔者都是注重研究的学者，数据资料可信；二是作为 NGO 的"日本环境会议"，对于"东亚经济奇迹"背后的环境问题，往往看得比较准和深；三是学者们对问题的原因分析是客观的，对未来出路的展望，态度是诚恳的；四是该书第一卷的英文与韩文译本业已出版，接续的第二卷和第三卷中，调研成果越来越向纵深发展。据悉，日文版第一卷于 1997 年出版后，至 2000 年 9 月，已重印了 5 次。这是公众对于真心研究环境问题的专家们所作贡献的充分肯定。中文版第一卷于 2005 年 5 月出版后，也受到了广泛欢迎和关注。"压缩型工业化"、"爆炸式城市化"、"复合型公害与环境问题"等词语，现在在中国也已经成为流行语了。再度组织翻译并承担审校《报告》第二卷，可以说，对此体会更增深了。

2012 年的"里约+20"峰会，标志着人类对于可持续发展的认识与行动进入了新阶段。中国作为全球人口总量第一、经济总量第二和温室气体排放总量第一的发展中大国，目前仍处于环境库兹涅兹曲线的上升时期。为了国家前途和人类命运，我们必须明确选择并及早行动。中国一贯积极参与并推动了《气候变化框架公约》、《生物多样性公约》、《21 世纪议程》、《京都议定书》等文件谈判成功与生效；同时，《中国环境与发展十大对策》和《中国 21 世纪议程》等文件在 20 年前的里约大会闭幕不久即已制定并开始实施。接着，清洁生产、循环经济、"两型"（资源节约型、环境友好型）社会、科学发展、生态文明，正在步步深入。特别是，2006 年的《国家科技发展规划纲要》提出，中国要建设创新型国家；2011 年的《"十二五"国民经济与社会发展规划纲要》为实现绿色低碳，进一步确定了一系列有约束性的定量指标。在全球面临金融危机的危难形势下，人们的眼光都注视着中国。

正是在此背景下，20 多年前，作为中国政府代表团副团长和国家环保局副局长，我曾参与了联合国《21 世纪议程》等文件谈判和国内《中国环境与发展十大对策》等文件起草；2006 年在应聘完成 APU（日本立命馆亚洲太平洋大学研究生院）3 年全时讲学回国后，我作为中国可持续发展研究会（CSSD）副理事长兼低碳研究学组主任、环保部科技委委员，又继续全身心地投入推动国内绿色低碳的知识普及、调研试点和国际交流等活动。期间，审阅了国际能源机构（IAEA）的《世界能源展望：中国选粹 2007》(World Energy Outlook：China Insight，IEA，2007) 初稿；审校了吉田文和教授的《日本的循环经济》（2008）并翻译了他的《环境经济学新论》（2011）。而大量时间和精力则投入国内外的现场调研与交流上。在环保部、科技部、中国科协、CSSD 和各地方的大力支持下，这六七年间，国外去了北欧 4 国、德国、南非、日本等国；国内走访了全国 286 个地级以上城市中的 65 个。2010 年上海举行世界博览会期间，我参与世博会相关活动 5 次，参观展馆 6 次。在调研过程中，同地方领导、部门负责人、专家、企业家、基层工作人员促膝交谈，从中学习、吸取各地探索绿色低碳的新经验，努力发现创新典型和可行做法，并尽可能参加有关研讨和合作研究。在此基础上，相继合作编辑出版了《低碳经济论》（2008 年，58 万字）、《低碳发展论》（2009 年，120 万字）、《低碳创新论》（2012 年，82 万字）共 3 本低碳文集，还参加了国家科学报告《气候变化与环境：2013》的撰写工作。在此过程中，我强烈地感到，尽管有人在初期对绿色低碳有所不解和疑虑，但随着形势发展，特别是《中共中央关于"十二五"规划的建议》和《国家"十二五"规划》的发布和先行城市与创新企业的行动，绿色低碳在中国正日益深入人心。

《报告》第二、三卷的日文版和英文版，我在 APU 讲学时曾引用过其中的部分资料，感到很有参考价值。正式确定将其译成中文版在华发行，则是于 2007 年结识了吉田文和教授之后。吉田先生是"日本环境会议"成员和《报告》的执笔者之一。在他的积极帮助下，2009 年确定了翻译出版《报告》第二、三、四卷的计划，组织试译出各卷的初稿，日方友好地提供了出版资助。原准备接着用两三年时间完成此项任务，但由于我在《报告》第一卷"中译本前言"中述及的同样原因，加上这些年来有关低碳现场调研与试点以及 3 本低碳《文集》的组稿与主编工作，几乎占据了我所有的工作时间和精力，实在静不下心来逐字逐句审校日文译稿，遂致拖延了时日，于心十分不安。今年，终于下定决心，在周北海教授等译稿的基础上，加上新助手郑颖的协助，把《报告》第二卷译稿从头到尾仔仔细细地阅改了两遍，送交中国环境出版社出版。

　　《报告》第一卷的基本口号是"全球环境保护从亚洲开始"；千禧年出版的《报告》第二卷主旨是"寻求亚洲环境合作的新发展"。悟已往之不谏，知来者之可追。鉴于 20 世纪已经是"环境破坏的世纪"，21 世纪定要将其变成"环境保护的世纪"。他山之石，可以攻玉。把亚洲的发达国家、新兴经济体和正在摆脱贫困的发展中国家（地区）的成功经验与挫折教训如实地调查总结，引以为鉴，并加强地区合作，亚洲就不至于再重复从"奇迹"到"危机"老路，"中国梦"也能在生态安全的保障下得以实现。现在，《报告》第五卷日文版也已出版。我们对日本环境 NGO 的学者们坚持不懈地为出版这一套《报告》所作的贡献表示敬意，我们也会继续加快出版《报告》第三、四、五卷的中文版，使其有益于中国的环境与发展事业。

张坤民教授

中国可持续发展研究会名誉理事长

2013 年 11 月

序 言

21 世纪如何发展亚洲环境合作

1．从"奇迹"到"危机"——处于新"转机"的亚洲

1997 年，发生了气象观测史上最大的厄尔尼诺现象，特别是东亚各国（地区）[1]经历了亘古未有的异常夏天。尤其是在印度尼西亚相继发生的空前大规模的森林火灾（参见本书第Ⅱ部第 4 章〈印度尼西亚〉），从相邻的马来西亚起，整个东南亚 6 国（地区）的上空全被烟雾笼罩，大批居民承受了多种烟害之苦。在翌年的 1998 年，包括印度、中国、韩国、菲律宾等亚洲各国（地区）在内，都多次发生了前所未有的大干旱或大洪水等，造成了严重的环境破坏，给各国（地区）的社会经济带来了惨重打击。

而且，在 1997—1998 年间，以 1997 年 7 月泰国爆发的通货膨胀为导火线，事态随后演变成"亚洲金融危机"这种严重的"经济崩溃"，席卷了泰国、印度尼西亚、韩国、菲律宾以及马来西亚等国，一个接一个连锁式地蔓延开来，对此我们仍然记忆犹新。正因如此，在这次亚洲通货/金融危机打击之下，我们在《亚洲环境情况报告》丛书创刊（1997/98 版）第Ⅱ部（各国篇）中，所提到的以 7 国（地区）为中心的东亚各国（地区）的经济，出现了从奇迹到危机的戏剧性转变。这一转变正好形象而生动地向我们展示了何谓真正的"深刻性"。翌年的 1998 年，以泰国、韩国以及印度尼西亚为代表的东亚各国（地区）的经济相继陷入大幅度下跌的局面[2]，其间出现过"东亚经济增长的神话终结了！"的论调。

之后，从 1999 年到 2000 年，除印度尼西亚外，东亚各国（地

区）的经济，有赖于美国经济在这段时间的好转，所谓伴随着"IT革命"（信息技术革命）等新兴产业支撑的出口需求等，又再度开始出现经济复苏的征兆。而另一方面，包括日本在内，东亚各国（地区）的经济，依然存在着尚未解决的结构性不良的债权、极其严重的财政危机和很不稳定的金融体系这些令人担忧的问题。就这样，带着对前进方向的不明确感，有关各国撞入了 21 世纪新时代。

可是，经历过这段时间从"奇迹"到"危机"的剧变事态，一些经济学家曾经大加赞扬的东亚各国（地区）以往的"经济发展"模式，其内部遗留的大量问题渐渐浮现出来了。例如，由于货币危机和金融危机的影响，尤其是在"经济崩溃"最为严重的泰国、韩国和印度尼西亚都出现了严重事态，各国巨额外债累积上升的严重情况日益凸显。关于这一点，其实在 3 年前出版的本丛书创刊号（1997/98 版）中，在第Ⅲ部（资料解说篇）的"基础经济指标"内就已经指出过。其中，泰国、韩国、印度尼西亚的外债，在人们讴歌经济增长最为顺畅的 1993 年，已经分别攀高到 498.19 亿美元（泰国）、472.3 亿美元（韩国）、895.39 亿美元（印度尼西亚）[3]。尤其是在进入 20 世纪 90 年代以后，这些国家以"资本自由化"或"金融自由化"之名，在政策上大量推进引进短期外资（快速短期的流动资金）。从 IMF（国际货币基金组织）的统计也可以看出，在 1992—1996 年间，以短期资金为主流入这些国家的外资高达年均国内总产值的 5%～10%[4]。短期资金的大量流入，把 20 世纪 90 年代以后东亚各国（地区）的经济拖入"泡沫经济"的旋涡之中。

总之，在 20 世纪最后的四分之一世纪里，"跃进的亚洲"曾经独秀于世界，其表面一帆风顺的经济增长大受赞赏，俨然宛如"世界经济增长的中心"。但是，当东亚各国（地区）的经济一旦不得不面对极其严重的"危机"和"崩溃"时，有必要对于以往的"经济发展"模式及其内涵进行严肃的评估和反思。换言之，在这段时间里，泰国、韩国、印度尼西亚等国从"奇迹"到"危机"的剧变这一事态表明，不仅对于今后 21 世纪的东亚，而且对于整个亚洲和世界各国（地区）来说，都不能再重走老路，而迫切需要把它变成一个重要"转机",就是说,要认真探索符合"环境保护优先时代"所要求的新的"经济发展"模式和实施途径。

2．从"环境破坏"的世纪转向"环境保护"的世纪——谋求政策转换

从另一方面来看,东亚各国（地区）的"经济发展",除伴随上述金融危机爆发的一时性"崩溃"以外,从长期来看,也是各种公害显著激化和环境破坏问题导致的结果。我们在 3 年前的创刊版（1997/98 版）中,从"环境"的角度,曾指出过东亚"经济发展"模式中的 3 个共同特点。第一,东亚的"经济发展"把发达国家历经几代人的过程压缩到 1 代人的工业化（"压缩型的工业化"）和产业结构的剧烈变化；第二,在这一过程中,同时带来拥有庞大人口的农村地区的疲软化以及由此扩大的"爆炸式的城市化"；第三,以由此形成的新的城市地区为中心,以往的亚洲式传统生活方式逐渐消失了,"大量消费型生活方式"的普及速度远远超过发达国家,由此在东亚也出现了资源浪费型的大量废弃型社会。具有这些特点的东亚"经济发展"模式集中地加剧了各种复合型的公害与环境问题（①"产业公害"与"城市公害"的复合,②"传统问题"与"现代问题"的复合,③"国内原因"与"国外原因因素"的复合）。总之,迄今东亚各国（地区）的"经济发展"模式都是共同的,不外乎都属于"环境破坏型"经济。而且,在此期间东亚共同面临的各种公害与环境等一系列复合型问题,如果参照日本在明治时期后的现代化和工业化的"经济发展"中引发的各种公害与环境问题的教训来分析,可以分成如下三大类问题。

第一类问题是,对于迄今日本经济发展过程中所经历问题的历史性"重复"乃至"追赶"。例如,在创刊版（1997/98 版）第Ⅱ部列举的,在韩国蔚山、温山工业园区和中国台湾的高雄工业园区,由于重化学联合企业发展带来的严重环境问题,可以说是完全具有战后日本快速经济增长期所经历的四日市事件为代表的"产业公害"的历史性"重复"。毫无疑问,韩国和中国台湾也存在自身的问题,

并非完全同样地在重复日本的教训。但至少可以看出，这与日本的经历具有共同性或类似性。因此，对待这类问题，人们一开始往往会认为，只要照搬日本的经验以及当时开发的对策技术（包括软件和硬件在内）就能够收到成效。然而，必须注意的是，具体的现实并非如此简单。另外，关于这一点再做些补充，特别是在 20 世纪 90 年代以后，日本政府及其附属机构，基于发挥日本经验的观点，对于亚洲各国（地区）面临的各种公害和环境问题，主要提倡推进各种"技术转让"。然而，我们经过一些现场调研发现，这种"技术转让"很多都未必能够解决当地的问题。例如，把日本经验与对策技术直接用于中国台湾或中国大陆，就好比把木头嫁接到竹子上，往往都不会奏效。另外，由于日本过去的对策技术本身存在的问题或局限性，而且这些技术没有经过充分的历史性检验，反而把问题或局限性照搬到了亚洲其他国家（地区）。虽然，中国台湾等地的有关人员对于日本的"技术转让"有过严厉的批评，但在一些事件中，环境问题对策与技术方面却仍然追随着日本。结果是，本该在当地发展自主技术或培养技术人员的工作，反而受到了阻碍或被扭曲，就好比是推进了一种"殖民地化的环境版"，这种危险性不可忽视。

我们认为，亚洲各国（地区）今后更重要的基本任务，与其说是通过日本经验和技术的直接"转让"乃至"引进"来解决问题，不如说是如何完善各国（地区）的政治、经济、社会等各项制度与内容，向"环境保护型"制度进行改革性转变。从这个意义上说，对于轻易"转让"乃至"引进"日本经验或技术的思想，今后需要再行探讨。

第二类问题是，有的地方情况比日本当年的教训还更严重，事态还在不断恶化。例如，中国经历的黄河"断流"现象以及随之带来严重的土地荒漠化问题，在印度发生的博帕尔事件等，不能不说，这些都远远超过了二战前后日本所经历的情况。因此，日本经验对于这些问题几乎都不会直接发挥成效。那里真正需要的是，首先建立基于政策立场上的战略性长远措施，即根据各自地区具体的历史发展和事件经过，努力探索适合当地实际情况的解决问题的思维模式。然后，在这种政策立场的基础上，通过同当地各相关人员的共同研讨，创造性地发挥各自的智慧和能力，构筑"相互合作的"体系，这一点尤为重要。

第三类问题，主要是日本的国际责任在产业结构方面受到尖锐质疑的一系列问题。例如，在马来西亚曾经发生的亚洲稀土公司（ARE）污染事件，以及最近向菲律宾非法出口危险废物事件等，日本的"公害输出"遭到了国际社会的严厉批评；各种开发援助项目在当地造成严重的环境问题和人权侵害；又如热带木材和养殖虾的事例，通过对日本的大量进口贸易结构和商业贸易行为，使当地环境破坏进一步恶化的各种问题等。因此，不可忽视日本产业结构多次遭到质疑等一系列的事态。其实，正是在这些第三类的一连串问题里，蕴含着对于我们这些站在日本立场上的人最应该尽心尽责、并在今后必须认真面对的重要课题。换句话说，这一连串问题，虽然是以具体形式发生在亚洲当地并在显著化，但从问题根本所在这一点去看，与其说是当地的问题，不如说就是在我们自身脚下，即本质所在是日本政治、经济、社会的结构或其存在的本质，以及受其影响下的我们所采取的各种行动或选择。总之，对于我们自身的意识定论或政策决断的本质所在，也必须要求重新审视并向新方向转变。

通过真诚地反省 20 世纪发生的各种环境破坏，为把亚洲的 21 世纪转变成为"环境保护的时代"，我们应该努力谋求在政治、经济、社会等各方面朝着新政策转变。

3．发展亚洲环境合作——构建多元网络

根据上述内容，亚洲在今后 21 世纪必须最优先致力解决的基本任务是，如何构建环境保护的各种相互合作（环境合作）的框架和体系。

可以说，不仅亚洲，全球规模的环境保护也正在成为越发重要的课题，但恐怕在接下来的 21 世纪，全球环境保护能否成功的关键，也许正是亚洲地区今后的动向。尤其是，如果亚洲各国（地区）不

从自身出发稳健地推进环境保护，如果在此背景形势下，亚洲地区的各种环境合作没有重大发展，那就无法走上全球环境保护之路。为此，不仅是亚洲各国（地区）政府层面上的行动，独特地开展环境保护活动的非政府组织（NGO）以及支持其活动的研究人员和专家层面的相互合作和联系纽带，都特别重要。

实际上，从 20 世纪 90 年代初，我们致力于本套《亚洲环境情况报告》丛书编辑和出版，就基于对上述问题的意识，为构建亚洲环境 NGO 和有关研究人员及专家层面的独特网络，尽了很多努力。而且，最近以编写《亚洲环境情况报告》丛书的年轻研究员为主，开始着手"亚太环境信息网"（Environmental Information Network for Asia-Pacific，EINAP）这一独特的构想，将其作为面向亚洲环境合作发展行动的重要环节之一，旨在构建亚洲地区"环境信息共享"的新网络[6]。EINAP 以原先负责本套丛书创刊（1997/98 版）第 3 部（资料解说篇）的执笔成员为中心，首先成立研究构筑"亚洲环境数据库"（Integrated Environmental Database in Asia：IEDA）的特别工作组。接着，利用在亚洲迅速普及的互联网，重点推进同环境问题与环境政策相关的亚洲各国（地区）研究人员、专家和 NGO 的"环境信息的共享"，建立有关人员的电子邮件名录，推进相互的意见交换和信息交流。同时，利用于 1998 年 11 月在新加坡举办"第 4 届亚太 NGO 环境会议"（APNEC4）的机会，举办了一次研讨会（日本、韩国、马来西亚、菲律宾、印度、孟加拉国、尼泊尔等相关代表参会）。尽管这些活动规模不大，但包括这些实际的努力在内，今后还需要在各个领域和各个层面上，有意识地推进亚洲环境合作朝向多元网络建设的新方向发展。在 21 世纪的某一个时期，以这种多角度的由底层开始的网络为基础，之后可以具体构想设立像"亚洲环境合作组织"（Asian Environmental Cooperation Organization：AECO）那样的国际新组织。

（执笔负责人：寺西俊一）

目　录

第Ⅲ部 资料解说篇

第Ⅰ部　专题篇

第 1 章

对能源政策选择的质疑

照片为邻近旧金山的美国加州阿特蒙山口的风力发电机。加州通过税收优惠等政策措施，成为 20 世纪 80 年代全球风力发电的一大据点。

照片提供：长谷川公一

照片为中国海南省东方市的风力发电站（1999 年 2 月摄）。

照片提供：相川泰

1 引言

20 世纪是能源消费急剧增长的世纪。直到临近第一次石油危机之前的 1971 年，全球的一次能源消费量逐步达到 548 500 万 toe（吨油当量），尔后继续呈增长态势，1996 年达到了 937 600 万 toe，25 年间增加 71%之多。可以预料，能源消费今后还将进一步增长。据 IEA（国际能源机构）1998 年对世界能源消费的预测，2010 年一次能源消费量将达 1 261 600 万 toe，2020 年进一步增加到 1 499 500 万 toe[1]。

能源消费的增长，在发展经济和提高福利的同时，也引发了严重的环境问题。能源消费的急剧增长，既引起了以大气污染为主的环境污染，又同急速的城市化相汇合，对人体健康和环境造成了严重影响。在亚洲，率先取得经济增长的日本，于 20 世纪 50 年代到 70 年代曾遭遇严重的环境污染，而现在，出现严重环境污染状况的是发展中国家。无论从污染规模的大小，还是从发生问题的多样性来看，可以说亚洲都是全球最严重的地区。20 世纪 80 年代以后，随着亚洲经济的快速增长和能源消费量的急速增加，各种环境污染越加激烈。

伴随能源消费产生的环境污染问题，容易发展成大规模的国际性问题。从 20 世纪 80 年代后半期到 90 年代，全球环境问题在世界范围越来越受到关注，而多数情况都同能源消费密切相关，这绝非偶然。尤其是导致全球环境破坏的气候变化问题，可以说是 20 世纪遗留下来的最大环境问题。此外，伴随 20 世纪下半叶因核能利用产生的放射性废物问题仍未解决，这将给 21 世纪造成沉重的负担，特别是对于兼具上述两大难题的亚洲地区。

本章将焦点汇聚在处于 21 世纪这些难题背景下的亚洲地区，其能源消费增长问题及其引发的环境问题。

2 能源消费的动向

2-1 能源消费的增长及其背景

亚洲一次能源消费增长极为明显。前已述及，全世界的一次能源消费在 1971 年到 1996 年增长了 71%，年均增长率为 2.2%。与此相比，亚洲情况是从 1971 年的 104 500 万 toe 增长到 1996 年的 278 900 万 toe，增幅高达 1.67 倍。结果是，亚洲的 1996 年能源消费是全世界最多的，占全世界的 29.7%（图 1）。而且，在能源消费增长率这一点上，同期表现出年增长率达 4.1% 的高增长。

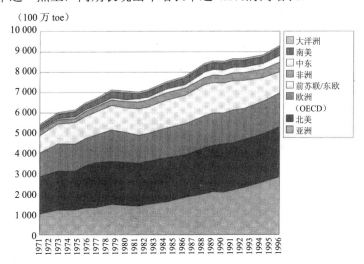

图 1　世界的能源消费

摘自：OECD/IEA，*Energy Statistics and Balances of Non-OECD Countries 1995-96.*
　　　OECD/IEA，*Energy Balances of OECD Countries 1995-96.*

在亚洲，一次能源消费最多的国家是中国。中国 1 个国家的能源消费占全亚洲的 39.3%。中国的一次能源消费，背景是持续的经济增长，从 1971 年的 39 023 万 toe 增加到 1996 年的 109 680 万 toe，年增长率高达 4.2%。尽管日本的能源消费仅次于中国，但其所占亚洲的份额却从 1971 年的 25.8%降到 1996 年的 18.3%，位列第三的国家是印度。在亚洲地区，仅这 3 个国家就占一次能源消费总量的73.7%，如果把韩国（5.8%）和印度尼西亚（4.7%）包括在内，实际上达到84.3%之多，而其他任何一个国家所占份额都不超过3%(图2)。

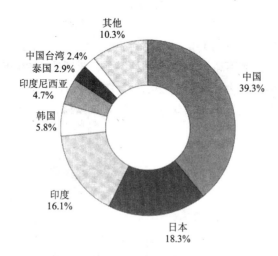

图 2　亚洲的一次能源消费（1996 年）

摘自：OECD/IEA，*Energy Statistics and Balances of Non-OECD Countries 1995-96.*
　　　OECD/IEA，*Energy Balances of OECD Countries 1995-96.*

从一次能源消费年均增长率来分析，韩国 8.3%、中国台湾 7.4%、新加坡 8.3%、中国香港 5.0%，亚洲新兴工业经济体（NIEs）的数值都很高。此外，马来西亚 7.6%、泰国 5.4%、印度尼西亚 5.2%，也表现出与 NIEs 同水平的能源消费增长率。

另一方面，从人均一次能源消费量来看，亚洲的许多国家（地区）至今仍处在低于世界平均值的水平。亚洲地区的人均能源消费，在 1971 年到 1996 年期间，年均增长 2.1%，同整个世界相比，尽管以 5 倍以上的速度增长着，但 1996 年只为 0.9 toe/人，仅高于非洲，仍停留在低水平上（图 3）。

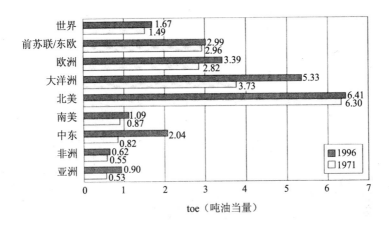

图 3　人均能源消费量（toe/人）

摘自：OECD/IEA，*Energy Statistics and Balances of Non-OECD Countries 1995-96.*
OECD/IEA，*Energy Balances of OECD Countries 1995-96.*

　　如图 4 所示，通过分析人均能源消费与人均 GDP（国内总产值）的关系可知，日本的典型发展轨迹是，从现在南亚各国那样的阶段，历经约 100 年发展成新兴工业国，然后进一步发展成工业发达国家的经济水平。与此相比，亚洲的能源消费大国中国和印度，无论人均 GDP 还是人均能源消费都依然处在较低水平。若以日本的超长期统计为基准，中国的 0.9toe/人相当于日本 20 世纪 50 年代的水平，印度的 0.48toe/人只相当于日本 20 年代的水平。从这些方面来考虑，假定包括中国和印度在内的亚洲发展中国家踏上与日本同样的发展轨迹，随着今后经济的发展，人均能源消费量则无法避免地要大幅度增加。
　　另一方面，在亚洲有些国家（地区）也已达到和发达国家同样的人均能源消费水平。韩国、中国台湾和新加坡的人均能源消费量分别达到 3.58toe/人、3.14toe/人和 7.84toe/人，他们或接近于或高于 4.05toe/人的日本。这些国家（地区）的年均增长率也高，依次分别为韩国 7.0%、新加坡 6.5%、中国台湾 5.9%。在亚洲新兴工业经济体（NIEs）当中，中国香港的人均能源消费量意外的很低（1.93toe/人），这是因为中国香港的产业结构中没有耗能型产业，主要是靠国际金融、旅游、商业等服务业发展的缘故。

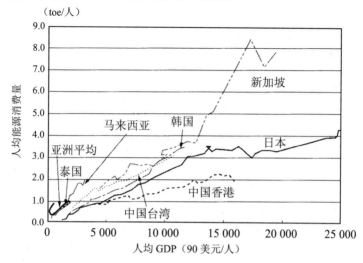

图 4　亚洲各国的人均 GDP 与人均能源消费量的变化（1971—1996 年）

摘自：OECD/IEA，*Energy Statistics and Balances of Non-OECD Countries 1995-96.*
OECD/IEA，*Energy Balances of OECD Countries 1995-96.*其中关于日本的数据请参
考 EDMC《能源经济统计要览 1998 年版》240-245 页。

除中国香港外的亚洲新兴工业经济体，即韩国、中国台湾、新
加坡都沿袭了大致相同的轨迹，同日本一样，都是以耗能型产业重
化学工业为主的经济增长模式。但在这 3 个国家（地区），人均能源
消费水平已超过当时的日本，此间的发展轨迹是比过去的日本还要
高的耗能型经济发展模式，可以认为，在这些国家（地区）能源利
用效率的提高还有很大的空间。

新加坡的人均能源消费量已大大超过日本，接近日本的 2 倍的
水平。新加坡能源消费增长的重要原因是，发电以及石油提炼这些
能源转化产业的能源消费高达 60%。这种一次能源消费的增加是由
亚洲新兴工业经济体典型的产业结构造成的。

1996 年居住在亚洲地区的人口占全球人口的 54.9%，而 GDP 仅
占 24.0%，一次能源占 29.7%，两者都尚未增加到与庞大人口相应的

程度。拥有庞大人口的亚洲，尽管在 1997 年的经济危机以后有些增长迟缓的现象，但今后经济还会继续增长。以前，经济增长伴随能源消费的增加，只要亚洲的经济继续增长，能源消费增长的势头在今后也将继续维持在极高的水平。因此，在亚洲地区引发能源相关环境问题的原因今后也可能长期堆积下来。

2-2 能源结构的变化

能源结构将是决定环境问题特征的重要因素。在亚洲，能源结构是如何变化的呢？

世界煤炭能源消费量为 22.5 亿 toe，其中，亚洲消耗 45.0%（表1）。由于煤炭是对环境存在巨大的潜在影响的资源，所以亚洲地区在这 20 多年期间，将成为世界上对环境负荷增长最大的地区。

表 1　世界的能源结构（1996 年）　　　单位：10^2 万 toe

	煤炭	石油	天然气	水电等	核能	植物性燃料	一次能源合计
亚洲	1 014	857	191	49	114	563	2 789
非洲	83	94	40	5	3	220	446
中东	6	192	115	2	0	1	316
南美	20	206	72	43	3	81	424
北美	526	1 000	604	82	213	88	2 513
大洋洲	42	43	21	5	0	6	117
欧洲（OECD）	354	684	343	46	235	56	1 717
前苏联/东欧	209	232	506	23	63	22	1 055
世界	2 254	3 308	1 893	254	630	1 037	9 376

摘自：OECD/IEA, *Energy Balances of OECD Countries*，1995-96，OECD，1998.
OECD/IEA, *Energy Statistics and Balances of Non-OECD Countries 1995-96*，OECD，1998.

从石油消耗量来分析，亚洲占世界能源消费量的 25.9%，仅次于北美。北美和 OECD（经济合作与发展组织）欧洲地区呈现出石油依赖度减少的趋向，分别为 0.8% 和 0.1%，增加缓慢。而与此相比，亚洲地区却以年均 3.8% 的速度急速增加，这是在第 I 部专题篇第 4

章提及的油轮漏油事故发生的背景之一。

核能的世界消耗量为 6.3 亿 toe，其中 OECD 欧洲国家占 37.3%，其次为北美占 33.8%，亚洲占 18.1%，以及前苏联非 OECD 欧洲国家占 10.0%。从年均增长率来看，同世界平均值 12.3% 的增长率相比，亚洲的增长率更高，为 14.7%。核电的增长浓重地反映了各国的能源政策。

从各国（地区）的情况来看，值得特别一提的是，日本、韩国以及中国台湾在 1971—1996 年期间大幅度提高了核能的比例，其核能占一次能源的比例分别为 14.0%、11.4% 和 13.3%。另外，煤炭的比例超过 10 个百分点的中国、中国香港、印度以及泰国，其环境污染问题也都不可忽视。

对以上特点进行整理可知，以重化学工业为主发展起来的经济发达的日本、韩国和中国台湾，有通过核能开发来带来化石燃料比例下降的趋势，但在其他亚洲国家，植物性燃料的消耗比例下降了，取而代之的是化石燃料的份额迅速扩大，其中煤炭的利用不断增加，同时煤炭利用带来的污染物也在不断增加。

2-3　电源结构的变化

各国采用怎样的电源结构与其能源开发政策具有着密切的关系。虽说出现过 1997 年下半年以后的经济低迷，但从中长期来看，可以预测今后以电力为主的能源需求还会大幅度增加。特别是以能源消费增长显著的韩国、中国台湾以及日本为中心，他们都进行了以核能为主的电源开发。

表 2 所示为 1971 年和 1996 年亚洲各国（地区）各种电源的发电量和所占比例。亚洲的发电量从 1971 年的 6 778.57 亿 kWh 增加到 1996 年的 33 171.76 亿 kWh，增加了近 4 倍，年增长率为 6.4%。这远远超过了一次能源供给的增长率。从整个亚洲来看，用于发电的各类能源比例为，1971 年石油占 43.9%、煤炭占 25.5%、天然气占 3.5%、核能占 1.4%、水电占 25.7%，而 1996 年变为石油占 14.0%、煤炭占 44.9%、天然气占 13.4%、核能占 13.2%、水电占 13.4%，石油和水电的份额分别下降了 29.9% 和 12.3%。

表 2　亚洲各国（地区）的电源结构

单位：亿 kWh

	1971								1996							
	煤炭	石油	天然气	核电	水电	可再生能源(*)	其他	合计	煤炭	石油	天然气	核电	水电	可再生能源(*)	其他	合计
日本	31 199	239 800	19 701	8 000	86 900	0	0	385 600	145 640	211 102	239 791	302 200	89 436	20 271	3 701	1 012 147
韩国	724	8 496	0	0	1 320	0	0	10 540	78 941	40 683	27 097	73 924	5 201	0	0	225 846
孟加拉国	0	444	411	0	175	0	0	1 030	0	741	9 994	0	739	0	0	11 474
文莱	0	4	146	0	0	0	0	150	0	311	1 457	0	0	0	0	1 768
中国	99 163	9 237	0	0	30 000	0	0	138 400	810 449	65 000	2 263	14 339	187 966	0	0	1 080 017
中国台湾	1 941	10 779	0	0	3 091	0	0	15 811	50 090	25 280	7 860	37 788	9 044	0	0	130 062
中国香港	0	5 574	0	0	0	0	0	5 574	28 000	442	0	0	0	0	0	28 442
印度	32 162	4 693	306	1 189	28 034	0	0	66 384	318 357	12 000	27 189	8 400	69 072	57	0	435 075
印度尼西亚	0	1 620	0	0	1 425	0	0	3 045	17 344	17 018	21 447	0	8 941	2 312	0	67 062
朝鲜	5 310	0	0	0	11 600	0	0	16 910	12 519	0	0	0	22 517	0	0	35 036

	1971								1996							
	煤炭	石油	天然气	核电	水电	可再生能源(*)	其他	合计	煤炭	石油	天然气	核电	水电	可再生能源(*)	其他	合计
马来西亚	0	2 749	0	0	1 046	0	0	3 795	3 285	6 321	36 615	0	5 186	0	0	51 407
缅甸	27	160	27	0	477	0	0	691	5	678	1 943	0	1 630	0	0	4 256
尼泊尔	0	19	0	0	67	0	0	86	0	117	0	0	1 074	0	0	1 191
巴基斯坦	92	315	3 382	104	3 679	0	0	7 572	440	17 547	15 280	483	23 206	0	0	56 956
菲律宾	12	7 200	0	0	1 933	0	0	9 145	4 855	18 173	20	0	7 074	6 534	0	36 656
新加坡	0	2 585	0	0	0	0	0	2 585	0	18 964	4 494	0	0	0	642	24 100
斯里兰卡	0	66	0	0	834	0	0	900	0	1 278	0	0	3 252	0	0	4 530
泰国	310	2 725	0	0	2 048	0	0	5 083	17 507	25 604	36 749	0	7 340	265	2	87 467
越南	1 686	0	0	0	614	0	0	2 300	2 376	1 460	13 105	0	4	0	0	16 945
其他国家	0	1 345	0	0	911	0	0	2 256	0	3 000	0	0	3 739	0	0	6 739
亚洲合计	172 626	297 811	23 973	9 293	174 154	0	0	677 857	1 489 808	465 719	445 304	437 134	445 421	29 445	4 345	3 317 176

(*) 太阳能、风能、地热、生物质。摘自：OECD/IEA, *Energy Statistics of OECD Countries 1995-96*, OECD, 1998. OECD/IEA, *Energy Statistics and Balance of Non-OECD Countries 1995-96*, OECD, 1998.

倾向于采用核能的有日本、韩国和中国台湾，另外煤炭依赖度高于 5 个百分点的国家有日本、韩国、中国台湾、中国香港、印度、印度尼西亚、马来西亚、菲律宾和泰国。就煤炭火力发电而言，虽然中国的份额变化很小，幅度只有 3.4%，但是，1996 年中国的煤炭火力的发电量为 814.49 亿 kWh，仅 1 个国家就占整个亚洲煤炭火力发电的 54%。因此，从绝对量来看中国的变化远远大于其他国家（地区）。另外，天然气火力发电的份额高于 5 个百分点的有日本、韩国、孟加拉国、印度、印度尼西亚、马来西亚、缅甸、新加坡、泰国和越南，除日本和韩国外，其他均为南亚或东南亚的国家。关于其他的发电能源，尼泊尔积极推进水力发电，水力份额上升到 12.3%；菲律宾开发地热发电，使其可再生能源的份额扩大到 17.8% 以上。

从亚洲的能源消费大国（地区）（日本、中国、印度、印度尼西亚、中国台湾、泰国）来看，这些国家（地区）的电力政策分为：1）煤炭火力发电；2）核能开发。前者使大气污染更加恶化，后者是放射性污染和核电站事故风险增加的原因。

3 煤炭火力发电开发动向与环境问题

煤炭是火力发电开发的主力，在亚洲各国当中中国和印度的消耗量最多，从环境问题的角度必须关注煤炭火力的利用增大倾向。

1996 年中国发电量的构成为，石油占 6.0%、煤炭占 75.0%、天然气占 0.2%、水力占 17.4% 以及核能占 1.3%。尽管中国也倾注力量进行核能开发，但未来发电能源的主体仍然是依赖煤炭，新建的火力发电机组全是煤炭火力机组。

在印度，以前水力作为主要的发电能源占有举足轻重地位，与煤炭火力发电一样占有很大的份额，但现在主力发电能源渐渐地转向了煤炭火力。1996 年的发电能源构成为，石油 2.8%、煤炭 73.2%、天然气 6.2%、水力 15.9% 以及核能 1.9%。亚洲的能源消费大国中国和印度，发电能源结构非常相似，因此其环境问题也很相似。

这种以煤炭为主电源结构的问题在于，会增加向大气环境的污染物排放，由此将加重大气污染。在中国，煤炭的国内供给量约 1/3 用于发电部门，煤炭火力发电厂的二氧化硫排放量占所有行业的比例高达 1/4。对此，中国政府正在推进新型脱硫设施的安装，但到目前为止还尚未收到相应的成效。因此，硫氧化物污染在世界大都市都得到改善的状况下，中国各个城市的硫氧化物的浓度依然很高。对于氮氧化物的控制方面，中国处于几乎尚未启动的状态。

在源于化石燃料大量消耗而引起的环境问题当中，亚洲发展中国家应该尽早地在 21 世纪上半叶内采取对策应对气候变化问题。煤炭不只是地区性大气污染的成因物质，也是造成气候变化的二氧化碳排放系数最高的燃料。尽管过去的污染物都比较容易采用末端处理技术进行去除，但由于作为气候变化问题的成因物质二氧化碳其产生量特别大，即便技术得以革新，要全部去除事实上也是不可能的，根本的解决对策只有削减化石燃料的消耗。

据 IEA（国际能源机构）的预测，全世界的二氧化碳排放量从 1995 年的 221.50 亿 t（换算成二氧化碳）将增加到 2020 年的 378.48 亿 t。中国将从 30.51 亿 t 增加到 70.81 亿 t，增加 1 倍多[2]。这些数值意味着，若追寻发达国家型经济增长模式，构筑相应的能源供给结构，源于能源的环境问题就不可避免地会恶化。在亚洲经济快速增长的今天，为了避免危险的气候变化，全世界需要大幅度削减单位产值的碳排放量。但是，如果打算通过核能开发来实现这一目标，放射线污染的风险又会迅速增大。

4 核能开发热与风险的剧增

4-1 亚洲的核能开发热

目前，在亚洲进行核能发电的国家有，日本、中国、印度、韩国、中国台湾和巴基斯坦等国家（地区）。在这些国家（地区）当中，日本以石油危机为契机率先把核能开发政策作为了主要的能源政策，使核能发电在电源结构中占据了重要的位置，韩国和中国台湾紧随其后，亚洲就这样推进核能开发。现在，中国也开始迅速地推进核能开发。

韩国，在 1968 年之前，国内能源以水力和无烟煤发电占据主导地位，自 1969 年开始，石油火力发电得到了跨越式发展，占全部电力的 60%以上。第一次石油危机以后，以脱离石油能源为契机，韩国自 1978 年开始发展核能，最初的发电站为古里 1 号。之后，发电量的电源结构从 1980 年的石油占 78.4%、煤炭占 8.3%、水力占 4.9%和核能占 8.5%，变成 1996 年的石油占 18.0%、煤炭占 35.0%、天然气占 12.0%、水力占 8.8%和核能占 32.7%，可见变化很大。核能发电量从 1980 年的 35 亿 kWh 增加到 1998 年的 900 亿 kWh，占全部发电量的 40.2%，年均增长率为 24.1%。1999 年 3 月底，韩国有 14 台机组共计 1 201.6 万 kW 的核能发电站在运行，居世界第 9 位。

在中国台湾，1978 年金山 1 号核电机组开始运行，1979 年金山 2 号机组、1981 年国圣 1 号机组、1983 年马鞍山 1 号机组相继开始运行发电，1984 年核能发电超过了火力发电，成为发电能源主力。1985 年，马鞍山 2 号机组开始运行，核能占一次能源消费量的比例增加到 20%左右，占总发电量的比例扩大到 52%。1996 年，29%的电力来自核能发电。特别是从核能机组密度来看，中国台湾的核电密度高达 142.9kW/km^2，在亚洲已成了核能发电最密集之地。

尽管中国能源资源比较丰富，但由于水力资源多集中在西南部，煤炭资源多分布在北部和西北部，中国正陷入慢性的电力不足的局面。为此，中国在 1984 年 1 月加入了 IAEA（国际原子能机构），并在同年，秦山Ⅰ期（国产核反应堆 1 号机组。注：原书出现了笔误，写成"泰山"）开始动工建设，而真正开始核电站开发则是进入 20 世纪 90 年代以后。1994 年，中国的秦山（注：同上）1 号机组（在上海附近）、广东大亚湾 1 号、2 号机组（广东省）依次开始了商业运营，中国成为了第 30 个核能发电国。

上述情况说明，特别是在东北亚地区，核能发电开展得很活跃，然而核电开发也伴随着产生了一些严重问题。

首先，进行核能开发会导致因核电站重大事故引起的放射性污染的风险增加。特别是在亚洲，今后还要计划进行大规模的核能开发，其危险性将会越来越高。

表3是亚洲的核能开发计划，从运行中的核电站来看，亚洲地区仅占全部设备容量的18.5%，但从其今后的核能开发计划来看，在建的占34.2%，计划建设的占60.8%。在北美地区和西欧地区，除了法国以外，尚无在建的和计划建设的机组，由此可见亚洲的核电开发是很显著的。在亚洲，日本、韩国、中国台湾以及中国的东北亚地区的核能开发占开发计划的大部分。也就是说，在世界从核能开发转向退出的时候，东北亚的能源消费大国在继续大力推进着核能开发。

通过不同国家来看，韩国在1998年制订的计划（第四次长期电力供需计划），在2006年底前建造5座PWR型核反应堆，1座CANDU型核反应堆，核能发电能力提高到20个机组1 776.6万kW。另一方面，中国台湾计划在台北县贡区建设第4号核电站（龙门核电站），1999年开始了1号机组的建设。中国计划到2010年，核能发电能力提高到2 000万～2 500万kW。在现行的第九个五年计划里，计划在4个地点建设8台机组，共计660万kW。分别为秦山Ⅱ期（中国国产堆PWR型2台）、秦山Ⅲ期（CANDU堆2台）、广东岭澳（98万kW PWR型2台）和连云港（俄罗斯进口堆，100万kW VVER型2台）。

4-2 核能事故的风险扩大

如果韩国、中国台湾以及中国的核电开发计划全部顺利进行，东北亚核事故的风险就会跨越式地增大。即使亚洲的核能保持在与美国核能管理委员会的推算值同等程度的安全性，据估算，在2010年后再运行20年时，东亚地区发生重大事故的概率将高达56%[3]。从环境保护的观点来分析，亚洲的核能开发扩大路线危险重重。

表 3　亚洲的核能开发现状

	运行中		建设中		计划中		合计		备注
	功率/MW	台数	功率/MW	台数	功率/MW	台数	功率/MW	台数	
日本	45 082	52	2 205	3	3 563	3	50 850	58	
韩国	12 016	14	5 700	6	0	2	17 176	20	
中国台湾	5 144	6	0		2 700	2	7 844	8	在经济政策调整中，2003年前停止新建
中国	2 267	3	3 900	5	6 820	7	12 987	15	
印度	1 840	20	880	4	5 880	12	8 600	36	
巴基斯坦	137	1	325	1	0		462	2	
印度尼西亚	0		0		0		0	0	经济危机中，核能发电计划停止
朝鲜	0		0		2 000	2	2 000	2	
泰国	0		0		0		0	0	1万kW研究堆在计划中
越南	0		0		0		0	0	2000—2015年计划引进核发电。预定1999年秋实施事前可行性研究
亚洲合计和占世界比例	66 486 18.5%	96 22.7%	13 010 34.2%	19 41.3%	20 963 60.8%	26 56.5%	100 459 23.3%	141 27.4%	
世界	358 490	422	38 068	46	34 488	46	431 046	514	

摘自:《能源回顾》，1999年8月号，6-7页；《原子能eye》，1999年7月号，14页。

在亚洲，尽管迄今尚未发生过像三厘岛（Three Mile Island）或切尔诺贝利（Chernobyl）核事故那样的重大核电事故，但核电站里都有各种相关设施，近来的事件也表明必须考虑这些存在的风险问题。1999 年 9 月 30 日，位于日本东海村的日本核燃料处理公司（JCO）发生的核临界事故就是这类问题的典型事例。

JCO 是同为核能相关产业的住友金属矿业公司独自出资 10 亿日元注册的子公司，到 1998 年末，一直提供日本一半左右的沸水型轻水堆（BWR）用核燃料的原材料。JCO 持有的生产许可范围是用于 BWR 的浓缩度小于 5%以及用于实验堆的浓缩度小于 20%的原材料，而临界事故发生在制造高速增殖堆实验堆"常阳"用的浓缩度 18.8%燃料的作业时。具体过程是，由于人工作业把是最大容许量（2.4kg）7 倍左右（16kg）的原料投入到沉淀罐，引起了临界反应的发生。这次临界事故的发生，是由于 JCO 在未得到科学技术厅的批准下编制了操作手册，长期进行非法作业造成的，此外也是为了赶上产品检查日期，甚至连自编手册都没有遵守的"作业人员的人为过失"造成的，而根本原因在于，太过崇信日本核能政策的"安全神话"而引起的弊端。

这次事故的规模超过了当初预计的程度。据 IAEA 报道，JCO 事故属于国际核事件分级表（INES）Ⅳ级，"没有明显场外风险的事故"[4]。但是，日本的 NGO 对上述事故评价提出了批评，认为事故属于Ⅴ级，即相当于"具有场外风险的事故"[5]，从核分裂的规模、稀有气体和碘元素等以放射性气体的形式大量释放到环境中以及大量的中子射线造成作业人员以及周边居民的巨大辐射损伤等方面来分析判定为Ⅴ级。假设这次事故为Ⅴ级，那么就相当于美国的三厘岛事故，即便是Ⅳ级，那也是亚洲最大的核能事故，是史上位列第 5 的重大核事故。

在核能开发相对发达的国家，核能占一次能源供给的比例也不过 10%。是依存这供给不到 10%的核能，并甘愿承受放射性污染这种风险呢？还是放弃核能开发，避免这些风险呢？何去何从恐怕是21 世纪待解决的大问题。

表 4　全世界的重大核事故

设施		国家	发生年份	等级	事故内容
切尔诺贝利	核电站	前苏联	1986	7	爆炸，放射性物质大量泄漏
克什特姆	后处理厂	前苏联	1957	6	放射性物质大量泄漏
塞拉菲尔德	核电站	英国	1957	5	放射性物质大量泄漏
三哩岛	核电站	美国	1979	5	反应堆受损，放射性物质大量泄漏
温茨凯尔（现为塞拉菲尔德）	后处理厂	英国	1973	4	厂内污染
圣洛朗	核能发电	法国	1980	4	反应堆部分受损
RA-2 临界装置	实验设施	阿根廷	1983	4	作业人员被照射死亡
JCO	核燃料加工设施	日本	1999	4	辐射损伤，放射性物质少量泄漏

注：IAEA 资料。

4-3 核废料的处理处置问题

核能开发的第二个问题是乏燃料（使用后燃料）的处置问题，这在技术上还未得到解决。关于这点，亚洲各国现在也认识到问题的严重性。在亚洲各国（地区）当中率先采取核能发电推进路线的韩国和中国台湾，核废料也成了核电发展的大障碍。

韩国曾计划在安眠岛和掘业岛建设中低放核废料处置场，但前者因居民的反对于 1990 年被迫取消，后者也因在规划地周边发现活断层于 1995 年停止。之后，1996 年放射性废物管理处置工作的监督部门和实施主体从科学技术部（MOST）、韩国原子能研究所（KAERI）移交给产业资源部（MOCIE）、韩国电力。截至 1998 年 6 月，有 50 215 根的中低放核废料在核电站贮藏。根据预测，其数量在 2010 年将增加到 98 048 件，在 2025 年增加到 177 278 件，在 2040 年增加到 257 078 件，而核电站的现场贮藏能力只有 6 589 t，因此如果韩国继续其核能路线，在 2010 年前就需要在核电站外建设贮藏设施。1998 年 9 月，韩国产业资源部公布了建设低放核废物处置场和核废料贮藏设施的新计划。据此，第一阶段计划建设处置能力 10 万件的低放核废料处置场和 2 000 t 水平的乏燃料贮藏设施，最终的低放核废物处置能力定位为 80 万件，乏燃料贮藏能力为 2 万件[6]。但是，由于激烈的反核运动，建设工程恐怕需要花费大量的资金和时间。

在中国台湾，核废料处置场也是令人头疼的问题。特别是在 1997 年，向朝鲜运输低放废物问题变成了国际性的政治问题。台湾电力公司因为无法确保放射性废物的贮藏用地，故向希望得到外汇的朝鲜转移保管库中的 6 万根放射性废物，但最终因台湾岛内民众强烈反对，台湾原子能委员会没有批准转移许可。

1998 年 2 月，台湾电力公司从其岛内的 30 个地点中最终选定了 6 个地点建设低放废物最终处置场。1998 年 3 月，原子能委员会发表了"低水平放射性废物最终处置场安全管理声明"，主要内容包括安全保障和信息公开等，并要求台湾电力公司在同年 6 月底前提交环境影响报告书和安全评价报告书[7]。

韩国和中国台湾的现状表明，除了伴随核能发电事故的风险以外，今后固体废物处理处置等后期处理的费用负担无疑也将成为一个大问题，而解决这些问题又极为困难。

4-4 核扩散的危险性

在核能开发方面，常常避免不了伴随着核武器开发的危险性。从亚洲来看，印度和巴基斯坦这两个国家都在进行核武器开发，1998 年 5 月进行了核试验。其中，印度于 1998 年 6 月决定从俄罗斯引进 2 台 VVER-1000 型反应炉，而巴基斯坦，以中国核工业总公司（CNNC）为主供货方的恰希玛核电站（PWR，325MW）计划在 1999 年达到临界状态。

核武器的开发与利用会对环境造成重大的影响。控制核武器的开发利用也是今后推进核能开发的重大挑战（参考第Ⅲ部）。

4-5 开始停滞的核能开发

如上所述，在面对核电站事故、放射性废物处置以及核武器开发这些问题时，就算是在亚洲最积极热衷核能开发的韩国和中国台湾，也开始出现核能开发偃旗息鼓的势态。

在韩国，由于各地都发生了激烈的反核运动，除了古里、月城、蔚珍和灵光这 4 个地点以外，新选定的候选地的建设工程全都受阻。因此，今后新建设施主要以在上述 4 个地点内增设为主的形式进行。此外，韩国政府（产业资源部）考虑到经济状况的变化和电力需求的萎缩，在 1998 年 8 月制定的 2015 年电源开发计划中，对核能开发计划的目标也进行了下调。具体而言，在 1995 年的计划里，到 2010 年核电机组达到 27 台共 2 632.9 万 kW（原书为瓦——译注），而在新计划中下调为 25 台 2 342.9 万 kW。韩国决定将电力公司转为民营化，但这样的结构变化很可能引起核能开发的停滞。这种改变在中国台湾也可看到，台湾电力业也改为民营化。

中国的情况也不例外。中国的国家经济委员会以电力需求萎缩为主要理由，大幅度地重新修订了"九五"电力开发计划，也可能会对核能开发计划进行调整。现在，中国的核能开发计划目标是，2010 年达到 2 000 万 kW，而 1998 年完成的部分还不过 210 万 kW（1/10），用剩下的 10 年恐怕是很难完成计划目标。而且，中国已决定将主要从事核能开发的中国核工业总公司拆分，因此对于优先投入国内资金进行核能开发的体制也很可能解体。

包括日本在内，亚洲的核能政策是在国家的能源政策中占据重要地位，由国家机关大力推进。例如，在日本，一般会计能源预算中的 99% 都投向核能，在包括特别会计预算在内的全部能源预算中，多数也都被注入核能开发[8]。这种体制将继续存在于中国、韩国和中国台湾。从世界上反核流派的角度来预测，迄今尚未进行核能开发的国家（地区），今后在推进核能开发时很可能会兴起反对核能的居民运动。就像 1996 年 8 月在日本发生的对"卷核电站"建设的居民投票结果所象征的那样，核能建设最终会遭到核能建设地区居民的反对，这一趋势在亚洲也将继续下去。

在现有的各种发电方式中，核能发电需要有从铀矿开采、燃料加工、发电站、长途输电网设施、乏燃料贮藏、再处理乃至核废料处置场建设等庞大的产业设备基础，还需要巨额的研究开发经费和设备投资经费，以及长期的开发应用时间。对于亚洲各国来说，建立这些基础设施不只存在资金方面的困难，而且从可持续性这点来看也不能说是合理的。不走这种漫长的弯路，预先避免核能开发的巨额费用才是最明智的选择。继东北亚之后，印度尼西亚和越南都准备积极开发核能，虽已完成了可行性研究阶段的工作，但今后应该认真研究是否要进行会产生上述各种问题的核能开发。

5 亚洲环境能源政策的展望

20 世纪引起的能源消费增加，把环境污染的账单留给了 21 世纪。对于亚洲来说，21 世纪是环境问题危险性随着能源消费的增长而越发高涨呢？还是能避免这个问题的发生呢？

能源消费和环境问题这些严峻的困难交互加重的主要原因在于，亚洲各国希望通过构筑以前发达国家的能源结构来满足日益增长的能源需求。在这种体制下，能源消费的增长一方面提高了人们的福利和方便程度，但另一方面从环境的角度又不得不说化石燃料和核能的利用增加了环境污染的危险性。从环境保护的观点来分析，单向推进化石燃料和核能的利用这种政策路线正在接近极限。

而实际上，能源消费增长的根本原因是，人们通过利用能源而获取财富和服务便利的需求。因此，能源利用本身不是目的，何况人们并不希望出现引起全球气候变暖问题的二氧化碳等物质和放射能物质。如果通过高效节能或可再生能源能满足人们的需要，那么也就可实现能源开发和环境保护的双赢。为此，需要大胆改变现有的能源开发路线、需要抑制化石燃料消耗，同时需要避免依赖造成放射性污染的核电电力供给结构。

前文已述，在亚洲地区，人均能源消费量仅为 OECD 国家的

1/10，处于相当低的水平，几乎没有一个国家完全达到与发达国家相同的大量能源消耗型经济。因此，到目前为止亚洲并非造成全球规模环境问题的主要污染者，但今后如果继续推进发达国家型能源开发路线，在不远的将来无论是环境问题还是资源问题，亚洲都将面临严峻的挑战。作为能源需求增加的要素，不是轻易追随发达国家的这种推进谋求主要能源供给能力政策的路线，而是需要积极致力于转变能源需求本身的结构，构筑环境保护型的能源基础，特别是要构筑以可再生能源为主的能源供给体系。

上述的发展方向从近年技术开发的进展来看，也是具有充分合理性的选择。据日本 NGO "思考大气污染与地球环境问题的全国市民会议"（CASA）的研究估算，如果加快推进节能和引进可再生能源，即使日本维持现有的生活水平，在逐渐废弃核能发电的情况下，到 2010 年也可减排二氧化碳 20%以上[9]。

进入 20 世纪 90 年代，风力发电、太阳能发电等可再生能源资源，无论从环境保护的观点还是从经济的观点来看，都被认为是合理的能源。太阳光和风力比任何化石燃料都丰富，特别是风能在经济方面也开始具备足够的竞争力。在亚洲地区，如果不推进现有能源相关基础设施的建设，而是在避免发达国家型能源开发路线的同时，构建基于可再生能源的能源供给体系的设施建设。因为全球气候变化问题，必须对二氧化碳排放总量进行一定的限制。因此现在对能源利用进行限制，从世界范围来看具有重大意义。

在这一点上，展望今后的亚洲能源政策，印度开展了重要的行动。印度政府设置了专门负责开发可再生能源的机构，在亚洲地区是最为积极地推进可再生能源开发的国家。负责部门为 "非常规能源部"（Ministry of Non-conventional Energy Sources：MNES）和 "可再生能源开发局"（Indian Renewable Energy Development Agency）。"非常规能源部" 积极援助柴炉、蒸馏厂和工业废物的甲烷回收、城市农业废物固体衍生燃料的制造、电动汽车、小水力发电、余热发电、利用太阳能光伏扬水系统等的利用。到 1998 年末，印度风力发电设备容量已达 96.8 万 kW，占整个亚洲的 78%[10]。

印度这种开创性的行动事例表明，促进可再生能源资源的利用在发展中的亚洲地区也是可能的，如果具备一定的制度框架和资金，就有可能大范围地推广。亚洲的多数国家都把电源开发作为最大的国家目标之一，几乎没有任何一个国家像印度那样在可再生能源上倾注特别的努力。当然，就印度的行动事例而论，仍然存在很多问题，如对于风力资源的过高评价、不恰当技术的采用、不完善的工程设计、输电网的不完备等技术性问题[11]。另外，还存在政府决策者的不理解、能源定价的方法、能源补贴、资金不足、国际机构援助困难等社会性、制度性的问题[12]。不仅是亚洲各国，也包括发达国家在内，今后在开发推广可再生能源时，需要真正地构筑起可实现能源与环境双赢的制度框架。

自 20 世纪 70 年代发生的石油危机以来，各国能源政策都着眼于确保能源需求。同时，各国的环境政策在过去 20 年间，都把重点放在污染物处理技术等末端处理技术的开发与推广上。可以说，能源政策和环境政策没有结合起来考虑。但是，为了积极推进能源的高效利用和可再生能源的开发利用，必须综合考虑能源政策和环境政策。为此，需要把能源政策融合到环境政策之中，而且还需要能把这种做法变成现实的制度构建。在建立可再生能源设备的基础上，障碍已不是技术性问题，而在于过去的能源消费管理政策已经不能满足时代的要求。对于 21 世纪的亚洲来说，关键的考验是能否迎来能源政策和环境政策相统一的意义新颖的制度改革和制度设计的时代。

（责任执笔：大岛坚一；合作执笔：长谷川公一，松本泰子，张贞旭）

专栏 1 日本的气候变化对策与核电推进运动

在亚洲地区，日本是拥有核电站最多的国家。在进入 20 世纪 90 年代前，日本政府推进核电站发展是出于能源安全保障和经济性等考虑。然而，20 世纪 90 年代后半期以后，核电没有像政府想象的那样取得进展，日本政府遂抛出了气候变化问题，作为突破这种阻碍的借口之一。

根据《京都议定书》的规定，日本承诺的温室气体减排义务为 6%。在 6 种控制对象气体中，二氧化碳的贡献率约为 90%，占绝对多数。然而，日本政府的二氧化碳减排目标到目前为止是 0%，即至今没有从 1990 年的水平进行削减。其他的控制气体，无论如何削减，也只占全部减排任务的 10% 左右，所以如果不减排二氧化碳而仅通过国内对策难以完成 6% 这一削减目标。

现在，日本政府不断掀起宣传活动，活动指明为了实现二氧化碳减排 6%，需要在 2010 年底前新建 20 个机组规模的核电站。用 10 年时间新建这么多核电站，从迄今日本的核能开发史上来分析是不可能的，研究一下政府主张的内容，其非现实性一目了然。即在 20 个机组核电站的建设中，包括已经因当地居民投票反对而受阻的卷核电站在内，多数核电站的设置都是不可能的。可以说，基于这一计划的气候变化对策在实施前就已失败，必须即刻放弃，进行根本性的修订。

制定从一开始就不可能实现的计划，其原因何在呢？根据一般的社会常识，对存在问题的计划进行修订是理所当然的，而且普遍采取的对策是，重新调查制定失败计划的根本原因，清除制定这种计划的全部成员等。此外，要完善检查制度，以避免这类问题的再次发生。

核能政策由通产省和科学技术厅负责，进一步说是由隶属于科学技术厅的原子能委员会和原子能安全委员会决定的，再与综合能源调查会这种政府咨询委员会制定的能源政策合在一起，构成了日本政府的能源政策。在综合能源调查会等各种审议会的组成人员中，包括核能在内的能源企业人员占多数，反映出色彩浓厚的构成关系。在政策决定过程中，如果连国会都不审查，市民和 NGO 的参加在制度上也就无法保证。而且，本应该负责日本环境政策的环境厅也无法参与。在这种体制下，决定草率计划的各委员会的所有成员也不承担责任。这种整体的无责任结构正是扭曲日本二氧化碳减排政策的根本原因。

在 21 世纪的社会，能源政策不是一项独立的政策，而是规定整个社会的政策。此外，日本是亚洲国家中唯一被要求承担温室气体减排义务的国家。日本采取何种能源政策，也许对今后亚洲各国的动向也具有决定性的影响。在日本能源政策决定过程中建立贯彻民主制度的条件对于整个亚洲也极为重要。

（大岛坚一）

专栏 2　《京都议定书》与南北间的公平性

全球今后允许排放多少温室气体？怎样分配排放额？在气候变化框架公约《京都议定书》的政府间谈判的研讨会等场合，开始真正地将"环境空间"这种讨论作为研究对象。这种讨论的主要论点之一是对于"环境空间"的"权利公平"（equitable entitlements）的概念。在京都会议后的谈判中，印度对于整个人类的排放正面提出"权利公平"这一概念。

印度的 NGO"科学与环境中心"（CSE）据说对印度政府这一立场有很大的影响力。从公约谈判开始的初期，"公平性"（equity）主要是指发展中国家一直提出确保公约公平性是重要的课题。但是，实际上发达国家的政府和许多 NGO（注："地球之友"是致力于"平衡性"问题的为数不多的团体之一）都把具体议论这种政治上的困难且复杂的问题长期搁置不议。其中，印度的"科学与环境中心"在京都会议以后，一直主张应优先确立公平性的权利作为导入清洁开发机制（CDM）和排放框架交易等议定书的前提条件。

下面，根据印度"科学与环境中心"为 1998 年《气候变化框架公约》第 4 次缔约国会议而编制的资料[注 1]，介绍有关"公平权利"的议论内容。

"科学与环境中心"所说的"公平权利"，是公平分配剩余的"环境空间"利益而产生的对"环境空间"分配额度的权利。该机构指出，主张"权利"概念的重要目的不只是确保"公平性"，而且还要公平地尽早地行动起来，建立有助于所有国家面向"不排碳的能源经济"的框架。

实现"公平权利"的 2 个基本途径为：

1）构筑基于现在和将来的排放权利体系；

2）反思历史排放方法（即累计自战后经济开始繁荣的 1950 年，或自产业革命开始时的排放量）。

另外，作为利用这些途径的方法，介绍如下 3 个：

1）公平地分配世界共有碳汇的方法；

2）公平地分配世界未来排放预算的方法；

3）确立所有国家都同意的人均排放权利特别值的方法。

此外，关于包括历史排放在内的排放权利，介绍一下荷兰政府关于将生态体系极限作为制约因素而进行计算的研究[注 2]和巴西的提案（1997 年）。京都会议之后，为政府间谈判而举办的特别研讨会——巴西提案，对所有发达国家减排目标的设定及其计算方法给出了提案。提案中使用的数据并非根据年排放量来计算的，而是根据地表的平均气温（摄氏度）计算的。即考虑方式是数值必须表示各国采取行动的结果而产生的平均气温差。在 1990 年的温度升高中，各国的历史排放也有贡献，所以过去大量排放的国家必须接受比其他国家更高的"减排目标"。例如，1990 年发达国家占当年总碳排放量的 75%，而对于 1990 年存在大气中的二氧化碳引起的气温升高，其责任占 88%。根据 IPCC 的资料，发达国家和发展中国家的年排放量将在 2037 年变成一样，但巴西提出，从对气温升高的贡献点来看，发达国家和发展中国家的排放量变成一致的时间应该是 2147 年。

　　"科学与环境中心"介绍了一些确立"公平性权利"的方法，同时提出了应采取如下的对策措施，即所有国家如果最终都赞成人均许可的特定排放量，发达国家应首先从 1990 年为基准开始削减，同时发展中国家也应同意不超越自己的"排放权利"，而且应该将通过排放框架交易得到的资金用于改变现在以及将来的排放增加曲线的对策措施上。

　　"公平性"的讨论，是为了解决全球环境问题迟早都必须给出答案的根本性问题。各种层次上的自由讨论都是必要的，不能把这个问题只寄托在国家层面上。直率地提出南北意见相左并寻求双方的同意点，"科学与环境中心"和其他 NGO 开展的这项工作，有可能加快停滞的政府谈判并为其指明方向。

（注1）-CSE dossier statement on the Buenos Aires Conference, 1998.

　　　　-CSE dossier factsheet 2, 1998.

　　　　-CSE dossier south asia statement 'Towards and Atmosphere that belongs to All', A Statement of Shared Concern by the South Asian Atmospheric Equity Group, New Delhi, October 24, 1998.

　　　　-CSE dossier factsheet 3, 1998.

（注2）Item 3 of the Provisional Agenda, FCCC/AGBM/1997/MISC, 1/Add. 3, p.20-21.

（松本泰子）

第2章

矿山开发的深化与矿业公害的频现

照片为足尾矿山废弃冶炼厂附近的情景，群山和渡良濑河至今依然荒芜。

（1996年9月摄）

照片提供：畑明郎

1 引言

以 1997 年的泰国货币贬值为导火线而爆发的亚洲金融危机，蔓延到周边东盟国家（ASEAN）的菲律宾、印度尼西亚、马来西亚等国和韩国，东亚地区遭遇了前所未有的通货膨胀、金融危机和经济危机。自 20 世纪 60 年代后半期到 90 年代后半期的 30 年间，东亚取得了世界空前的快速经济增长（具有"压缩型工业化"的特点），中国的经济至今仍在继续高速增长。东亚的人口，1998 年已达 32.4 亿，占世界人口（57.3 亿）的一半以上。考虑到东亚快速增长的经济和仍在持续增加的人口，东亚的动向关系到地球资源和全球环境的未来。此外，就像《亚洲环境情况报告 1997/98》中所述的那样，东亚的"压缩型工业化"、"爆炸式城市化"以及"大量消费社会化"，使得公害问题越来越激烈，超过了欧美和日本，并引起了产业公害、城市公害、自然破坏等复合型公害问题，使环境问题更加恶化。

一般而言，经济活动（人均 GDP）和人均金属消费量之间存在着密切关联，特别是铁、铝、铜、锌、铅等基础金属（base metal）的趋势尤为明显。例如，人口仅仅 1.25 亿，而人均 GDP 居世界第一的日本和世界人口多达 12.5 亿，且经济快速增长的中国，对基础金属的消费量都进入了世界前 5 位。从全球 1998 年的金属产量看，中国钢铁产量已超越日本，跃居世界第 1；锌产量是中国位居第 1，日本位居第 3；铅产量是中国位居第 2，日本位居第 5；铜产量是日本位居第 3，中国位居第 4；铝产量是中国位居第 3，日本、中国大部分基础金属的消费量都居前 5 位。也就是说，以日本和中国为代表的东亚，可以说是世界上很大的一个金属生产与消费地区。

此外，如本书第Ⅲ部资料解说篇[15]所述，东亚特有的金属锡，中国产量位居第 1、印度尼西亚位居第 2、马来西亚位居第 3，产量是世界前 3，如果再加上第 5 位的泰国，则占世界产量的 70%。其他进入世界 3 强的金属产量有：中国的钢铁（第 1）、锑（第 1）、锰（第 1）、钨（第 1）、稀土（第 1）、钼（第 2）、铋（第 3）、钒（第 3），以及印度的铬（第3）等。

试看日本从东亚国家进口的有色金属量。中国是向日本出口大量金属资源的主要供给国，有：铅锭（第1）、锌锭（第1）、钼（第4）、锑（第1）、稀土（第1）、钨（第2）、钒（第2）、铬（第3）、锡锭（第2）等。从印度尼西亚进口的金属有：锡（第1）、铜（第2）、镍（第2）、铝钒土（第2）等。从马来西亚进口的有：锡锭（第4）、钛（第3）、铝钒土（第5）等。从印度进口铬（第2）、锰（第3）等，从菲律宾进口镍（第3）等，从越南进口钛（第2）等（参考第III部[15]）。

此外，为了稳定金属资源的供给，日本在东南亚地区进行矿山开发和冶炼厂建设，如菲律宾、马来西亚和印度尼西亚的金矿、铜矿、镍矿，韩国、中国、菲律宾、印度和印度尼西亚的炼铜炼锌企业等。另一方面，从东南亚地区发生的矿业公害状况看，首先是中国由于采矿废水和冶炼厂排烟引起的矿山事故。中国有着广袤的土地，蕴藏着丰富的矿产资源，可以说是世界上为数不多的资源拥有国和生产国，有多达2 400座以上的有色金属矿山。马来西亚的锡矿和铜矿、菲律宾的金矿和铜矿、印度的金矿和铜矿等，都屡次发生汞、氰化物污染以及废渣排放等引起的矿业公害事件。在韩国和菲律宾的有色金属冶炼厂，也发生了由于排烟和排水引起的严重公害事件。

本章主要讨论容易引发环境问题的铜、铅、锌等有色金属。首先，概述东南亚的有色金属矿山及其冶炼厂的开发状况；第二，揭示其中的日本企业动向；第三，在查明东南亚矿害发生情况的基础上，探讨东南亚的矿业公害防治对策和日本应该发挥的作用。本章的讨论对象包括，能够收集到信息的中国、印度、印度尼西亚、马来西亚、菲律宾、泰国、越南、缅甸、韩国和蒙古10个国家。

2 东南亚有色金属矿山和冶炼厂的开发状况

2-1 中国

中国不仅是东亚最大的金属矿产资源拥有国，而且钢铁和煤炭的产量与消费量都居世界第1。中国广袤的土地上蕴藏着丰富的矿产资源，也是世界上屈指可数的资源大国和生产大国。世界上可被利用的矿物资源有150多种，而90%的矿种在中国均已探明有储藏量。据《矿业便览1999》（Mineral Commodity Summaries 1999）可知，中国的金属产量，锡、钨、锑、镁、钇、稀土等均位列世界第1；铋、铟、铅、锌、钼等位居世界第2或第3；中国的矿石产量，锡、钨、锑、锰、铅、锌、稀土等位居世界第1，钼、铋、钒等排世界第2或第3。

中国从古代起就开始使用青铜器和铁器，很早就开始进行金、银、铜、铁、铅、锡、汞等矿石的开采和冶炼。17世纪，在明朝出版的著名科技著作《天工开物》中，把金、银、铜、铁、锡合称"五金"，还记载了铅、锌、砷等的冶炼方法和用途。但是，近代以后直到现代，作为产业之一的矿业始终一蹶不振。第二次世界大战后，在建设社会主义体制基础上，扶持矿业发展成为中国最重要的任务之一，由政府主导，积极进行了全国国土地质调查和矿物资源勘探。结果发现了大量金、铜、镍等优质矿床，现在开采的矿山几乎都是通过那时的勘探所发现的。在中国，大大小小的有色金属矿山（不包括私人开采）多达2 400座。

铜资源在中国境内分布广泛，即使说在每个省（或自治区）都有铜矿也并不过分。但是，具有经济开采价值的矿床多集中在长江中下游地区（湖北省、江西省、安徽省）、西藏自治区、四川省、云南省、甘肃省和山西省南部。中国的铜资源，尽管储量不少，但大型矿床却不多，除德兴铜矿以外，几乎就再没有规模较大的铜矿山。每个矿山的产量都很低，在中国很少有像南美和北美那样的世界级规模的铜矿。中国国内生产的铜精矿约48万t/年（换算成铜量），只能勉强满足国内电解铜生产的40%左右。1990年以后，中国的铜冶炼取得了惊人发展，1998年铜锭消费量跃居世界第3，产量增长到世界第4，但也存在不少问题，如：冶炼设备老化、海外矿石采购的稳定性以及报废金属冶炼企业的污染等问题。

中国正在开采的大小合计300多座锌/铅矿储藏量很丰富。锌精矿的产量从 1985 年的约 40 万 t 上升到 1998 年的 121 万 t 左右（换算成锌），13 年间增加了 2 倍，现在是世界第 1 的生产国。从规模上说，大中型矿山有 46 座，其余都是小型矿山。从地区分布看，尽管分布广泛，但主要集中在云南省、内蒙古自治区、湖南省、广东省、甘肃省、江苏省、广西壮族自治区和四川省。关于锌矿的储藏量，世界上探明的可开采量为 44 000 万 t，而中国就有 8 000 万 t（居世界第 2），可谓储量丰富，仅在上述 300 座矿山中，探明的可采量就有 3 700 万 t。而且，今后将要开发的兰坪矿山等，其铅/锌的探明储藏量超过 1 000 万 t。

中国的锌锭生产，1985 年为 30 万 t 左右，而 1998 年的产量达到 154 万 t，成为世界第 1 的锌锭生产国。特别是 1993 年以后，其产量大大超出国内的锌锭需求量，所以中国成为世界上为数不多的锌锭出口国。现在，中国有 250 家以上的炼锌厂。其中，14 家是拥有总计 93 万员工的国营企业，是由中国有色金属工业总公司直接管辖的冶炼厂，冶炼能力共 95 万 t；50 家是地方政府经营的冶炼厂，冶炼能力合计 38 万 t。此外，还有 200 多家民营小冶炼厂，其冶炼能力为 13 万 t。但是，大量的小型冶炼厂，技术非常落后，有的小厂的矿石金属回收率甚至不到 30%，今后被淘汰的可能性很大。另一方面，很多冶炼厂都正在扩大生产或计划扩大或计划新建。可以预测，中国的锌冶炼能力，到 2000 年可达 160 万 t，2010 年达 200 万 t。中国是日本进口稀土、钨矿及许多其他金属矿物的主要供给国。特别是稀土和铅锭，日本进口量中，约 60% 和 70% 都依赖中国。

2-2 印度

印度由于国土广阔和地质环境复杂；拥有大量的矿产，且矿产形态多种多样。在印度的历史发展上，采矿、选矿与冶金发挥了非常重要的作用，在公元前 4000—前 2500 年的文明萌芽期，印度曾是世界矿产国的领先者。事实上，在过去的 3000 年里，印度是全球唯一的钻石生产国。世界上最古老的炼锌厂旧址，以及古代大规模有色金属矿床的地下开采遗迹，现在都一起被发现了。

　　印度现代的采矿活动，自 20 世纪 40 年代中叶起，迅速地发展起来了，最近 10 年是最繁荣的时期。印度拥有世界级规模的矿物资源有：铁、锰、煤、铝矾土、铬铁矿等。现在，在印度从事矿业工作的人数约有 80 万～100 万人，相当于全国所有在业人员的 4.5%，产值为全国 GDP 的 3%，占工业总产值的 11.5%。煤炭至今仍是占矿产产值 40% 的主要产业。铁矿主要采用露天开采方式，其中，一半产量出口。铜、铅、锌的产量能满足国内需求的 45%，在不远的将来，印度希望能实现完全自给。

　　印度国内运行中的矿山多数是在地表上人工开采的小型矿山，数量多达 4 400 座，但产量很低。运行中的地下开采矿山有 300 座左右，其中多半也是靠人工采掘。开采中的矿山，80% 为私人所有，但总产量的 91% 却来自国有企业。在全印度 80 万～100 万的矿业工作人员中，国有企业雇佣人员占了 90%。在印度，大型的、优质的矿山全由国有企业经营，中小型矿山由私人企业经营。印度有炼铜厂 4 家、炼铅厂 3 家以及炼锌厂 3 家。1998 年，主要有色金属产量为：铜锭 13 万 t、铅锭 7.4 万 t、锌锭 17 万 t、铝矾土 598 万 t（世界第 6）、铬矿 140 万 t（世界第 3）、钛矿 12 万 t（世界第 8）、稀土 2 700 t（世界第 3）等。日本从印度进口的主要矿石是锰矿和铬矿，依赖度分别达 14% 和 20%，可见日本对印度的依赖度也很高。

2-3　印度尼西亚

　　印度尼西亚拥有丰富的矿产资源潜力，这是毋庸置疑的事实。除了传统矿物锡、镍和铝矾土以外，近年来还在推进煤炭、铜、金、银矿山的开发，各种矿石的产量一路攀升。同 1989 年相比，1994 年的各种矿石产量大幅度增加，铜矿增加了约 2 倍、金矿约 6 倍、镍矿若干倍以及煤炭约 2 倍。1998 年，金矿产量超过了 100 t。印度尼西亚在金、铜、镍和锡矿石等的供应方面，因其产量高而自豪。在铸锭生产方面，拥有金、镍、锡和铝的冶炼厂，而且长久企盼的炼铜厂也于 1999 年开始投产，可以说，从上游企业到下游企业，印度尼西亚都一应俱全。

1998 年，印度尼西亚主要有色金属产量位居世界 10 强的有：锡 5.6 万 t（世界第 2）、镍 7.5 万 t（世界第 5）、铜 81 万 t（世界第 3）、金 109 万 t（世界第 6）等。对印度尼西亚来说，日本是其最大的贸易伙伴（进、出口量都最大：以 1996 年为基准），同时，对日本来说，印度尼西亚也是铜（21%）、镍（27%）、铝钒土（42%）、锡锭（50%）的重要供给国。近年来，印度尼西亚正在积极引进外资，并放宽限制条件，许多国外企业正活跃在印度尼西亚的探矿与开发中。

2-4 马来西亚

锡曾经是马来西亚资源中最重要的矿物，而其产量近年来一直处于低迷状态。此外，马来西亚还有铝钒土、铁、钛铁、金、铜和稀土（独居石）等矿物。铜矿产自唯一的马穆特（Mamut）矿山，产量全部出口日本。

马来西亚在地理上分为西马来西亚（或马来西亚半岛）和东马来西亚。东马来西亚包括婆罗洲岛上的沙巴州和沙捞越州。以锡为主的多数矿物资源都产自西马来西亚，而全部的铜、银和绝大多数的金矿产自东马来西亚。国内生产的锡，全部出自槟榔屿州的 2 家炼锡厂，而 80% 的锡矿是从秘鲁和澳大利亚进口的。马来西亚 1998 年主要有色金属产量进入世界 10 强的有：锡锭 28 万 t（世界第 3）、钛 12 万 t（世界第 7）以及稀土 250 t（世界第 6）。从马来西亚出口到日本的金属矿产品有：钛矿、锡锭、铝钒土和铜精矿等，特别是钛矿，马来西亚是日本的主要供给国，占日本进口量的 12%。

2-5 菲律宾

菲律宾是矿物资源丰富的国家，曾以东南亚最大的矿业生产国而闻名。在 1989 年，位居世界 10 强的矿产资源有：铜（第 10）、金（第 8）和铬矿（第 8），而现在位居世界 10 强的只有硒（第 10）。此外，1992 年，在东南亚，菲律宾的金产量首次被印度尼西亚超过，而现在，印度尼西亚的铜、金、银、镍的产量也都超过了菲律宾。在 1999 年印度尼西亚建立炼铜厂之前，东南亚唯一的一座炼铜厂就在菲律宾的莱特岛，从1984年就开始生产铜锭。

1998年，菲律宾的镍、硒、钴矿的储藏量位列世界第6或第7，而且还蕴藏着铬、金、银、铜等矿物资源，其生产能力在世界排名为：镍矿第11、铬矿第13、金矿第22、银矿第30、铜矿第25位。日本从菲律宾进口的矿物中，镍矿占23%，维持着较高的依赖度（居供给国第3位），此外，铜锭占9%，是位列第4的主要矿产品。

2-6　泰国、缅甸、越南

泰国的锡矿储藏量居世界第4位，其他如钨和钇的储藏量都位列世界第11。在矿物生产方面，除了产量居世界第5的锡锭外，还生产铅、锌、锑、锰等。泰国出口到日本的有：锡锭（占17%，居供给国第3位）、锌（12%，居第4位）。1998年，泰国除了在普吉府建成了炼铅厂和在达府建成了炼锌厂之外，还在罗勇府建成了炼铜厂。

缅甸因蕴藏有铜、铅、锌、金、银、锡、钨、铬等矿而闻名。在有色金属矿物资源的储量中，钨的储量位居世界第10，产量位列世界第8。缅甸向日本出口少量的铬矿。在缅甸，铅和锡的冶炼厂各有1家。

越南蕴藏着金、银、铜、铅、锌、锡、钛铁矿和稀土等矿物，但有色金属的储量都不大。在生产方面，锡矿列世界第9，锡锭列11位。此外，金、锌、铬和钛铁都是小规模生产。越南对日本出口的矿物，有位列供给国第2的钛铁矿（17%）。

2-7　韩国/蒙古

韩国拥有金、银、铜、铅、锌、钨等矿山，但总体上储量都很小，且大多数是低品位矿石，经济价值不高，在20世纪90年代前半期，几乎都不开发。LG金属公司的温山炼铜厂和高丽的温山炼锌厂等都是用进口矿石生产铜和锌。

蒙古是生产铜和钼（世界第9）的出口国，此外，还拥有金、锡、钨、稀土等矿产资源。现在运行中的大型有色金属矿山，只有蒙古和俄罗斯合资的额尔登特（Erdenet）铜钼矿山，其外汇收入占全国的 1/3。此外，其他都是小规模的黄金采掘，多以砂金矿床为采掘对象。矿产品出口占蒙古出口额的 60%左右。矿产行业是蒙古的重要产业。对日出口的金属矿产品有，东北亚最大的额尔登特矿山生产的铜矿、银、铜锭，但除了金的出口量在供给国中占第 6 位（6%）以外，其他的矿产品所占份额都很小。

3　日本企业在东南亚的动向

如第Ⅲ部［15］所述，日本对钢铁的消费量很大，对其他有色金属，如：银、铜、锌、铝、锡、镍、镉、锰、钼、钴等的消费量，都位列世界前 3 位。这些金属矿物的进口多来自澳大利亚、加拿大、南美等地，但对东亚地区的依赖度也很高。从中国进口很多金属产品，其中，锌锭达 30%左右，铅锭高达 70%左右。

在 20 世纪 50 年代之前，日本的金属冶炼业，除了镍矿等国内缺乏资源的以外，多数原料都依靠国内矿山。但是，由于国内矿山储量不断减少，而铜、锌、铅的需求一直在持续快速增长，为了解决这一矛盾，日本开始从国外进口矿石原料。最初是进口铜矿，对于开矿资金，是以"融资买矿"的形式进行筹集的，"融资买矿"是指通过进口生产的矿石作为融资抵押的一种方式。1953 年 8 月，日本矿业（现改为日矿金属）公司和菲律宾的希克斯博公司（Hixber）首先联合开发了拉腊普（Larap）铜矿山。之后，在同年 12 月，三菱金属矿业（现改为三菱综合材料）公司和菲律宾的索里亚诺公司（Soriano）签订了关于联合开采托莱多（Toledo）矿山的融资买矿合同；在 1954 年 3 月，三井金属矿业公司也同该公司签订了关于菲律宾的锡帕莱（Sipalay）铜山的开发合同。

1971 年由于"尼克松冲击"（美元停止兑换黄金）、汇率自由化以及浮动汇率制引起的日元大幅度升值等原因，使得日本的有色金属业遭到巨大打击。因为海外市场的低迷和日元的大幅度升值，使日本的国内矿山丧失了国际竞争力，矿物资源接近枯竭，国内矿山企业相继倒闭或压缩规模。所以，矿石原料依靠海外便成了理所当然之事，促使自主开发和矿产融资合同更加活跃。1969 年的开发马来西亚马穆特铜山项目，属于购买矿山经营的自主开发，此项目是多家产铜公司的共同开发项目，但由于对方国家的政治局势不稳和劳动力不足，且日元升值引起了大量的汇率差损，导致损失过多而项目被迫终止。此外，在 1972 年签订了印度尼西亚爱茨堡（Ertsberg）铜山的巨额融资买矿合同等，除了各生产铜的公司外，三井物产、三菱商事等大型公司也参与了进来，合同的投资风险得到了分散。

自主开发从探矿阶段开始，除了需要时间和资金，失败的风险也很高。一些海外一流有色金属企业，在海外从事矿山开发和运营方面有很多经验，1965 年，以日本矿业公司为主开发了扎伊尔穆索希（Musoshi）铜山，以三菱金属矿业公司为主带领业界进行勘探开发了马穆特铜山等，一直都力图进行到生产阶段，终究还是因为周边国家的政治局势不稳定和劳动力等问题而被迫停止。因此，不仅局限于参与从探矿阶段开始的自主开发项目，还可以参与投资或融资到运营中的矿山项目、参与投资海外一流有色金属企业主导开发的矿山项目等，有多种投资方式。此外，从探矿阶段开始的自主开发矿山项目也有成功案例，如 1966 年三井金属矿业和三井物产开发的万扎拉（Huanzala）矿山（铅/锌）等，但像此类的成功项目为数并不多。

随着日元的急剧升值，日本国内大多数的矿山被迫关闭。其中有些矿山接近开采完结，但多数矿山的关闭还是因为日元升值引起的销售价格跌落而丧失国际竞争力所致。由此导致日本实质上只剩下 3 座国内矿山：日矿金属公司的子公司丰羽（Toyoha）矿山（铅锌）、三井金属矿业公司的子公司神冈（Kamioka）矿山（铅锌）和住友金属矿山公司的子公司菱刈（Hishikari）矿山（金）。结果使得日本对海外进口矿石的依赖度进一步增加，使得日本企业转向直接参与海外矿产开发、参与矿产开发所需资金的融资和签订长期买矿合同等项目。

1978 年印度尼西亚的索罗科（Soroako）矿山（镍）开始投产，加拿大的 Inco 公司、住友金属矿山、东京镍公司等公司均参与资本投资。另一方面，日本企业对菲律宾和中国提供炼铜技术指导和成套设备出口。菲律宾在 1983 年，引进三井金属矿业公司和丸红公司的技术指导和工艺，在莱特（Leyte）岛建设了帕萨尔（Pasar）炼铜厂。中国为满足国内对铜的需求，在产铜地区江西省贵溪市建设炼铜厂，引进了住友金属矿山公司的技术和全套设备，建设工程于 1986 年竣工。

在日本进口的矿石中，自主开发的有铜、锌、铅，但所占比例都不过 10%～20%，加上融资买矿，铜勉强达到 50%。在日本有色金属冶炼业中，对于一直重视直接投资的海外一流有色金属企业，还是更多地采取融资买矿的方式。不可否认，融资买矿无论在减少投资风险方面，还是在相对更多的可确保矿石产量方面，都收到了成效。但是，这种对策在同投资地之间的关系、知识水平、所有矿区的储量以及风险承担能力等关键技术要领的积累方面，收效远远逊于海外一流有色金属企业。此外，要参与投资海外一流有色金属企业主导开发的矿山项目，需向海外一流有色金属企业勘探的矿山支付参加费之后，再共同开发，但日本的 8 家有色金属冶炼公司，即便齐心协力也无法同一家海外一流有色金属企业相抗衡。现在，海外一流的有色金属企业正在加强实力和垄断，可以想象，今后资本参与的条件将会进一步更趋严格。

日本最近参与的海外矿产开发和海外冶炼厂建设计划的项目有：住友商事公司、住友金属矿山公司和三菱材料公司参与了印度尼西亚巴都希贾乌（Batu Hijau）铜金矿山的开发，该矿山从 1999 年开始正常作业；三菱材料公司参与了从 1998 年开始作业的印度皮帕瓦沃（Pipav Vav）炼铜厂建设；三菱材料公司参与了自 1999 年正式开工的亚洲最大规模的印度尼西亚的格雷西（华人又称锦石）（Gresik）炼铜厂建设；住友金属矿山公司参与了从 1997 年开始作业的中国最大规模的金陵炼铜厂的改造和扩建工程；以及三菱材料公司参与了于 1998 年竣工的韩国最大炼铜企业 LG 金属温山炼铜厂的技术升级工程。日本企业最近参与冶炼厂的计划，不只局限于成套设备设计与建设或技术转让与指导，更多地转向投入资金，成立合资企业。

1999 年，日本最大的铜冶炼企业日矿金属公司收购了韩国 LG 金属公司的温山炼铜厂。1997 年亚洲铜的消费量高达 495 万 t 左右，而产量只有 320 万 t。其中，日矿金属公司和 LG 金属公司作为日本和韩国最大的铜业企业，铜产量分别为 45 万 t 和 42 万 t，在收购之前，2 家企业一直在竞争第一位置，而在收购后，日矿金属公司成了亚洲铜产量份额最多的企业。像这样的铜冶炼企业的海外布局还很多。除了铜以外，还有 1978 年投产的温山锌冶炼厂，该厂是由日本东邦锌公司和韩国高丽锌公司共同投资的合资企业。日本企业在东亚地区开发的有色金属矿山和冶炼厂如图 1 所示（图略）。

图 1 东亚地区日本企业从事的开发矿山和冶炼厂

4 矿山开发与冶炼产生的公害与环境问题

4-1 中国

在矿石冶炼行业，矿井排水和冶炼烟气往往引起重大的公害和环境问题。中国矿山的环保设备投资实际上比较滞后，多数冶炼设备陈旧且小型，技术相对落后，不能满足现代化冶炼的要求。造成河流和农田污染的主要原因是矿山的矿井排水和尾矿排放，现在仍有很多矿山完全不加处理就直接排出矿井水。在冶炼厂，怎样处理从铜、铅、锌炼制工艺过程中排出的二氧化硫气体和含有铜、铅、锌、砷等的烟尘，是一个重要问题。

中国有色金属矿山和冶炼厂的危害发生源，同日本或其他国家的一样，都是源于矿山的酸性或碱性废水、废水中的砷、镉等重金属，或冶炼厂的煤烟、二氧化硫气体、氟化物、铅尘、砷、汞等。特别是建设在人口稠密地区的冶炼厂，煤烟和二氧化硫等污染气体，给周边居民的生活环境和冶炼厂工人的工作环境造成严重危害。矿山排水污染了河流湖泊，也给当地的农业和渔业造成不良影响。

中国主要锡产地广西壮族自治区的大厂矿山，从宋朝末期就开始生产锡、铅、锌等金属。由于开矿，矿山下游沿河的部分耕地受到污染，现在已经无法耕作；部分耕地还遭到镉或砷等重金属的污染，收获的水稻和玉米全部成为当地采购和补偿的对象。

中国主要铜产地江西省武山铜矿，矿山排水的 pH 值、重金属离子和悬浮物都没有达到排放标准就排放，给周边的农田、赤湖和河流的生态环境造成了巨大损害。邻近这些水域的部分农田，已无法从这些水域取水，数十万农民的饮用水也遭到了污染。渔业和农业产量都减少了，造成了很大的经济损失。而且，据调查，矿区周边的妇女儿童，健康也受到了严重影响。

温州铅锌冶炼厂位于上海附近，1961 年开始运行，每年平均有 10 万 t 的工业废水排入厂前的河流，而且，工业固体废物在厂内露天堆放，没有遮盖，因雨水冲刷，废物被带进河流，污染了河流。河水随后又被用于农田灌溉，由于其中的重金属（铜、铅、锌、镉）浓度均超过标准值，导致水稻被高浓度的镉污染。甚至在高污染地区，居民的尿液中也检测出高浓度的镉，导致肾功能障碍。

如 2-1 中所述，中国广袤的国土蕴藏着丰富的矿产资源，是全球屈指可数的资源大国和生产大国。在中国分布着大量的矿山和冶炼厂，所以上述事例只是冰山一角，在多达数千个矿山和冶炼厂中，会发生大量的环境污染事件。特别是因为中国与日本一样都是水稻农业国，作为镉污染源的铅锌矿山和冶炼厂的大量存在，极有可能会使土壤和水稻受到污染，从而引起镉肾症和骨痛病。

4-2 菲律宾

在本书第Ⅲ部[15]列举了发生在菲律宾的一些主要矿难事例，最近也有关于汞和氰化物流入河流，或是尾矿堆放场崩塌等事故的报道。事故原因之一是，尾矿处置不当、堆放场爆满从而非法泄入河流。特别是在 1996 年发生的圣安东尼奥（San Antonio）矿山的废渣外泄事件，震撼了整个菲律宾。之后，由于不断发生的矿难事件，给人们留下了强烈印象，即采矿业是环境污染产业。此外，全球许多金银处理厂普遍采用的金银提炼法，是用氰化物溶解金银矿，再用锌粉置换沉淀出金银，这种工艺带来的一个大问题是，工厂排水中含有氰化物。由于 1 吨矿石中仅仅含有几克（$\times 10^{-6}$ 级）的黄金，为了得到 1 kg 的黄金，需要开采几百吨的矿石，同时也会产生几百吨的废渣。而在废渣中，则含有氰化物或汞，有的还含有铜、铅、锌、镉等重金属。

同其他发展中国家一样，菲律宾采用的炼金方法是，在提炼时加入汞，形成称作"汞齐（amalgam）"的合金，然后再进行热处理，把水银蒸发掉。在这种提炼过程中，所释放出来的汞会引起环境污染。虽然在提炼过程中产生的汞是无机汞（金属汞），与水俣病的成因物质有机汞（甲基汞）不同，但人们知道，无机汞在自然界可以被鱼类等发生有机化，并在鱼体内蓄积起来。因此，从事炼金的工人，不仅有可能因吸入无机汞蒸气而造成无机汞中毒，而且还有可能因大量食用含甲基汞的鱼而导致甲基汞中毒症，即水俣病。伴随着炼金而发生的汞污染事件，在［专栏 2］中专门介绍了发生在菲律宾棉兰老岛（Mindanao）的汞污染事件。在阿古桑（Agusan）河的金矿地区，30%河流的淡水中，汞含量超过了最大允许浓度（2mg/L），选矿废水中含有 4.1%的汞。河流底泥和鱼体中的汞含量都超过了最大允许浓度的 5 倍。平均暴露在汞环境中 60 个月的工人以及居住在汞排放源 300 米以内的 72%的居民，都表现出了汞中毒症状。

1994 年，当地居民和非政府组织（NGO）提出了宏大湾（Honda

Bay)、圣罗兹岛（Sta. Lourdes），普林塞萨港（Puerto Princesa）和巴拉望岛（Palawan）等地的汞污染问题。这些污染问题都是由于汞矿山公司在长达 20 年期间向海湾倾倒废渣引起的。在 1995 年卫生部组织实施的健康调查中，从当地矿工的血液中检出了高浓度的汞。非政府组织和卫生部提出了组成"行政横向对策组"的提案，要求对策组致力于解决汞污染问题。当地政府接受了该提案，并组成了为解决汞问题的对策组。另外，也有报道称，在莱特岛的帕萨尔炼铜厂发生了严重的大气污染和水污染事件，具体详情此处省略。

4-3 马来西亚

关于马来西亚的锡矿开发、水质污染或 ARE 公害事件，在《亚洲环境情况报告 1997/98》中已有阐述，这里仅再简略补充一点。在马来西亚西半部的散盖（Sungai）锡矿山周边地区，由于矿山旧址的矿毒，至少 10 年都无法再使用。在位于马来西亚东半部沙巴州的马穆特铜矿，洗矿废水和尾矿造成了环境污染，固体废物倾倒入河流，引发了许多严重的环境问题，矿山下游的 17 个村庄都受到严重影响。下游的稻田多次被洪水淹没，造成污泥或重金属污染，水中的锰、铁、铬、镍、铜、铅等重金属含量很高，河水已不适合作为饮用水。河流的捕鱼量也在锐减，河里残留下来的鱼也不再是可以放心食用的。

马穆特铜矿认识到，应该承担引起这些问题的责任，迄今已向下游的村民支付了 600 万美元的赔偿金。虽然日本企业在 1987 年抛售了所持的铜矿股份，但生产出来的矿石依然出口日本。此外，还出现了当地居民申述的症状和农作物受害情况，居民有骨骼疼痛或皮肤瘙痒等症状，而骨骼疼痛有可能是骨痛病的症状，需要受到关注。

4-4 印度尼西亚

美国的弗里波特－麦克莫兰铜金公司（Freeport Mcmoran）在印

度尼西亚的伊里安查亚岛（Irian Jaya），开发了具有世界第三大铜生产能力的格拉斯堡铜金银矿山（Grasberg），造成了罕见的非常严重的环境破坏。为了建设连接矿山和冶炼厂的空中轨道，茂盛的热带丛林被切开，在两座山之间挖掘了隧道，而且还铺设了直通海岸的长达 150 km 的专门运输废渣的管道。由于尾矿堆积，引起了森林衰败、西谷椰树（Sago palm）枯萎和河流污染等环境破坏问题，甚至还导致劳伦茨（Lorentz）国家公园被迫关闭。

此外，在格拉斯堡矿山，"分界点（铜含量 0.8%）"以下的矿石以前都作为废渣被丢弃，成为重金属污染源。现在，铜含量 0.35% 的矿石在技术经济上也可以被开发，就是说铜含量 1%以下的矿石也可变成开采对象，相应地，99%的矿石将变成废渣。即要获得 1 t 铜，就会产生 99 t 以上的废渣，处理大量的废渣是个很大的问题。

在印度尼西亚的矿山开发中，苏拉威西岛（Sulawesi）的米纳哈萨金矿（Minahasa）、托卡廷顿（Toka Tindung）金银矿、松巴哇岛（Sumbawa）的巴都希贾乌铜金银矿等，都计划采用海洋投弃的方式处置废渣，恐怕会引起海洋污染。特别是在巴都希贾乌金银矿，从 1998 年起开工建设，原计划于 1999 年开始投产。但是，开发地区受阻于有国家公园，尚未得到森林局的批准。而且，虽然计划采用海洋投弃方式解决尾矿废渣问题，但也存在尾矿废渣上浮的危险性。在加里曼丹岛（Kalimantan）的科联（Kelian）金矿，从 1992 年开始投产，附近的河流水质日趋恶化，鱼类灭绝。该岛还有另外一个奥罗拉（Aurora）金矿，从 1994 年起开始运行，附近河流的水质便开始变差，水生生物大量死亡。

4-5 泰国

邻接泰国南部隆碧汶（Ronvibun）县的山地，蕴藏着丰富的矿产资源，从 100 多年前起，隆碧汶县的矿山开发就很活跃，特别是锡矿的开采和选矿盛极一时。1970 年锡矿开采活动正式开始，这种矿石的含砷量为 53.6×10^{-6}。在冶炼锡的过程中，砷被作为杂质而废弃，被废弃的砷通过开采区的水坑、河流、土壤等介质，污染了地下水。1987 年，人群中出现了砷中毒现象，之后检测了井水中的含砷量，结果显示，土壤中约含 500×10^{-6}，最高达 $5\,209 \times 10^{-6}$，开采区的水坑水约含 1.85×10^{-6}，井水中砷的最高值约为 4.47×10^{-6}。农作物、家畜等也都被污染。居住在砷污染区的居民有 26 685 人，在 1995 年，砷中毒人数多达 1 500 人。即使到现在，村庄供水也是靠从远离 17km 的水源地引水来解决的。此外，有报道称，在泰国海岸带，由于开采锡砂矿，引起了海洋水质污染和珊瑚破坏。

泰国的 3 家环境团体向政府提出，要求取缔在野生生物保护区附近进行作业的铅矿企业的开采许可证，提出要求的团体是泰国野生生物协会、Suev Nakasatien 协会和克伦（Karen）族研究发展中心。他们主张，严重的铅污染只会给环境和居住在附近的克伦族人的健康造成危害。如果开矿者继续把矿山废水排入附近河流，同缅甸接壤的边境附近的野生生物保护区都有可能丧失，泰国将会失去唯一的世界遗产。

在达府的锌冶炼厂，最大的苦恼依然是浸出残渣（赤泥）的处理问题，现在这些赤泥大多被堆放在铺设了较厚的聚乙烯防渗衬垫的池塘中。经过中和脱水工程处理后的排水，据说在再利用方面完全没有问题，20%的排水经过彻底处理后可以回用，40%可用于大面积的造林散水，40%可用于淡水养殖的河流排放，也有计划地把赤泥加工成建材和基材，进行无害化处理后销售。有人希望介绍一下日本的处理对策，以便参考。这种赤泥是称作黄钾铁矾（Jarosite）的一种铁化合物，在日本的神冈矿山也曾苦于对其的处理，日本大多采用水泥固化处理后进行井内回填。至于上述堆放池的泄漏水、场内散水、废水处理后排放到河流等处理方式，仍存在重金属污染地下水和河流的危险性。

4-6 缅甸

缅甸唯一运营中的蒙育瓦（Monywa）铜矿，选矿回收率很低，约为 33%，尾矿中的铜含量为 0.3%。当地居民从尾矿库回收氧化铜矿石，因为采用传统的沉淀法回收铜，所以尾矿池存在造成水质污染的可能。此外，利用引进 SX/EW 法（Solvent Extraction and Electro Wining: 溶剂萃取与电解法），进行了生产体制的现代化革新。SX/EW 法能够处理难以选矿的氧化矿或铜含量 0.3%左右的低品位矿，以前在矿山开发中因属低品位矿而被丢弃的矿石，现在也被可再利用。具体过程为，把这些低品位矿或氧化矿粉碎，再加入稀硫酸把铜溶解，电解浓缩后的溶液，生产出电解铜。SX/EW 法适于大型矿山的大量处理，倘若矿山不是处于荒野地区，就有可能引发环境问题，而且在多雨地区也不合适，日本等国即不适合采用该法。所以，像北美、南美、澳洲等国的铜矿山位于荒野且降雨量少的地区，开发已有铜矿山或新发现的铜矿山，都能使用此法。由于该法不需要选矿，也不需要熔炼设备，电解铜法比以往老办法的生产费用减少了一半左右。但是，像在东南亚这样的多雨地区，处于缅甸的河流下游农业区附近的矿山，如果引进 SX/EW 法，就有可能引起严重的水污染问题。

在缅甸最大的包德温（Bawdwin）铅锌矿山，刚开始的小规模生产，可追溯到 12 世纪。由于井内排水等问题，在 18 世纪中叶，曾一度被关闭，但 1951 年又正式从新开始生产。生产的铅精矿在南图（Namtu）冶炼厂炼制，冶炼厂产生约 300 万 t 矿渣，这些矿渣中含有金属锌 20%、银 13 g/t，虽然正在研究通过新技术来回收利用这些金属，但实际的回收率很低。昆东塞（Kwinthonze）金矿于 1993 年起开发，年产金 0.6 t。现在，当地居民约 1 万多人在开采砂金矿床和山金矿床，但当地采用不合法的混汞法提取黄金，出现汞污染的可能性很高。

4-7 蒙古

全蒙古迄今尚未发生重大的环境问题。但是，在额尔登特铜矿，部分工艺采用 SX/EW 法，尽管 SX/EW 法被说成是一种"没有废气排放、对环境很友好"的方法，而使用该法时需要把矿石堆放在野外喷洒稀硫酸。该方法确实是没有废气产生，但却很容易导致地下水和河流污染，正如在 4-6 中所述的那样，如果不是在旷野，就不能采用此法。蒙古有许多降水量少的戈壁沙滩等荒野，但额尔登特铜矿位于首都乌兰巴托（Ulannbaaar）附近，在下游有最终流入贝加尔湖的色楞格河（Selenge），所以，尾矿堆放场的渗漏水有可能成为重金属污染源。

此外，试看近 10 多年间，采用 SX/EW 法从氧化铜矿回收铜，备受人们的青睐。以前难处理的斑岩（Porphyry）型铜矿床的氧化铜矿，采用 SX/EW 法得到了大量处理，这对增加铜资源量是具有革命性意义的。1996 年，在北美和南美采用 SX/EW 法处理得到的铜产量分别占总产量的23%和20%。亚洲地区从 1995 年开始引进 SX/EW 法，产量最高的国家是伊朗，其次是印度和蒙古。而菲律宾的阿特拉斯（Atlas）、马来西亚的马穆特、印度尼西亚的伊尔兹堡和巴都希贾乌、中国的德兴等矿山，都蕴藏着大规模的斑岩型铜矿床，SX/EW 法今后在亚洲也很有可能得到推广应用，但从环境角度看，有很多方面需要注意。

4-8 印度和韩国

随着在印度的铅锌冶炼热，引发了一些问题。关于巴拉特（Baharat）锌公司因中央省（Madhya Pradesh）博帕尔市（Bhopal）所在的锌冶炼厂的运营问题，受到国际环境非政府组织（NGO）——"绿色和平组织"（GP）的告发，问题集中在尾矿处理、妇女儿童的劳动条件以及健康管理等方面。博帕尔市的出名，缘于 1984 年在该市发生的美国联合碳化物公司（Union Carbide）农药厂爆炸事故，该事故死亡人数达到 16 000 人，受害人约 60 万（博帕尔事件，详见第 II 部第 3 章印度 [专栏 1]）。关于韩国的温山锌铜冶炼厂的公害，特别是类似骨痛病的公害病"温山病"，在《亚洲环境情况报告 1997/98》中已经涉及，此处省略。

5 结语

下面概括整理一下东亚有色金属矿山和冶炼厂的开发状况和矿害情况。各国都在利用引进有色金属一流企业或日本企业的外资，进行矿山和冶炼厂的开发，但矿山经营和采矿、选矿、冶炼等技术整体上都很落后，很多又是大规模生产，而公害防治对策极不完善，像日本从前那样，频繁地发生严重的矿害事故。

经济学中有"后发优势"的说法，即后发展工业化的国家的优势是，可以引进先进工业国家的技术或资本以及经营战略，从而达到以更快的周期来发展经济，这种模式的典型事例就是类似日本的近代化和亚洲的飞速成长等。后发展工业化的国家，在公害和环境问题方面，如果能够活用先进工业国家的公害教训和公害对策，这叫做"后发优势"；反之，如果不吸取发达国家的公害教训和公害对策，引发了同样的公害问题，那就会变成"后发劣势"。如本章所述，先开发的东亚有色金属矿山和冶炼厂，发生了矿害问题，是"轻视环境"的经济增长模式，从经济面上可以说是"后发优势"，但从环境方面说就是"后发劣势"。

此外，如在第 3 节中所述，日本企业掺混在东亚的海外有色金属一流企业中，积极参与有色金属矿山和冶炼厂的开发计划，而对于第 4 节中所述的在开发地发生的环境问题，日本负有很大的责任。为了承担日本的责任，不仅需要在政府和企业层面上，对资金或技术等方面给予援助，包括日本拥有的"高效的冶炼技术和环保技术，从矿石回收金属的比例（回收率）、二氧化硫回收技术等世界顶级的冶炼技术"以及在［专栏 1］介绍的神冈矿山建立的无公害矿山冶炼工艺、省资源节能技术和环境监测技术，而且需要在科学家和市民层面上，正确宣传日本的公害教训以及克服公害的经验。如第 2 节所述，在大规模推进金属矿山和冶炼厂开发的东亚各国，不能再发生像日本金属矿山和冶炼厂开发引起的足尾（Ashio）、别子（Besshi）、小坂（Kosaka）和日立（Hitachi）

四大矿毒烟害事件、神冈矿山引起的骨痛病，以及重金属引起的土壤污染等悲剧。

可采储量尚足以开采 100 年以上的金属仅有铝、铂族和铬等。国土面积狭小的日本和欧洲发达国家的金属资源已经开采殆尽，正在开发东亚或南美的发展中国家的金属资源。而进入 21 世纪，所有发展中国家的金属资源也将开采殆尽，很有可能像日本那样只剩下矿害。此外，在 1 t 矿石中平均只含有 5 g 金的金矿中，要提取 1 kg 金，就要产生 200 t 的废渣，这些含有重金属的废渣会给环境带来巨大的负荷。另外，为了提取 1 t 的铜，需要开采约 110 t 的土壤或岩石，或 100 t 的矿石，还将产生 99 t 的选矿废渣。

因此，大量使用的铁、铝、铜、锌、铅等贱金属，需要彻底地进行循环使用，以节约金属资源和能源（金属的开采、选矿和冶炼都需要大量能源）。与燃烧化石燃料会产生二氧化碳和水蒸气不同，从稳定的地下开采出来的金属，虽然化学形态发生了变化，但并不会从地上消失，因此可以反复使用。不过很多金属有毒，这是个麻烦。为了解决金属污染问题，仅仅提高再生利用率是不够的，还需要削减人们利用金属矿物的总量。

特别是用量较少的汞、镉、砷等剧毒金属，可以通过禁止制造汞电池、用锂电池替代镍镉电池等，竭力减少它们的使用量。但是，如第 III 部 [15] 所述，日本的镉消费量居世界第一，因为日本的镍镉电池产量属世界第一，这同正在削减镉消费量的欧美国家形成了鲜明对照。一些欧美国家正在限制有害金属镉、汞、铅的生产和消费。如从 1985 年到 1995 年，瑞典的汞、镉、铅的排放量削减了 70%，最终目标是彻底禁止使用这些金属。再如，欧盟国家正在研究，从 2008 年起禁止使用含有汞、镉、铅等有害金属的工业产品。

（责任执笔：畑明郎；执笔合作者：上园昌武）

本章内容主要是在下列文献的基础上，增加了内容并作修改后的成果：

畑明郎，上园昌武，"东亚有色金属矿山和冶炼厂的开发与环境问题"，经营研究，有斐阁，Vol.50，No.1，1999，pp.121-141.

专栏 1　日本的矿害教训和亚洲矿害

日本列岛位于环太平洋火山地带，分布着许多火山和温泉，曾拥有大量的金属矿山。在中世纪，日本正像马可波罗（Marco Polo）比喻的黄金之岛（Zipangu）那样，是当时全球屈指可数的金银出口国，日本的英文国名 Japan 即来自黄金之岛 Zipangu。有名的佐渡金山（Sado）、石见银山（Iwami）、生野银山（Ikuno）等金银矿山和足尾铜山、别子铜山等矿山被开发利用，引起了矽肺病和矿毒问题。特别是在明治维新后的日本现代化进程中，当时与生丝并列的主要出口产业就是铜矿业，主要以足尾、别子、小坂、日立四大铜矿为中心而繁荣起来的，但同时也引起了四大铜山的矿毒烟害事件。当时"铜是立国之本"的口号、富国强兵和置产兴业，对日本现代化发展发挥了巨大的作用，同时这些地区也成了各大财团形成的据点，如在足尾铜山形成了古河财团（Furukawa）、别子铜山形成了住友（Sumitomo）、小坂铜山形成了藤田组（Fujitagumi）、日立铜山形成了日立（Hitachi）和日产（Nissan）。此外，三井财团（Mitsui）的形成据点是神冈矿山（铅、锌）和三池煤矿（Miike），三菱财团（Mitsubishi）的形成据点是佐渡金山和生野银山。

第二次世界大战后，在经济飞速发展过程中，神冈矿山镉泄漏引起的骨痛病、全国性的重金属土壤污染、土吕久（Toroku）矿山等引起的慢性砷中毒等，这些导致死亡的悲惨公害都是金属矿业造成的。虽然全国多达数千座的金属矿山几乎都关闭了，仍在运行的金属矿山只剩下神冈矿山、北海道的丰羽矿山（铅锌）以及鹿儿岛的菱刈金属这 3 座，但是，矿害仍原封不动地留在国内。20 世纪 60 年代后，为保障原料矿石的供给，日本有色金属冶炼企业开始推进海外矿山的开发和冶炼厂建设。然后，就引起了本文所述的矿害问题，这就是所谓的"公害输出"。

在这种公害输出过程中，1972 年对于骨痛病的判决结果是原告胜诉，这在日本矿害历史上是划时代的事件。尤其是在判决后的第二天，受害居民和被告三井金属矿业公司，在历经 13 小时的直接谈判后，签订了《公害防治协议》，要求发生源企业彻底公开环境信息，并实施公害对策，由此翻开了公害防治的新篇章。基于这份《公害防治协议》，并根据 28 年来参与现场调查其具体实施的体验，就"日本的矿害教训和亚洲矿害"谈一些看法。

基于《公害防治协议》的现场调查，最大成果是，通过贯彻"发生源对策"，把受到污染的神通河的水质基本恢复到了自然状态。该成果的原动力首先应该归功于受害居民较强的组织实力，这比其他的都重要；其次，通过包括专家在内的现场调查和环境信息公开，向企业提供了具体的、不排放污染物质镉的发生源对策，随后安排企业实施。而《公害防治协议》保证了具体对策的实施。

神冈矿山的运营向人们显示了，迄今为止被看作是环境污染型产业的金属矿业，其生产活动的进行也可以几乎不给环境带来任何负荷。如果想在东亚的矿业生产中活用神冈矿山的经验，以下几点是很有必要的：

第一，最重要的是，传播不对环境增加负荷也能进行生产这样的事实，并推广其生产方法（"无公害矿山冶炼工艺"）。传播对象是正在推进金属生产的国家、企业，尤其是矿害的受害者或可能成为受害者的当地居民。而且，传播手段需要采用多种方法，由 NGO 承担此类传播的核心力量。

第二，"无公害矿山冶炼工艺"通过采用循环化、省资源、节能高效的技术等，增加资源有效利用，并提高产量。这种"环境对策"的费用，同一旦发生矿害之后必须花费的费用（损害赔偿费用和环境恢复费用）相比，要低廉得多要使这种方法广为人知。即公害防治投资费用只需约 120 亿日元，而在出现骨痛病情况下对诉讼的判决，为了人体健康和农业损失而赔偿以及土地恢复费用，总共超过 570 亿日元，高出前者近 4 倍。

第三，《公害防治协议》的签订，推进了赋予包括专家在内的现场调查权和环境信息公开权，也推进了当地区居民获取民主权利的运动。无疑，签订《公害防治协议》并不是防止矿害的唯一有效方法。即使能够签订《公害防治协议》，但要签订包括专家在内的现场调查权和环境信息公开权的公害防治协议，经常都很难。但是，由当地居民监视企业，促使企业实施公害防治对策，这种方法是非常奏效的。另外，OECD 还建议将这种方法引进美国。日本最近也称该方法是引进的 PRTR（Pollution Release and Transfer Register：污染物排放与转移登记制度）的先驱。

（利根川治夫，畑明郎）

专栏 2　菲律宾棉兰老岛的汞污染事件

在菲律宾南部的棉兰老岛，从其中心地带达沃市（Davao）向北驱车行驶 3 小时，到达蒙卡约（Monkayo）镇。然后，再换乘四轮驱动的吉普车，沿险峻的山路再盘旋而上 2 小时，就到了迪瓦瓦镇（Diwalwal）。该镇是在海拔 800m 的 Diwata 山脉的陡峭坡面上开拓出来的城镇，是菲律宾为数不多的金矿之镇。在 20 世纪 80 年代初连居民都没有的热带森林，变成了一座淘金热的城镇。鼎盛期，该镇住有 8 万多人。棉兰老岛和周边岛屿的农民们，怀着一攫千金的梦想，向这个陡峭的矿山蜂拥而至。在那里，等待他们的是无数的塌方事故和山体滑坡事件。1988 年曾发生过一次最严重的事故，导致 3 000 人丧失了性命。

在这座矿山，现在有 17 000 名矿工在 50 个坑道（开采现场）工作，而居民增加到 3 万人左右。每天的矿石开采量为 1 000~1 500 t，金矿石的黄金含量为 10 g/t。如果按照这里每年开采黄金 5 t 左右来推测算，炼制工艺所用的汞每年将达到 10 t 左右。考虑这 10 多年来的累积，已使用的汞将近 200 t，其污染危害是极其令人担忧的。

事实上，从 1980 年下半年开始，就不断有村民投诉，从流经迪瓦塔（Diwata）山脉的那伐克（Navoc）河和阿古桑（Agusan）河流域，出现鱼类死亡和水牛死亡现象，汞污染令人担忧。从那时起，达沃市和塔古姆市（Tagum）（当地省政府所在地）等的保健站等，进行了有关汞处理的注意事项方面的指导，同时替换了所使用的氰化物提取法。事态逐步转向稳定，道路也在不断建设，现在用卡车运走金矿石去外地炼制的做法非常活跃。

位于距迪瓦瓦镇以南约 100 km、隶属塔古姆市的阿坡孔（Apokon）地区，密布着 10 多家冶炼厂，邻接工厂的小学，孩子们普遍反映身体不舒服、有眼睛疼痛等症状。根据当地 NGO 的调查，孩子们感觉的症状就是由于汞污染造成的，这使得这种不安更加深化。根据当地大学、国立水俣病综合研究所的资料，以及笔者等后来的调查，有的人头发中的汞含量最高达 20×10^{-6}，毫无疑问需要特别注意。虽然整体的污染水平为 $1 \sim 2 \times 10^{-6}$，可以确认尚不属于水俣病多发状况，但是，尽管汞含量低，但今后会带来怎样的影响，还需要极为慎重的调查。在受到污染的河流、海洋及其周边，堆放着含汞的固体废物，在发生水灾等情况时，又可能会产生新的污染。

工厂周围的调查还在继续中，在采访其经营者时，他如是说："我们从 10 t 卡车的矿石中，发现了 80 g 黄金，干的是大事。就那么点儿污染，请不要扰乱。"为了 80 g 黄金，就投弃 9 999 920 g 废渣，污染了河流，威胁着人们的生活，严重破坏了迪瓦瓦村的生态系统，夺去了许多人的生命，还污染了流经那里的河流，不断产生大量固体废物，这种继续开发的矿山产业，究竟又有何意义呢？

（谷洋一）

第 3 章

随处乱丢的固体废物

照片为人们在雅加达的垃圾处理场里拾拣塑料袋。

照片提供：小岛道一

1 引言

在亚洲各地，现在关于固体废物处理处置设施的布局及其建设问题日趋突出。其中，在日本、中国台湾、泰国，围绕固体废物处理处置设施的建设，纠纷频繁发生。1998 年夏，在泰国清迈，由于无法找到一个新处场场，垃圾收集工作被停止长达 50 天之久。在泰国罗勇府，因为一项工业固体废物处理处置设施的建设问题，引发了大规模的市民运动，导致当初计划建设的地区被迫停止设施建设。在日本各地，也因工业固体废物处理处置设施的建设问题，同周边居民之间产生明显的对立。此外，也发生了在本国不加处理的固体废物非法出口他国的事件。

源于固体废物处理处置设施的污染也带来了不少问题。在印度，城市垃圾处置场周围的地下水受到了重金属的污染。据报道，在菲律宾马尼拉，以拾拣垃圾为生的拾荒孩子中间，畸形儿出现的概率在增加。在日本和韩国等实施城市垃圾和固体废物焚烧处理的国家，焚烧设施释放出的二噁英所导致的污染也令人担忧。

如上所述，近年在亚洲地区，固体废物问题之所以被提上日程，其背景是生产的扩大、公害控制的强化以及消费生活变化等引起的垃圾产生量的增加。

从 20 世纪 80 年代到 90 年代，在化学、钢铁、电器产品等各个领域，亚洲的产业得到了迅速发展。亚洲成了工业产品的生产基地。例如，聚氯乙烯（PVC）是一种会引发环境问题的物质，因为它在焚烧时产生二噁英等有害物质。从 PVC 的生产能力来分析，1996 年亚洲的 PVC 产量占全球的 30%，预计今后这个比例还会增高（见表 1）。

在扩大生产过程中，出现了水污染和大气污染等问题。对此，从 20 世纪 80 年代末开始，亚洲各国都在强化对水污染和大气污染的防治。这些防治措施，虽不能说在各国都发挥了一定作用，但在中国、印度尼西亚、泰国等国，通过采取包括关闭工厂的严厉措施，推动了废水处理设备和除尘设备等的安装使用速度。生产过程中产生的废弃物不能再直接排放到河流或大气中，而要以污泥等形态进行回收。像这种污泥等工业固体废物，各国都在对其进行着处理处置的课题研究。进入 20 世纪 90 年代下半期，工业固体废物的处理处置被首推为环境政策的主要课题之一。但是，在很多国家（如菲律宾）根本没有危险废物的处理设施，即便有，很多情况也只是个别地区的工厂才利用。

表 1　PVC 的生产能力

	世界合计	亚洲合计	韩国	中国台湾	中国	东盟	印度	日本	西欧	北美	中东
1996	25.4	8.0	1.1	1.3	1.4	2.2	0.6	2.8	6.2	6.7	0.6
2002	30.6	10.9	1.3	1.9	2.0	3.9	0.8	2.9	6.5	8.1	0.7
增加幅度	5.1	2.9	0.2	0.6	0.6	1.7	0.2	0.1	0.3	1.5	0.1
增长率	3.1%	5.3%	2.9%	6.2%	6.7%	9.9%	5.4%	0.7%	0.9%	3.4%	1.5%

摘自：《亚洲石油化学工业 1999 年版》，重化学工业通信社，1999 年，5 页。

从 20 世纪 80 年代到 90 年代，国民收入的提高改变了大众的生活消费方式。电冰箱和电视机等电器在家庭迅速普及（参照第Ⅲ部：资料解说篇［1］"收入差距与消费扩大"）。从便利店和快餐店等全球流通部门的连锁店化来看，其店铺扩展到了整个亚洲（见表 2）。

表 2　在亚洲世界连锁店铺的数量（1997—1998 年）

单位：每百万人的店铺数

	日本	韩国	中国	中国台湾	菲律宾	泰国	马来西亚	新加坡	印度尼西亚
麦当劳	19.4	2.5	0.3	10.8	2.1	1.0	5.1	28.1	0.5
7-11 便利店	56.9	3.6	0.3	62.2	1.8	14.9	6.5	22.5	—

来源：各公司主页。

表 3　纸张的消费量

	日本	韩国	中国	菲律宾	泰国	马来西亚	新加坡	印度尼西亚	越南	印度
纸/纸板（1997）/（kg/人）	251	149	31	14	36	76	182	19	2	4
1991 年消费量	2 909	452	1 946	65	132	105	56	150	10	263
1997 年消费量	3 148	683	3 897	97	214	160	62	391	18	366
包装用 1991 年消费量	1 192	243	584	39	64	31	15	65	2	101
1997 年消费量	1 254	317	1 592	50	97	66	11	223	3	136

注：消费量的单位除第一行人均消费量以外，均为万 t。摘自：*FAO, Forest Products*，各年版.

纸张消费量也显著增加。中国和印度尼西亚的纸张消费量，从 1991 年到 1997 年，7 年间增加了 1 倍。拿 1997 年的数据来分析，在纸张总消费量中，用于包装纸的比例，印度尼西亚和菲律宾都超过了 50%，韩国、中国和日本也超过了 40%。塑料包装袋的消费量也在增加。在中国，1995 年使用了 211 万 t 的包装塑料，1990 年后，以年均 17%的比例急速增长[1]。日本的塑料包装膜的发货量，1980 年为 54 万 t 左右，而 1996 年已达到约 122 万 t[2]。在印度尼西亚，塑料袋的生产，从 1989 年的 12 000 t 增加到 1997 年的 54 000 t，年增长率高达 20%[3]。不仅是便利店和超市，就连在路边购买的食品也都在使用着塑料袋。在无法保障饮用水安全的背景下，推动了瓶装水的普及。正是包装用的纸张和塑料的大量使用，造成了固体废物数量上的增加和质量上的变化。

综上所述，在亚洲各国最近 10 多年的经济增长过程中，工业固体废物也好，生活垃圾也罢，都出现了数量上的增加和质量上的多样化和复杂化的变化。在亚洲各国，本国国内产生的垃圾加上进口产品产生的垃圾，固体废物处理和再循环的课题远比发达国家要严重得多。1997 年的金融危机后，亚洲地区的经济发展速度虽然放缓了，但仍可预测，今后 10 年乃至 20 年，亚洲地区的居民收入还会进一步提高，仍有可能带来工业化的再次复兴。如果继续以之前那样的经济模式发展，固体废物的处理处置将面临更加严峻的考验。

因此，本章将讨论如下问题：在生产增长和消费提高的背后，固体废物的处理处置问题应如何应对？在考虑了固体废物处理处置费用的基础上，理想的经济社会该怎样构建？其中，政府、企业、NGO 等各自应尽的职责又是什么？[4]

2 城市垃圾[5]

2-1 前言

在亚洲各国，经济快速增长的结果使人们充分享受到了丰富的物质生活。发展中国家的垃圾问题曾经是以卫生问题为代表的贫困问题，但随着工业化和城市化进展，垃圾问题已经日益复杂化，扩大成了资源问题和环境问题。

从垃圾产生的方式及其组成看，出现了变化。在马来西亚首都吉隆坡，人均日产垃圾量 1.42kg（1997 年）。尽管当地多数有机垃圾（原生垃圾）存在含水量大这一特点，但其产生量几乎同日本一样。而在马来西亚的一些地方城市，人均日产垃圾量为 0.5kg，城市之间存在着很大差异。而从垃圾的组成分析，在吉隆坡垃圾中，纸张和塑料的比例高于地方城市。

还需要分析生活方式本身的变化。20 世纪 80 年代后，除日本外，亚洲各国共同可见的是中产阶层的扩大。郊区大型购物中心一个接一个地拔地而起，驾驶家用车奔赴购物中心采购商品十分流行。同时，这些人也因为对环境问题的关心，成为物资循环利用活动的推动者。

在本节里，将对日本和亚洲其他国家进行比较，探讨垃圾处理这个共同课题。如垃圾收集的效率化、焚烧处理、安全管理与确保最终处置场以及垃圾减量化对策的现状等方面的研究。

2-2 垃圾收集的效率化

城市里产生的垃圾，若不及时收运而弃置不管，卫生状况将会严重恶化。特别是在贫困阶层居住区，没有政府部门提供的垃圾收集服务，会造成霍乱（一种烈性肠道传染病）或登革热等疫病的四处蔓延、河流等表层水受到污染、水道被垃圾堵塞引起洪水灾害等。垃圾的收集率因城市不同而存在很大差异，即使在同一城市，高收入阶层居住区和低收入阶层居住区也存在不同。垃圾收集费用占垃圾处理费用的比例，有的地方可高达 80%。

垃圾处于弃置状态的原因之一是，垃圾收集方法的效率不高。收集效率不高的主要原因有以下方面：城市缺乏规划；无序扩张的贫民窟等使地区收集垃圾车辆无法进入；地方政府实行了城市扩大化但又缺少处理垃圾的规划、人力和财力[6]。在贫民窟居住区，尽管有时也由非正式组织进行垃圾收集工作，但收集起来的垃圾很多又被非法倾倒到别处。

在亚洲的各个城市，如何提高垃圾的收集效率是首要课题，20世纪 70 年代起，接受外国援助的项目试图来解决该课题。

在印度，有些地方政府组织拾荒者（居住在垃圾最终处置场以回收有价值物品为生计的人们）收集垃圾，回收其中的有价值物品。该项工作是为提高拾荒者生活水平而开展的项目，鉴于该项目创造了用工岗位，为解决财政问题和环境与资源问题作出了贡献，曾受到联合国人居中心（UNCHS）的表彰。

20 世纪 80 年代以后，亚洲各国对于垃圾收集工作出现了一个共同趋势，即都采取民营化或民间委托的方式。地方政府把垃圾收集工作委托给民间企业，通过企业之间的合理竞争来提高收集效率[8]。

日本垃圾收集民营化始于 1966 年《第 11 届地方制度调查会报告》的"建议"之后。

泰国在 1987 年后，首都管理局启动了垃圾收集民间委托。在曼谷，委派 50 个区进行垃圾收集工作[9]。收集方法由各区自主决定，各区则把垃圾收集工作委托给民间企业。这是在各区之间通过竞争方式来提高收集效率的一种尝试。

为了能通过民间委托来提高效率，公共部门必须对民间企业进行管理和监督，特别是承担垃圾处理监督管理的地方政府的作用非常重要。

2-3 中间处理（焚烧）

一直以来，焚烧处理都被当作垃圾的清洁处理手段。垃圾焚烧处理，目前在以延长最终处置场寿命为目的的垃圾减量化中，发挥了很大作用。

在焚烧设施上，需要巨额的设备投资和维护管理设备的技术与资金。亚洲各国中，日本和新加坡普遍实行垃圾焚烧。韩国只有一些主要城市采用焚烧处理。

近年来，特别是在日本和韩国，从焚烧设施排出的废气和飞灰中含有的二噁英，作为最严重的环境污染之一而被高度重视[10]。二噁英不仅具有致癌性，而且还可能造成生殖障碍等跨越世代的影响。

为了削减二噁英类物质的产生，根本性对策是减少垃圾焚烧。同时，有必要对温度、时间和搅拌均匀程度进行管理。为了控制二噁英的排放，日本的垃圾焚烧处理采用安装布袋除尘装置、焚烧炉的大型化、不间断的连续运行以及焚烧的区域化等技术性对策。但是，侧重技术的解决对策增加了当地政府的财政负担，为确保连续焚烧处理的区域化，垃圾处理又引起了新的区域间纠纷。

虽然亚洲各国都知道二噁英问题，但由于各国普遍存在填埋场难以确保的状况，各国还是日益偏向于采用焚烧处理技术。

在中国香港，很早就开始采用焚烧处理技术。但随着人口增长，住宅开发，在焚烧厂周围也建起了很多高层住宅，鉴于处理设施的陈旧，排气超过了排放标准，周边居民提出申诉，1994 年关闭了所有焚烧设施。现正在研讨引进先进设施的方案[11]。

中国台湾的主张是积极引进焚烧设施。截至 2003 年末，台湾共建设了 36 座焚烧厂，计划把焚烧效率提高到 90%。对于焚烧厂的排气，台湾环保当局于 1998 年 8 月制定了控制二噁英产生的法律（规定控制在 $0.1ng/m^3$ 以下）。部分焚烧厂计划采用 BOO（一种建设、拥有、运营的市场运营模式）或 BOT（一种以建设—经营—转让的投资方式）方式建设[12]。

另外，在泰国的普吉岛，尽管通过海外援助项目建设了焚烧设施，但其处理能力大大超过了普吉岛产生的垃圾量，运行费用成了地方财政的负担。

在整个亚洲趋于加快引进焚烧设施的进程中，菲律宾由于石油企业的反对，1999 年 6 月才通过《大气污染防治法》，比计划推迟了 1 年左右。该法原则上禁止使用焚烧设施。特别是在马尼拉近郊，填埋场越来越少，且没有建设新填埋场的计划，垃圾最终处置迟早要陷入困境。因此，需要同时推进分类收集、再循环、堆肥等垃圾减量化处理方式。

2-4 确保填埋场的安全管理

围绕填埋场的首要课题是最大限度地控制填埋场产生的环境污染，即填埋场的安全管理问题。这是由于填埋场会产生甲烷气体，而且渗滤液会引起地下水污染。

在亚洲许多国家，一般填埋方式都是没有进行渗滤液处理或覆土处理的露天填埋。因此，需要建设卫生的填埋场。

印度曾对填埋场周边的地下水进行过调查，结果检出地下水受到了重金属和砷的污染[13]。在中国台湾，1997 年 5 月因水污染而关闭了 55 个填埋场[14]。在韩国，80%以上的填埋场，预计 5 年内都要填满（封场）。小型填埋场几乎都没有安装渗滤液处理设施，可能出现水污染[15]。在日本的日之出镇的填埋场，尽管铺设了防渗衬垫，也能够进行渗滤液处理，但还是出现了地下水污染。

菲律宾有报道称，填埋场会对人体健康产生损害[16]，如在填埋场回收有价值物品的家庭经常会出生畸形儿。产生这种损害的原因有二，一是城市垃圾中含有有害物质，二是工业固体废物不经分类便直接投弃。2000 年 7 月，在马尼拉的柏雅塔斯垃圾场堆积的垃圾山崩塌，造成 200 多人死亡，500 多人去向不明（截至 2000 年 7 月 19 日）。这次事故再次暴露了露天填埋的危险性。

围绕填埋场的第二大课题是场地的难以确保。在城市大量产生垃圾的近郊，填埋场十分缺乏，地方政府把寻找填埋地点作为紧急优先任务。填埋场址渐渐地不得不在远离城市的地区寻找。此外，一些逃避处置费用的非法投弃以及上述的各种环境污染，想就填埋场建设问题争取周边居民的理解，也日趋艰难。

在确保填埋场场地方面，出现了一种动向，即通过填埋事业的民营化、民间委托以及垃圾区域处理来确保填埋场[17]。在泰国，针对填埋场的缺乏，通过民营化来确保跨行政区的填埋场。曼谷首都圈大约 10 年前就把最终处置场的建设和运营委托给民间企业。民间企业在曼谷市外购买土地，进行填埋场的建设和运营。孟买的情形同样，也试图进行确保填埋场的尝试，但由于遭到建设预留地附近居民的反对而无法建设。最终造成了孟买市垃圾收集工作停止了 50 天左右，垃圾堆满了道路。作为临时填埋场，垃圾被收集堆放在墓地区，但新填埋场的建设计划尚未出台[18]。

在日本，原则上是在各行政区内均有填埋场，但在委托民间企业后，也在区域外进行填埋。区域垃圾处理这种形态虽然不同于民营化和民间委托，但可以有效确保用地，最终处置场建设由"局部事业合作组"来承担[19]。所谓"局部事业合作组"，是由若干个市、町、村为完成特定事业而出资设置的一种特殊的地方公共体。东京都三多摩地区废弃物区域处置合作组就是由 25 个市、2 个町共同设立的局部事业合作组，负责日之出町二塚固体废物区域处置场的运营。

即使通过大型化或区域化可以在一定程度上弥补填埋场缺乏的问题，但要防止环境污染，想要建立数量适当、位置适当的处置场，仍日趋困难。因此，最根本的解决方法，还是要削减最终处置的垃圾量。

2-5 推进回收再利用和控制垃圾的产生量

鉴于垃圾处理成本的不断增加，特别是填埋场的日趋缺乏，作为垃圾减量化对策，必须推进垃圾的循环再利用。亚洲许多国家的循环再利用，包括非正规组织的有价值物品回收在内，都融入了经济活动中。此外，政府也在采取措施，通过垃圾分类和循环再利用对策，致力于垃圾减量化和资源的有效利用，以此解决填埋场缺乏的问题。

中国香港提出了《废物减量计划纲要》（Waste Reduction Framework Plan 1998—2007）。泰国于 1998 年编制了《循环再利用削减废物战略》[20]的调查报告。调查结果表明，即使相比现状，进一步提高循环再利用效率，减量化也是十分必要的，报告书还明确提出了为贯彻循环再利用，应努力解决的课题和工作计划。

循环再利用系统需要依靠居民配合，进行垃圾分类，这在现有的回收系统中是从未有过的。所以，构筑这种新的循环再利用系统绝非易事。

尽管曼谷的首都管理局办公室进行了各种各样的循环再利用计划，但均未收到成效。现在，虽然准备了堆肥垃圾、瓶罐和家庭有害废物 3 种垃圾箱，却仍未得到居民合作实现分类投放垃圾。

在马来西亚，1993 年制定了《国家循环再利用计划》（National Recycling Program in Malaysia），并从 1993 年起以 23 个城市为中心试点进行该计划。这是以生活垃圾减量化为目的的循环再利用计划。但是，该计划后来被迫进行重新研讨[21]，政府重新修改计划的理由是，居民以及民间部门对循环再利用的关心度不够，未能充分反映市当局向居民寻求对循环再利用的理解等方面的信息，再生资源的需求较小，缺乏能够进行大规模循环再利用的大型再循环工厂。

但是，一部分地方公共团体和居民团体进行的分类收集却取得了成功。他们以关心环境问题的中产阶层为对象，回收有价物品，销售给再利用的企业。参与分类回收合作的居民获得超市购物券，有价值物品的销售收入则捐献给福利机构。

部分城市设置了堆肥厂。在雅加达，尽管堆肥厂规模不大，但居民同 NGO 一起将原生垃圾堆肥，堆肥产品销售给雅加达及其近郊的植物店[22]。在曼谷，城市垃圾处理量的 3.6%，约 10 t/年（1996 年数据）得到了堆肥化处理[23]。

循环再利用对策也有其限度，因为现有的再利用技术无法解决的难再生物质也在增加。除了塑料和纸张为主的一次性容器外，在泰国和日本，由于进口葡萄酒的空瓶质量不统一，再生问题陷入困境。为了垃圾减量化，要从不产生垃圾的生产方式上寻求改革，因此，有关生产和使用的规定缺一不可。

特别是鉴于塑料垃圾极难降解、焚烧聚氯乙烯塑料等会产生二噁英为主的有害物质，如第 1 节所述，在容器包装用量急剧增加过程中，各国都出现限制塑料使用的趋势（参照表 4）。

表 4　限制塑料使用的规定

日本	1995 年，容器包装再循环法
韩国	1999 年 2 月，塑料袋的使用限制[24]
中国台湾	1998 年，塑料瓶再循环基金
中国	自 1998 年 7 月起，禁止在火车和汽车上使用塑料容器以及禁止各市生产使用塑料
印度	禁止使用塑料（1999 年 8 月）

在中国，塑料包装容器因任意丢弃在河流、铁路沿线以及公路上被称作"白色污染"。在上海等城市，塑料包装容器的使用受到限制。有的城市还禁止生产塑料包装容器。由于公路、铁路以及河流的管理隶属中央政府管辖，所以自 1998 年 7 月起，政府禁止在火车和汽车上使用塑料容器[25]。在印度，容器包装塑料的交易额小，政府对回收也不积极。尽管塑料使用量增加了，但由于处理处置很困难，所以事态向禁止使用的方向上发展[26]。

3　工业固体废物

与城市垃圾不同，工业固体废物的处理原则是由企业自行处理，公共部门颁发规定和监督。但是，由于行政规定和监督均不充分，亚洲各国都发生了各种各样的问题。

3-1　排放者的责任

关于工业固体废物处理问题，一些国家规定，在工厂占地范围内处理，固体废物处置设施无需获得许可。如在泰国和马来西亚等国，工业固体废物贮存在厂内占地，引起了地下水污染等。而且，工业固体废物被堆放在近郊道路边的疏林、沼泽或者空地上的现象屡屡发生。非营利组织（NPO）指出，工业固体废物还存在违法的露天焚烧问题。对于这种状况，为了使企业进行恰当处理，行政部门能够在多大程度上发挥作用呢？遗憾的是，行政部门尚未发挥应有的作用。

因此，为了让工业固体废物的产生者承担实质性责任，对策之一是，要像在泰国等那样通过"环境管理体系"（ISO 14000）来保障其合理处理，并对该体系寄予厚望。在亚洲各国行政规定目前无法充分发挥作用、而在公开"环境方针"或《环境报告书》这一条件下，ISO 认证机构若能合理地发挥作用，确立"环境管理体系"也是一种解决方案。下文将讲述，考虑到亚洲的 NPO 很多都是具有专业知识的团体，要求企业必须公开自身的固体废物处理政策和实施效果，这对合理处理固体废物也是一种有效手段。

3-2 确立合理的处理处置体制

确立合理的处理处置体制是亚洲各国共同的课题。在日本，1996年 4 月就已有中间处理设施 11 741 座，隔离型处置场 43 个，稳定型处置场 1 688 个。日本的处理处置设施数量在亚洲最多，但处理处置方法却存在各种各样的问题。如焚烧处理产生大量的二噁英，以及在稳定型填埋场处置的塑料曾经溶出了稳定剂。20 世纪 90 年代中期，亚洲其他国家除了企业自身处理以外，完全没有工业固体废物处理产业。如果不严厉取缔非法投弃，就无法形成一个产业。在印度尼西亚、中国香港和泰国，均以政府参与形式推进固体废物处置场的建设和运营。政府参与的方式多种多样，如 BOT 方式，投入公共资金的第三方团体，或者设施由政府建设后委托民间运营的方式等。

在泰国，危险废物处理设施有 2 座，处置场也建了 2 个。在印度尼西亚和马来西亚，各有 1 所危险废物处理处置设施。在菲律宾，根本没有危险废物处理设施。如果考虑到危险废物的推算排放量和排放危险废物工厂的地理分布，这些处理处置设施是远远不够的。

为了有效回收建设费用和运行费用，处理处置设施的利用费用定价很高，这就导致实际处理处置的废物量大大低于设计能力。如

1998 年建成的马来西亚 Kualiti Alam 公司的危险废物处理设施，设计年处理能力为 12 万 t，而签订的处理合同量只有 5.5 万 t。在不当处理到处存在的情况下，产生者不愿支付适当处理的费用，有必要改变这种结构。

另一方面，在财政富裕的中国香港，政府全额出资提供处理设施的建设费，负担了流动费用的 69%（1999 年 3 月数据）。再加上强化了非法倾倒的取缔工作，中国香港的固体废物处理处置工作收到了一定成效。

总之，公共参与的工业固体废物处理，与仅委托企业自行处理的状况比较，也许可以说，向问题的解决方向上迈进了一步。

3-3 非法倾倒

在亚洲各地，工业固体废物的非法倾倒也一个是社会性问题。在日本的丰岛，尽管居民开展了反对运动，但在长达 10 年多的期间里，非法倾倒的汽车拆解碎片多达 50 万 t，造成了土壤和海洋污染。在中国台湾、泰国、马来西亚、新加坡和菲律宾等地，非法倾倒也都是问题。

非法倾倒在引起环境污染的同时，也对改善环境的处理处置场存在基础构成威胁。如果不对非法倾倒进行实质性惩罚，固体废物就不可能得到合理处理。因此，需要强化监视系统，对违反者强制履行"恢复原状"义务，或者建设包括民间企业在内的合理处理处置设施。在运营方面，培养固体废物处理处置相关技术人员也是很重要的条件。

许多国家在法律上规定，国家行政机关掌握对不当处理的规定权限。但是，由于工厂遍及全国范围，所以规定权限也只能在发现非法倾倒、已经成为社会关注问题的阶段才开始发挥作用。各地政府既缺少派遣监视工作人员的财政能力，也缺少技术能力。

因此，要求国家对于工业固体废物的合理处置承担相关责任。为了处置系统的运行，国家要提供充分的财力和人力。同时，为了实现监视非法倾倒并使污染者随后进行原状恢复，有必要让邻近固体废物非法倾倒现场的自治体（地方政府）具备相应的能力和权限。此外，不仅对于非法倾倒的实施者，而且还要加重对于所非法倾倒固体废物的产生者的责任，应使其负担原状恢复的费用等。如果工业固体废物产生者不担负非法倾倒的责任，就根本不会向处理处置企业支付大量费用，进行固体废物处理处置的合理委托。

3-4 污染地区的管理

对以往的填埋和非法倾倒导致的污染地区进行调查，制定污染清除对策等，这是当前急需采取的行动。在菲律宾的克拉克空军基地旧址，居住着因皮纳图博火山爆发后的避难者，其中很多人出现了皮肤病等症状。据查明，那里的井水也遭到了重金属污染。1999年6月，有200多户人家被迫离开了居住地。在泰国，1999年在美军基地旧址发现了由落叶剂引起的污染。在日本濑户内海上的丰岛，非法倾倒的固体废物清除费用据测算至少要300亿日元。在中国台湾，以危险废物海外非法倾倒事件为契机，当局推进了全岛非法倾倒的情况调查，查明了各地都存在非法倾倒危险废物的情况。

亚洲各国危险废物引起的土壤污染问题，已经这样浮上了水面。但是，关于污染地所掌握的信息还不够充分，需要对土壤污染进行综合调查。此外，还需要为污染严重地区的污染清除，保证财源，提供处理处置技术。

3-5 NPO 和居民的监督

在现实中，能够对非法倾倒等发挥监督作用的是当地居民和NPO。许多情况下，居民发现后，以NPO援助的形式将问题公诸于世。当然，行政部门有必要加强人力等，同时还要把居民和NPO定位为行政部门的合作伙伴，使他们能够发挥应有的作用。

4 危险废物的越境转移

4-1 频繁发生的越境转移及其实况

据联合国环境规划署（UNEP）的推断，危险废物每年约产生4

亿 t，其中约 10%被跨越国境转移了。亚洲地区存在的问题是，既有危险废物从域外流入，也有危险废物从域内越境转移出去。1997 年，澳大利亚企图向中国出口废电脑，但由于"绿色和平组织"等的反对，货船在香港被迫返航。1999 年初，中国台湾向柬埔寨出口含汞的工业固体废物，在倾倒地区造成骚动，村民为之避难，这些固体废物最终又被送回到台湾原地（参照［专栏 3]）。此外，1999 年，日本以再生废纸为名，向菲律宾转移了医疗废物等危险废物，这件事也被揭露出来了。

关于危险废物越境转移的实际情况，目前尚缺乏可信资料，而利用各国的贸易统计数据，仍可进行一定程度的分析。下面是基于亚洲各国的贸易统计，尝试观察亚洲地区危险废物越境转移的实际情况。

关于废塑料的进口情况，详见图 1。中国及中国香港从日本、美国、欧洲等地每年进口 90 多万 t[28]，其中，进口聚氯乙烯最多的是中国香港，随后依次为中国及中国台湾。此外，美国、欧洲等向菲律宾和马来西亚的出口也在增加。这些塑料，一部分得到循环再利用，其余部分并未进行循环再利用而是弃置不管。在印度尼西亚，废塑料进口后得到循环再利用的仅为 40%[29]。

锌的碎废料进口量，中国台湾居世界第一，中国大陆是第二。从美国、日本、德国的进口日益增多。铜的碎废料进口情况是，中国香港 33 万 t（1997 年）、日本 16 万 t、韩国 11 万 t、中国台湾 3 万 t。

图 2 所示为铅的碎废料（大部分为铅蓄电池）的贸易流向。据此可知，最大的进口国是印度，进口量超过 16 000 t，多数来自日本、欧洲和美国。进口量其次的是韩国，一半以上的进口来自日本。位居第 3 的进口国是新加坡，进口主要来自马来西亚，而向马来西亚出口的又是加拿大、日本和中国香港。第 4 位的进口国是印度尼西亚，来自日本的进口占一大半。

亚洲各地由废旧汽车电池等回收铅的产业导致了环境污染。在中国台湾，铅回收厂造成了附近幼儿园的孩子智力指数下降[30]。在印度尼西亚和泰国，铅回收厂引起了大气污染[31]。在发生环境污染的国家与地区，已经加强了进口限制，减少了进口量。如 1986 年进口近 9 万 t 废铅的中国台湾，1997 年没有进口，1998 年仅进口 4 万 t。现在，在铅的碎废料进口增加的印度，从 1997 年 3 月到 1998 年 3 月进口了 16 345 t 废铅，造成了环境污染。

国际上对于危险废物的越境转移，《巴塞尔公约》（《禁止危险废物越境转移及其处置的巴塞尔公约》）于 1992 年生效，规定了危险废物原则上须在产生国内处置，而在转移时须采取妥善处理（环境友好型）。该《公约》中，起先曾以附件 I（排放路径以及危险物质名录）和附件 II（危险特性）为基础，规定了限制对象，但在第 4 次缔约国会议（1998 年 2 月）通过的附件 VIII 和附件 IX 中，具体规定了原则限制对象和限制对象外物质。据此，原则限制对象是铅蓄电池、废除污剂、电镀污泥、废石棉以及粉尘等，限制外对象为铁的碎废料、贵金属废料、铝的碎废料、固体废塑料、废纸、废纤维以及废橡胶等。但是，即使属于附件 IX 中规定的限制对象外物质，当其遭受危险物质污染而具有附件 IX 中规定的危险特性时，也须被划为限制对象，如铝灰即属于此类物质。此外，含有沥青和重金属的废船拆解物也属于这种情况，但有关详细情况，正在技术工作委员会的研讨中。

基于《巴塞尔公约》在 1998 年以前的限制，很难断言危险废物的越境转移已经得到了充分监督。如前所述，关于日本向菲律宾非法出口的医疗废物，就是以废纸名义，混过了海关检查。在日本向亚洲其他国家出口的废铅中，基于日本《特定有害废弃物等进出口限制的法律》，属于由日本环境厅和通产省提交了转移文件的废物，在 1996 年到 1998 年的 3 年间，只有 1997 年向印度尼西亚出口的 960 t。而据日本的贸易统计，日本出口到亚洲其他国家的铅屑，在 1996 年到 1998 年的 3 年里竟高达 44 811 t（表 5）。

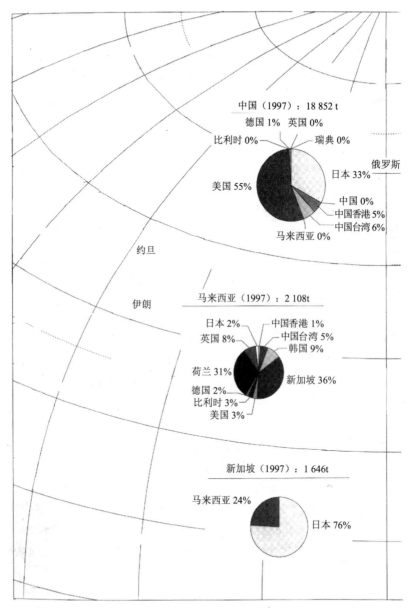

俄罗斯

约旦

伊朗

图1　亚洲主要的聚氯乙烯

摘自：各国贸易统计。

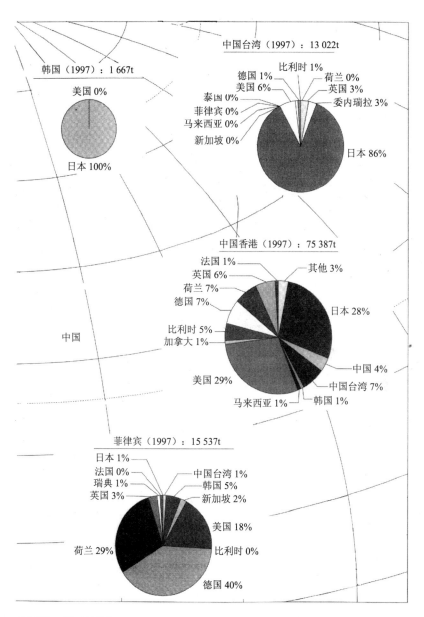

废料进口国（地区）

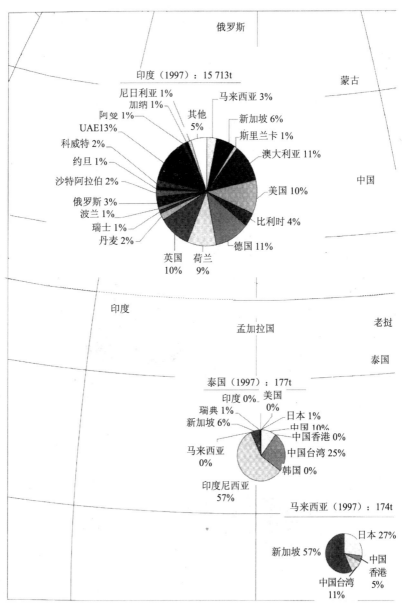

图 2 亚洲主要的铅

摘自：各国贸易统计。

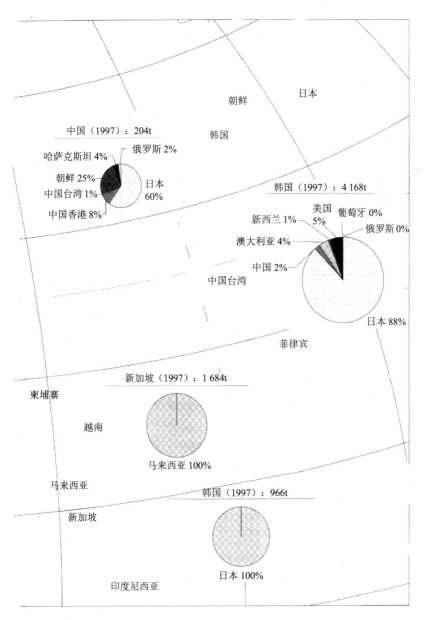

中国（1997）：204t

哈萨克斯坦 4%　俄罗斯 2%

朝鲜 25%

中国台湾 1%

中国香港 8%

日本 60%

韩国（1997）：4 168t

新西兰 1%　美国 5%　葡萄牙 0%

俄罗斯 0%

澳大利亚 4%

中国 2%

日本 88%

新加坡（1997）：1 684t

马来西亚 100%

韩国（1997）：966t

日本 100%

朝鲜

日本

韩国

中国台湾

菲律宾

柬埔寨

越南

马来西亚

新加坡

印度尼西亚

废碎料进口国（地区）

表 5　日本向亚洲其他国家的铅屑出口　　　　　　　　单位：t

	1996 年	1997 年	1998 年
韩国	6 525	9 343	7 703
中国	18	20	
中国台湾	148		
中国香港	12		37
马来西亚	343	264	39
菲律宾	40		
印度尼西亚	649	955	100
印度	1 827	4 953	676
阿联酋		18	17
合计	9 562	15 556	8 575

注：小数点四舍五入。
摘自：《日本贸易月表》各年版。

　　如上所述，废铅回收业迄今在亚洲各地都引起了环境污染。在1995 年第 3 次缔约国会议通过的《巴塞尔公约修正案》，提出禁止从发达国家等附件Ⅶ国家向其他国家以循环再利用为目的的固体废物出口。但是，巴西等一些发展中国家也希望在国内促进循环再利用，上述修正案未获通过。该项规定能否收到成效，值得关注。

　　在《巴塞尔公约》的实施方面，问题之一是，危险废物最大的出口国美国，虽然在公约上签署，但并未批准，而且对限制废船拆解的规定也持消极态度。

4-2 国际性 NPO 监视网的必要性

　　同欧美地区一样，亚洲地区的 NPO（环境非营利组织）对于危险废物越境转移的监督活动也发挥了很大作用。在印度尼西亚，作为环境 NGO 的"印尼环境论坛"（WALHI, Wahana Lingkungan Hidup Indonesia，The Indonesia Forum for the Environment）公布了一批把进口固体废物弃置于港口不管的进出口公司名单。针对向中国出口固体废物的事件，国际"绿色和平组织"等团体开展了相关的反对活动。今后，仍需通过国际性的 NPO 网络力量，努力把危险废物越境转移做到防患于未然。

5 面向循环型社会

在亚洲各国，对于"固体废物"，可以说都面临着相同的课题。寻找填埋场地已经很困难了，因此，通过焚烧和循环再利用等实现垃圾减量化，成了当务之急。此外，工业固体废物的非法倾倒、焚烧设施、填埋设施以及循环再利用产业带来的环境污染等，也亟待遏制。

制定何种政策来解决上述问题，各国之间存在着微妙的差异。也可以说，各国均处于尝试阶段。这就需要在政府层面和 NPO（非营利组织）层面上分享信息，交流各国的经验，分析各国各自政策的优缺点。

固体废物问题，在生产方式、流通方式和消费内容里面均有所规定，之所以成为问题，仅是当固体废物产生后需要如何处理。如同清洁生产那样，在设计产品时，就应当考虑产品变成废物后该如何处理。因此，构筑这样的环境友好型的激励机制很有必要。

为了实现循环型社会，市民的分类投放等合作是不可欠缺的，需要通过 NGO 等团体，一面取得市民的合作，一面推进循环再利用。此外，关于本章第 4 节提到的危险废物越境转移问题，需要在各国政府、NPO 以及研究人员之间，实行更紧密的信息交流。在某个国家，通过相关的限制规定，在其国内得到解决的固体废物问题，如果在其他国家也发生同样的问题（这被称为"连珠炮"现象），为了避免此类现象的重复发生，可以通过各国之间的固体废物问题的信息交流。总之，防患于未然是尤为重要的。

（责任执笔：小岛道一，青木裕子，吉田文和，矶野弥生）

专栏 1 韩国的二噁英对策

在韩国，以前主要是通过直接填埋方式来处理生活垃圾（据 1990 年版《环境白皮书》，在 1990 年，一般固体废物的处理比例为：填埋 93%，焚烧 1.8%，再循环利用 4.6%，其他 0.6%）。到了 20 世纪 90 年代，政府加快了固体废物焚烧厂的建设，截至 1999 年 1 月，韩国有 12 座一般固体废物焚烧厂在运行，焚烧能力 3 400 t/d（参阅韩国环境部主页 http：//www.me.go.kr）。

针对这种推进焚烧的政策，由于反对焚烧厂运动的开展，韩国居民对于二噁英问题的关注度也迅速高涨起来。特别是从 1996 年下半年到 1997 年上半年，焚烧厂周围的居民非常担心二噁英问题，首尔市的上溪和木洞有 2 座焚烧厂，城南、富川中洞、大邱城西等各地的焚烧厂全部遭到激烈的反对运动，最终被迫陷入停止运行的局面。受到这种事态的影响，韩国环境部迅速对各地焚烧厂进行了二噁英监测，将监测结果和《焚烧厂二噁英排放管理对策》报告于 1996 年一起公布。

《焚烧厂二噁英排放管理对策》报告规定，每标准 m^3 排气中的二噁英排放标准：新建炉为 0.1 ng（纳克），现有炉为 0.5 ng（截至 2003 年 6 月）到 0.1 ng（自 2003 年 7 月），为了达到排放标准，1998 年度对于所有焚烧厂都进行了技术改造（将电除尘转换为布袋除尘，安装活性炭喷雾装置，安装强化 SCR 催化装置等）。

此项对策的局限性在于，政策的基本方向仍是促进固体废物的焚烧，因此只能依靠焚烧炉这一硬件。此外，对于大型固体废物焚烧炉，一律采取严厉措施，而对于小型设施和露天焚烧，法律规定尚未涉及，几乎没有受到控制。

从 20 世纪 80 年代到 90 年代初建设的焚烧炉，一部分由日本海外经济协力基金（OECF）提供贷款，从日本引进技术，但自 1991 年 11 月安养坪村焚烧厂动工以后，开始从德国的巴布科克公司、安拉艮班 AG 公司、丹麦的巴布科克威尔科克斯有限公司等欧洲企业引进技术，而从日本引进技术变少。环境部公布了焚烧炉排放二噁英的监测结果是，浓度高的有：富川中洞（3 次监测均值为 23.12 ng/m³）、大邱城西（5 次监测均值为 13.46 ng/m³）、城南（3 次监测均值为 12.92 ng/m³）和议政府（3 次监测平均值为 8.68ng/m³），这 4 座焚烧厂均为从日本引进技术建设的。

　　此外，在韩国对二噁英问题同越南战争参战士兵的健康损害问题（落叶剂伤害）同等地受到重视。对此问题，韩国于 1993 年制定了《落叶剂后遗症患者援助法》，对于落叶剂受害者开始予以补偿。关于落叶剂受害者，根据韩国报勋局医疗援助处的资料显示，1999 年 1 月，有 35 973 人进行了认定申请，其中，2 318 人认定为后遗症患者，13 813 人为后遗症疑似患者，1 人为隔代患者，11 704 人被回绝，8 137 人正待认定。

（吉田央）

专栏 2　废船拆解——固体废物的越境转移

　　目前，全球的船舶多数在发达的工业国家制造，其中约 70%在日本和韩国制造。

　　船舶随着时间老化以及由于安全标准更新和应对环境问题等，需要拆解。在发达的工业国家和新兴工业经济体（NIEs），现在几乎都不进行船舶拆解工作。由于劳动力、布局以及环境对策等问题，90%的船舶拆解都在印度、巴基斯坦、孟加拉国等较贫穷的发展中国家进行。

　　关键问题是，船舶里面含有各种各样的有害化学物质。现在成为拆解对象的船舶，制造于 20 世纪 70 年代，在其防火墙和锅炉壁的耐火材料中使用了石棉。此外，作为防腐剂，使用了铅。为了防止甲壳动物等生物附着在船底，还使用了有机锡涂层。在船体内部的许多地方都使用了油，这给实际处理造成了很大困难。

1991 年，日本环境厅进行的调查发现，在用于船舶拆解和修理的船坞（已停止使用）周围，有机锡的检出浓度高出场外检出值几百倍。在菲律宾宿务岛，日本的骨干造船企业——常石造船公司，把从日本进口的废船委托给其子公司进行拆解（1994 年以后实施）。在委托企业地同样也检出了高浓度的有机锡（据 1997 年的调查）。

在菲律宾宿务岛拆解现场，石棉处理对策也不够充分，直到 1998 年 2 月，市民团体等指出了事实，即常石造船公司在石棉处理上没有采取任何保障工人健康的措施，取出的石棉也不经任何处理就直接埋入地下。实际上，在 20 世纪 80 年代前，在作为船舶拆解中心的韩国和中国台湾，曾经从事船舶拆解工作的工人中，石棉受害者高达数千人，这同任何一个国家（地区）相比，都是最大的石棉损害群体。一些 NGO 和新闻报道表明，在印度等地的拆解处理中，也根本没有石棉处理对策，工人毫无防护地直接用手取出石棉，处于一种完全在粉尘之中作业的状态。

这种状况一直持续到 1997 年，菲律宾宿务岛事件被视为重大社会问题引起关注，以此为契机，绿色和平组织等国际性环境保护团体乘胜追击，最后，《巴塞尔公约》秘书处也开始重视，于是在 1999 年 12 月召开的缔约国会议上，"废旧船舶与越境转移"最终被正式列为议题。受此动向的影响，日本政府决定，在 1999 年 4 月前以拆解为目的的船舶出口，应作为《巴塞尔公约》的对象废物，办理正规手续。

作为废船进口国家的发展中国家，加强规定也是当务之急，但费用问题成了一大难题。因此，作为船舶制造国的日本和韩国，有必要担负起处理责任。

（小岛延夫）

专栏 3　丢弃于柬埔寨的危险废物

1998 年 12 月，柬埔寨的西哈努克别墅公司（Sihanukville）进口了高达 3 000 t 的工业固体废物后，将其随处丢弃在近郊的村落。该事件的发生，是从搬运工中有人出现了恶心或身体不适症状，最终发展到 1 人死亡。这些固体废物是来自中国台湾的化工厂，包括台塑集团（Formosa Plastics Group）的电池废液等，是从高雄港海运过来的（参照本书第 II 部第 4 章〈中国台湾〉）。

受世界卫生组织（WHO）的委托，据日本国立水俣病研究所的分析结果表明，汞的检出浓度高达 $3\,984 \times 10^{-6}$，这引起了不小的骚动。媒体介绍了日本水俣病常识，当地报纸也报道了汞污染的可怕后果。然而，这种场合的汞属于无机汞，不会马上引起水俣病（水俣病是通过鱼类等生物富集的甲基汞污染所引起的一种严重的公害病），据说当时对其他重金属的污染情况也进行了调查。

但是，急性死亡者（1 人）的原因尚未确定。密封在油桶内的废物的贮藏地，位于住宅地附近，柬埔寨政府决定把废物送回中国台湾，1999 年 4 月返运完成。尽管如此，在后来的调查分析中，还是检出了高浓度的汞，污染依然存在。

同时，以此事件为契机，中国台湾查明，整个岛内倾倒的固体废物高达 160 万 t，充分显示出在危险废物处理方式上存在着严重问题。随着亚洲经济发展的差异变化，固体废物从日本流向韩国和中国台湾，再从韩国、中国台湾、中国香港和新加坡流向泰国、越南和柬埔寨，这一现实依然存在，并未有太大改变。

（谷洋一）

第 4 章

海洋环境破坏和保护

照片为维持生物多样性的珊瑚礁。珊瑚礁是生物多样性的热点（在珊瑚礁海域范围内，生物多样性高度丰富，生活着大量的特有物种和濒危物种）。珊瑚礁维持着海洋生物物种的多样性。在亚太地区的许多珊瑚礁海域，由于大量的刺冠海星（*Acanthaster planci*）的周期性出现，使得珊瑚大面积地灭绝。

照片提供：Chou Loke Ming

1 引言

海洋不仅是渔业、海运业、石油与天然气开采等的场所，而且还为人类提供了在市场上完全没有或几乎没有货币价格的各种生态服务，如调节大气中的二氧化碳浓度、营养盐类的循环、渔业资源的再生产和提供生物栖息地等。如果测算所有这些服务的货币评估金额，其高达每年 209 490 亿美元，是陆地上各种生态服务的货币评估金额的 1.7 倍[1]。而现在，对我们非常重要的海洋环境，正在遭受人类活动引起的各种污染和自然资源破坏的威胁。

本章将概述亚洲海洋污染现状（第 2 节）和自然资源破坏现状（第 3 节），并介绍各国和国际性的保护海洋环境的一些行动（第 4 节）。

2 海洋污染的现状

2-1 海洋污染的类型和污染源

表 1 所示为海洋污染的不同类型，图 1 则为通过不同种类污染物的重量比来分析其对海洋污染贡献的比例。接着，针对海洋污染中的各种类型，概述亚太地区的现状[2]。

表 1 海洋污染的种类

污染物等	污染源	影响
营养盐类	约 50%是由于排水流入的，约 50%是林业、农业以及其他土地利用流入的；也有发电厂或汽车的排放物通过大气流入的	沿岸水域的浮游植物大量增殖；当浮游植物腐烂分解时，消耗大量氧气，导致海水溶解氧浓度下降；促使赤潮发生，有害赤潮发生对鱼类和人类会产生恶劣影响

污染物等	污染源	影响
沉积物	由于矿业、林业、农业以及土地利用引起的侵蚀。还因沿岸的疏浚工程、开采等	使水浑浊以及阻碍光合作用；鱼鳃堵塞；造成沿岸生态系统窒息，埋没；迁移有害物质和过剩的营养盐类
病原体	污水，家畜	污染沿岸的游泳区和海产物，导致伤寒和霍乱的蔓延
外来物种	压舱水，每天带入几千种外来种；通过连接水域间的运河或农业振兴计划扩散	驱逐当地原有物种，减少生物多样性；引发新的疾病；与赤潮的增加也有关；在主要港口引发问题
持久性有害物质（PCB，DDT，重金属等）	工业废水；城市污水；农业垃圾处置场的渗漏	特别是对邻近大城市或工厂的沿岸区域的生物造成伤害；污染海产品；生物浓缩的脂溶性有害物质引起疾病或生殖异常现象
石油	由海运流入的占 45%，工业与城市排水等陆地源占 37%，汽车尾气等大气来源为 9%，其他由于自然界的渗漏、侵蚀、浅海的石油勘探和生产	即使低浓度污染，也会使幼体窒息死亡，危害海洋生物；油膜使沿岸栖息地的海洋生物窒息死亡；焦油污染海岸或沿岸栖息地
塑料	渔网；货船和客船；海岸垃圾；塑料工业废弃物；垃圾处置场	废弃的渔具在海洋漂流继续捕鱼（所谓的"幽灵捕鱼"ghost fishing）；其他塑料碎片等缠绕海洋生物或同饵料混在一起；海洋的塑料垃圾可残存200—400 年
放射性物质	废弃的核潜艇或军事废物；从大气流入的；工业固体废物	放射性污染；通过食物链危害海洋生物；在食物链高端的捕食者或贝类体内蓄积，进入人体
热	发电站和工厂的冷却水	造成珊瑚礁等对水温敏感的特定物种灭绝；驱逐其他生物
噪声	大型集装船等大型船舶或机械	噪声传播远至几千千米的深海；造成海洋生物紧张，混乱

摘自：Weber，P.，*Abandoned Seas: Reversing the Decline of the Oceans*，Worldwatch Paper 116，Worldwatch Institute，Washington，D.C.，1993，p.18，Table 2.（部分修改）

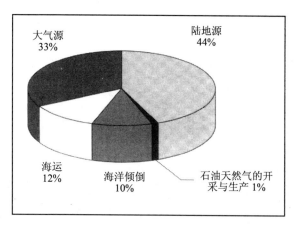

大气源
33%

陆地源
44%

海运
12%

海洋倾倒
10%

石油天然气的开
采与生产 1%

图 1 海洋污染物各流入源的比例（污染物重量比）

摘自：Weber，P.，*Abandoned Seas：Reversing the Decline of the Oceans*，Worldwatch Paper 116，Worldwatch Institute，Washington，D.C.，1993，p.17，Table 1.

（1）营养盐类

如果海水中的营养盐的浓度增高，会发生富营养化，使得浮游生物等生物量增加，引发赤潮或缺氧。赤潮是微生物，尤其是特种浮游植物异常增殖的现象，根据浮游植物的种类等不同，水体呈现绿色或褐色等不同颜色。在赤潮中，有的赤潮对周围的生物并不产生恶劣影响，但是，多数的赤潮会破坏鱼鳃的黏液细胞，使鱼窒息死亡，或者引起贝类中毒。在中国香港，富营养化引起的赤潮成为倍受关注的主要环境问题之一。1997 年托洛港（Tolo Harbour）发生过 2 次赤潮，之后，发生次数大幅增加，1986 年达到高峰（26 次）。虽然 1992 年下降到 19 次，但其中包括在香港造成最大受害范围的赤潮。在中国其他沿海岸，赤潮发生频率也在增加，1993 年飙升到 19 次。同年 5 月在浙江省发生的赤潮，覆盖水面面积超过 5 000 hm^2，造成鱼虾窒息死亡，估算经济损失高达 3 450 万美元。近年来，有害浮游生物引起的贝类中毒问题也越发严重，20 世纪 70 年代在巴布亚新几内亚和布隆迪等国的一些地区，发生了麻痹性贝毒引起的中毒，在 80 年代，蔓延到菲律宾和马来西亚，之后发生频率不断增加，发生地域范围也在不断扩大。

（2）沉积物

亚洲河流的流域面积仅占世界河流的 17%，但在世界河流所迁移的沉积物（推测 135 亿 t/年）中，亚洲河流的迁移量占有近 50%。此外，不仅在河流上游，在河流沿岸的疏浚等，也产生沉积物污染。有报道称在泰国由于在陆地和沿岸浅海域开采锡矿，引发了土砂污染并对珊瑚礁等造成危害[3]。

（3）持久性有机污染物

PCB（多氯联苯）、DDT（双对氯苯基三氯乙烷）等有机氯化合物具有很强的生物蓄积性和毒性，通过大气等介质会在全球范围内扩散，最终进入海洋。从 20 世纪 70 年代开始，陆地上使用的有机氯农药污染全球海洋资源的现象开始显现，污染以欧美地区为中心，之后经过调查，发现北半球受到的污染比南半球严重，特别是在中纬度地带存在高浓度污染区，这种污染分布也通过海洋生态系统的次高级生物鲸鱼和海豚的污染情况被反映出来。近年来，由于在热带地区继续使用有机氯化合物等因素，导致这种污染分布有了变化，有报道称，北极以及亚洲的热带周边地区，残留农药浓度相对更高。关于其他持久性有害物质污染事件的报道，有印度尼西亚的雅加达湾和菲律宾的翁达湾等重金属污染事件[4]。

（4）塑料

塑料废物对海洋哺乳动物、海龟、海鸟等的危害也成了严重问题。被丢弃的渔网等废弃物会缠绕海狗等身体，或是塑料碎片会被海狗等吞入体内，有时这些甚至造成海狗群的死亡。塑料废物被投弃到海洋，随海流漂浮，会造成大范围扩散。根据对于北太平洋漂流物的肉眼调查，日本周边已成为漂流物密度高的海域[5]，同海水表层形成漩涡的北太平洋中央区的 2 个岛屿（小笠原群岛的东面和夏威夷群岛的东北）密度相当。

2-2 油污染倍增的危险性

在亚洲一些海域，如马六甲海峡（Malacca）等，是船舶事故多发海域，石油引起的海洋污染（油污染）也是严重问题之一。有文献称，"海运和海上石油开采引起的石油污染是东亚海域的首要环境问题"[6]。近年来，石油消费量的增长（参考本书第 I 部第 1 章）加大了油污染的危险性。

据"国际油轮船东防污联盟"（International Tanker Owners Pollution Federation：ITOPF）对于 20 世纪 80 年代的推算，每年所有污染源流入世界海洋的石油总量约为 320 万 t，各种污染源的比例为：海运排放与溢油占 45%，工业废水、生活污水等陆地污染源占 37%，汽车尾气等大气污染源占 9%，自然渗漏和侵蚀占 7%，海上石油勘探占 2%。再看占最大比例的海运排放与溢油的明细，其中，卸货后油轮内的残留物、所有船舶都需要排放的含油压舱水、加上燃料油泥的定期排放占 33%；日常作业或事故引起的油轮的偶发性渗漏占 12%，合计共占 45%[7]。

前已述及，在亚洲地区，石油消费量的增长增加了油污染的危险性。其背景是，首先，应该归因于油轮等带来的海上石油贸易量的增加，如表 2 所示，通过亚洲海域的石油贸易量，从 1988 年到 1996 年增加了 1 倍左右，占全球海洋石油贸易量的比例也从 1988 年的 30% 左右增加到 1996 年的近 40%。其次，如表 3 所示，在全球石油流失量当中，亚太地区所占的比例自 20 世纪 80 年代以来一直呈增加趋势[8]。由上述 2 个事实表明，亚洲油污染的危险性正在增加。

表 2 亚洲的石油海上贸易量变化

年份	世界合计（A）/（10^2万 t）	日本的进口量（B）/（10^2万 t）	（B）的指数	（B/A）/%	亚洲的进口量（C）/（10^2万 t）	（C）的指数	（C/A）/%	东南亚的出口量（D）/（10^2万 t）	（D）的指数	（D/A）/%
1987	1 079.7	145.0	100.0	13.4	273.9	100.0	25.4	—	—	—
1988	1 149.4	184.2	127.0	16.0	330.8	120.8	28.8	22.1	100.0	1.9
1989	1 279.8	202.9	139.9	15.9	368.5	134.5	28.8	21.8	98.6	1.7
1990	1 348.4	219.9	151.7	16.3	391.6	143.0	29.0	17.3	78.3	1.3

年份	世界合计（A）/（10² 万 t）	日本的进口量（B）/（10² 万 t）	（B）的指数	（B/A）/%	亚洲的进口量（C）/（10² 万 t）	（C）的指数	（C/A）/%	东南亚的出口量（D）/（10² 万 t）	（D）的指数	（D/A）/%
1991	1 363.2	211.2	145.7	15.5	419.2	153.0	30.8	16.8	76.0	1.2
1992	1 407.5	215.8	148.8	15.3	460.0	167.9	32.7	15.3	69.2	1.1
1993	1 538.1	222.0	153.1	14.4	505.6	184.6	32.9	16.1	72.9	1.0
1994	1 585.8	238.8	164.7	15.1	534.9	195.3	33.7	18.0	81.4	1.1
1995	1 589.7	230.7	159.1	14.5	543.6	198.5	34.2	19.3	87.3	1.2
1996	1 688.3	233.4	161.0	13.8	611.5	223.3	36.2	18.7	84.6	1.1

注：1）A：5 万 dwt（载重吨）以上的油轮以及混装船的石油国际贸易量；

2）B：A 中的日本进口量；

3）C：A 中的包括日本在内的亚洲进口量；

4）D：不包括从东南亚出口到亚洲以及日本的出口量。

摘自：Fearnresearch，*World Bulk Trades*，Fearnresearch，Oslo，various years.

表3　亚太地区的石油流失量变化

年份	世界流失量（A）/t	亚太地区流失量（B）/t	（B/A）/%
1980—1984	1 954 955	73 456	3.8
1985—1989	1 135 595	37 412	3.3
1990—1994	2 458 871	146 837	6.0
1995—1997	443 141	49 500	11.2

注：1）34t 以上的偶发性以及非偶发性的石油流出排放的统计，不包括生产运输等船舶以外的流失量，包括没有直接流入海洋的量；不包括管道等渗出的少量流失量。

2）（B）是澳大利亚、中国、斐济、中国香港、印度尼西亚、日本、韩国、马来西亚、新西兰、所罗门群岛、巴布亚新几内亚、菲律宾、新加坡、索罗门群岛、中国台湾、泰国和越南的合计。

3）（B）的数值摘自下列参考文献（资料）的第 2 个刊物，但因该资料发行于 1997 年 5 月，所以不包括亚太地区同年的年流失量。但是，加上了同年 10 月 Evoikos 号事故引起的流失量（29 000 t）。

摘自：Etkin，D.S.，ed.，*International Oil Spill Statistics：1997*，Cutter Information Corp.，Arlington，1998；

Etkin，D.S.，*Oil Spills in Pacific Asia：Over 220 Million Gallons Spilled Since 1965*，Cutter Information Corp.，Arlington，1997.

图2(图略)为东南亚主要因海洋倾倒而导致的严重油污染海域。该图通过 2 年半时间内拍摄的大约 3 500 张的卫星照片，确认出在 100 km×100 km 范围内的油膜数量平均值。由图可见，沿着主要海运航道，在越南东南海湾附近的中国南海以及泰国湾存在数量最多的油膜。

图2 通过卫星照片确认的油膜（Oil slick）数量

另一方面，据国际油轮船东防污联盟（ITOPF）的上述推算，同海洋倾倒等船舶起因的非偶发性排放相比，油轮事故等偶发性溢油占全年总流失量的比例很少，但却可能引起称作"环境灾难"（environmental disaster）的严重环境污染。ITOPF 按照油轮、混装船和游艇的偶发性石油流失量，将泄油量超过 700 t 的定为大规模泄油（major spill）、70～700 t 的为中规模泄油（intermediate spill）以及 70 t 以下的为小规模泄油（small spill），对引起石油泄出的主要原因按其规模进行了分析[9]。通常，中规模泄油发生在港口内和进港航道上，其危险程度同各国的石油进出口量，尤其是进口量关系十分密切。此外，大规模泄油主要是由于在海上和港口外发生的触礁和冲撞等严重的海难等造成的，不仅同石油的海上贸易量有关，而且还涉及恶劣天气和海峡的宽窄状况等地域性因素，大规模泄油的危险性很高。在亚洲的日本、韩国、中国香港周边海域以及马六甲海峡，石油的偶发性泄油危险性很高。1997

年，正是在这些国家（地区）的周边海域发生了 2 次大规模的油轮事故。

● **纳霍德卡号（Nakhodka）事故**[10]

1997 年 1 月 2 日，俄罗斯的纳霍德卡号油轮（装载 C 燃料油约 19 000 t）在日本岛根县隐岐群岛近海航行中，船体裂损，泄出约 6 200 t 燃料油。在日本国内因船舶引起的污染事故中，该次事故从泄油量看，仅次于吉丽亚娜号事故（1971 年新潟县）属历史上第 2 大规模。燃料油同水混合后，黏度变大，漂流范围很广，影响了日本沿岸 9 个县（岛根、鸟取、兵库、京都、福井、石川、新潟、山形和秋田县）[11]。

泄出的油污染水、气体和底泥，影响波及海洋生物、海鸟和海岸植物等，还引起了各种环境破坏。例如，在事故之后 3 个月左右，保护或收容了 1 311 只海鸟，包括死亡的海鸟，但是最终通过治疗康复到能够放飞的只有 100 只[12]。

事故发生不久，当地大批居民、志愿者以及地方政府等竭尽全力地为清除、回收泄油做了大量工作。几个月后，沿岸周边的环境恢复到了报道所称的"美丽的海洋回来了"的程度（关于各县的燃料油回收量等情况参见表 4）。环境厅下设了"纳霍德卡号溢油事故环境影响评价综合研讨组"，于 1997 年 8 月将各省厅县进行的环境影响调查的结果总结如下："通过开展以物理回收为主的漂浮油回收作业，确认尚未出现严重的环境影响。但是，因为在一部分海岸残留着燃料油，这同生物的生命周期存在着一定联系，有可能产生新的影响等，还需要继续分阶段进行调查和监视"[13]。

表 4 日本各府县的燃料油回收量、地方政府等的出动人数、志愿者人数以及申请赔偿金额

府县	燃料油回收/kL	地方政府等出动人次（累计）	志愿者人次（累计）	沿岸地方政府的补偿费申请额（府县及市町村）/万日元										府县工商会联合会申请补偿金额/万日元
				人工费	重型车辆费用	船舶费用	材料费用	食品费	订货费	通信费	杂费	其他费用	合计	
秋田	0.23	4 400	0	—	—	—	—	—	—	—	—	878	878	未申请
山形	1.8	500	0	810	300	140	2 540	—	—	40	570	2 550	6 950	未申请
新潟	3 795	27 500	53 885	37 370	650	530	5 400	90	17 690	560	4 150	0	66 440	未申请
富山	157.6	700	(1 800)	4 008	37	681	4 371	35	1 719	245	354	0	11 449	未申请
石川	22 305.7	89 800	97 392	47 700	300	600	21 100	1 500	55 800	1 400	8 600	0	137 000	84 973
福井	16 754.4	158 200	90 018	—	—	—	—	—	—	—	—	341 600	341 600	142 800
京都	3 164	51 600	26 400	12 390	8 142	708	7 080	—	—	2 832	—	4 248	35 400	30 200
兵库	1 419	13 000	12 569	3 213	20	353	2 961	40	8 733	69	358	6 353	22 100	28 000
鸟取	70.4	2 700	0	1 319	769	245	1 932	0	0	0	118	0	4 384	未申请
岛根	7.8	2 800	0	468	13	352	613	0	0	16	90	0	1 552	未申请
合计	59 000	351 200	280 264										627 753	285 973

注：1. 本表的数据来源出自各府县政府的报告书和资料，以及问卷调查（1997 年 11 月—1998 年 4 月）等；
2. 燃料油回收量合计栏是中央政府、地方政府以及志愿者等在 1997 年 8 月末以前回收的量的合计（暂定）。同 10 府县的回收量合计不一致。《海上保安白皮书》（1997 年版），大藏省印刷局，1997 年；
3. 地方政府等的出动人数中包括当地居民等（居民、渔民、高校学生等）；
4. 出动志愿者人数仅为府县掌握的人数。富山县的志愿者数量（1 800 人），由于出动到外县，因此包括在其他府县内。
5. 与表 5 赔偿申请额合计栏不同，因为时间不同。《纳霍德卡号事故引起的沿岸破坏和油治理清除体制的问题》，环境与公害，第 28 卷第 1 号，1998 年 56 页表 1。
摘自：大坂堅一，除本理史。

　　从事故规模来分析，对环境的直接影响也许可以说是比较轻微。但是，包括沉没的纳霍德卡号船尾泄出的油在内的这些污染，对环境和人类的影响需要经过中长期的调查。而且，有文献指出，在油的回收和清除过程中，至少有 5 人死亡[14]，含油砂的掩埋等作业也存在一些问题。

　　纳霍德卡号事故，不仅引起了环境污染，而且还造成了其他各种损害，如：油污的治理回收清除费用、渔具和渔业资源的污染、停止捕鱼等引起的渔业损失、旅馆和民宿的预订取消所造成的旅游业减收。这些损失依据《国际油污损害民事责任公约》（1969 年）、《国际污染损害赔偿基金公约》（1971 年）以及两个公约的修订议定书（1992 年）进行了赔偿。这种体制是肇事船主和石油公司等货主都要相互补偿、赔偿损失的制度。货主的赔偿支付来于基于货主捐赠金的"国际油污赔偿基金"（International Oil Pollution Compensation Funds：IOPC，以下简称为 IOPC 基金）。遭受损失的一方，向船主和 IOPC 基金申请赔偿。

　　截至 1999 年末，申请赔偿总额达到 351 亿日元左右，其明细如表 5 所示，其中沿岸地方政府申请赔偿 71 亿日元、各府县工商联合会对于观光业等损失要求赔偿 30 亿日元（各府县的明细，参照表 4）、运输省以及防卫厅申请赔偿 15 亿日元、海上灾害预防中心[15]申请赔偿 148 亿日元等。

　　但是，在这些赔偿金额里，仍有许多未被包括在内。第一，IOPC 基金的赔偿对象以外的，申请了但遭到拒绝的损失额；第二，大部分志愿者所负担的费用；第三，类似实际发生在小规模民宿等那些不具备申请必要资料或是为了准备资料所花的工夫超过损失金额等情况，申请遭到拒绝的损失额等。例如，沿岸地方政府未申请的损失金额达 27 亿日元左右。沿岸 10 府县及市町村用于清除油污等的经费，1996 年度为 868 167 万日元，1997 年度为 119 750 万日元，合计 987 917 万日元[16]。另外，赔偿申请额为 713 500 万日元（表 5），如果给予了全额赔偿，约 27 亿日元的差额也要依靠国家和地方的财政支出。

表 5 纳霍德卡号事故引起的申请赔偿金额（1999 年 12 月 31 日）

单位：10^2 万日元

申请内容	申请主体	申请金额
油污治理回收清除费用	海上灾害预防中心[1]	14 770
	省运输以及防卫厅	1 519
	沿岸地方政府（府县及市町村）	7 135
	电力公司	2 727
	俄罗斯政府	336
	其他	248
渔业损失[2]	全国渔业协同组合联合会	5 290
旅游业损失	府县工商联合会	3 036
	水族馆	7
合　计		35 068

注：（1）包括临设路道的建设费，从船首抽取燃料油的费用；
　　（2）不包括由海上灾害防止中心申请的油污处理回收清除费用。
摘自：IOPC Funds, *Annual Report 1999*, IOPC Funds, London, n.d., p.84.

此外，并不是所有的申请赔偿金额都能得到全额支付。油污染引起的各种损失，在污染同损失之间肯定存在着相当程度的因果关系（reasonable degree of proximity），不能仅根据"没有泄油事故就不会造成损失"这一理由来判断是否成为损失赔偿对象。损失的判断要素有，申请者的活动与污染之间的地理接近度、申请者同受影响资源的依赖程度、申请者是否拥有替代品供给源或替代事业机会、泄油影响地区对于申请者事业的经济活动存在何种不可缺少的程度等[17]。应该基于上述基准来审查申请内容，确定赔偿金额。而且，船主和 IOPC 基金已经设定了赔偿额度的支付上限（约 232 亿日元）。假设赔偿对象申请金额超过该规定上限，原则上都要控制在限定额度内，所有的申请都要根据一定的比例进行切分。这些赔偿问题，即使在事故过后 3 年多的现在，离全面解决仍然还有很长一段路程。

在纳霍德卡号事故中，存在着一些现在仍然无法解决的结构性因素，考虑到日本船舶的拥挤状况，需要从根本上重新审查日本的防治泄油体系。关于结构性因素这一点，参看下面这个事例。在前苏联时代，供给俄罗斯远东地区的石油制品主要是通过管道和西伯利亚铁路运输的。但是，前苏联解体后，俄罗斯转入市场经济，铁路运输费用飙涨，出现了一些从中国等进口便宜燃料油的企业，从而诞生了北上日本海的"重油动脉"。纳霍德卡号油轮就是沿着这条"重油动脉"驶向远东的堪察加州的。而且，纳霍德卡号是条船龄已达 26 年的老船。据说俄罗斯船籍油轮的船龄高于其他国家[18]而且维护得不好。在日本海，考虑到今后仍会有陈旧的油轮运输石油，不可否认今后发生同样的油轮事故可能性很高 [19]。除了这些结构性因素外，还有萨哈林的石油开发、韩国的原油进口等因素，都会使得日本海今后的石油海上运输路线多样化和紧凑化[20]。基于以上观点，需要从强化外洋和日本内海的对策方向，从财政改革上，从根本上，重新审查日本泄油防治体制[21]。

● **埃沃伊科斯（Evoikos）事故**

1997 年 10 月 15 日，在新加坡海峡，塞浦路斯注册的油轮埃沃伊科斯号和泰国注册的油轮环球沃拉宾号相撞。埃沃伊科斯号装载着大约 13 万 t 的燃料油，其中 3 个油仓受到损伤，估计有 29 000 t油漏入海中。环球沃拉宾号油轮没有装载货物，该船没有发生泄油。泄漏的油污染了新加坡本岛以南的大部分岛屿。随后，油污漂流到马六甲海峡的马来西亚海域和印度尼西亚海域，在同年 12 月 23 日，远离马来西亚雪兰莪州（Selangor）40 km 海岸的若干地点也发现有油污漂浮。

对于油污的清除回收工作，新加坡政府机构"新加坡港口与海事管理局"（Maritime and Port Authority of Singapore：MPA）采取了在海上喷洒油污处理剂与进行围栏和回收漂浮油污等措施。期间，据估计仅从船舶喷洒的油污处理剂即达 500 kL（千升），确切数值不详。尽管油污处理剂对于泄油并无去除效果，但还是喷洒了相当多的油污处理剂。在位于新加坡本岛以南的岛屿，埃沃伊科斯号的船主同有关企业签订合同，对遭受污染的海域进行清理。马来西亚政府机构也进行了油污回收清除工作。

新加坡国立大学（National University of Singapore）的研究人员在 MPA 的协助下，对于埃沃伊科斯号事故对新加坡海洋环境的影响进行了调查。根据调查结果报告论文[23]，在被泄油污染的岛屿之一的韩都岛（Pulau Hantu），在其防波堤确认的软体动物的种类和个体数量同未遭油污染影响的新加坡本岛和圣陶沙岛（Sentosa）的资料对比，发现事故后的韩都岛内软体动物的种类减少，而且一些物种的个体数量也减少。在韩都岛喷洒了大约 3 500 L 油污处理剂，调查认为软体动物的种类和个体数量减少是泄油和油污处理剂共同造成的。不仅这些软体动物群落遭到了大规模破坏，而且泄油对活的珊瑚礁也有不小的直接影响。但在全面解析事故损失时，制约因素是比较对象在事故前的数据资料不足，所以还需要进行"构建污染监测生态学框架研究"。

对于油污染损失的申请赔偿额度，到 1999 年末达到约 16 亿日元（见表 6）。各国的具体情况为，新加坡 118 759 万日元，马来西亚 9 794 万日元，印度尼西亚 34 415 万日元。

表 6　埃沃伊科斯号事故的申请赔偿金额（1999 年 12 月 31 日）

单位：万日元

申请内容	新加坡	马来西亚	印度尼西亚	合　计
清除费用	107 700	4 676	1 556	113 932
渔业相关损失	—	5 118	113	5 230
其他损失	11 059	—	32 747	43 806
合　计	118 759	9 794	34 415	162 968

注：金额以 1999 年 12 月 30 日的汇率换算（1 新加坡元=约 61 日元；1 马来西亚林吉特=约 27 日元；1 美元=约 102 日元）。

摘自：IOPC Funds, *Annual Report 1999*, IOPC Funds, London, n.d., p.169.

在发生埃沃伊科斯号事故时，新加坡是 1969 年《国际油污损害民事责任公约》的缔约国，但不是 1971 年《油污损害赔偿国际基金公约》的缔约国。马来西亚和印度尼西亚都是上述 2 个公约的缔约国，但尚未加入 1992 年两个公约的修改议定书。因此，马来西亚和印度尼西亚的油污染损害赔偿的上限，依据 1971 年《油污损害赔偿国际基金公约》，约为 84 亿日元，而新加坡的油污染损害赔偿金额上限只好依据 1969 年《国际油污损害民事责任公约》，所以埃沃伊科斯号船主的责任限度额为 123 850 万日元。

现在，最终损害赔偿金额究竟多少已不知晓。但据悉，新加坡受赔金额接近埃沃伊科斯号船主的责任限度额[24]，在损害赔偿金额中，有可能出现不予支付的部分。

3 自然资源破坏现状

3-1 海洋自然资源破坏

上一节讨论的海洋污染，也是海洋自然资源破坏并使其进一步恶化的原因之一。在本节中，将介绍包括渔业资源的滥捕（参照本书第Ⅲ部 [9] 以及本章 [专栏 1]）、建造养虾塘等引起的红树林破坏（参照本章 [专栏 2]）、滩涂浅海等被填埋以及珊瑚礁受到人为干扰等内容。本节将把焦点集中在珊瑚礁问题，分析亚太地区自然资源破坏的现状。

珊瑚礁主要集中分布在亚太地区的热带与亚热带地区，尤其是在东南亚和西太平洋分布最为集中。珊瑚礁可为沿岸地区的居民提供食物，并保护海岸免遭侵蚀等。另外，珊瑚礁还是用于医疗和农业的新化学品的潜在资源，也为沿岸地区的旅游观光业作出了贡献。珊瑚礁提供的财富和服务，对于沿岸地区社会经济发展非常重要。

全球珊瑚礁的分布面积超过 60 万 km^2。其中，1/3 以上是接近海面的珊瑚礁，这类珊瑚礁的物种丰富，但难以妥善管理 [25]。珊瑚礁包括海洋中的环礁（oceanic atolls）和堡礁（barrier reefs）在内的所有类型，但其中最为常见的还是裙礁（fringing reefs）。众所周知，珊瑚礁的生态系统在暴风雨或火山活动等自然灾害造成的损害后，复原得很快，20 年以内就可以完全恢复原样。但是，源于人为影响的恢复却不太容易。珊瑚礁正在遭受着人类活动带来的直接或间接的破坏性威胁。

3-2 珊瑚礁现状与主要的人为干扰

● **珊瑚礁的现状**[23]

东南亚海域仅占全球海洋面积的 2.5%，但却拥有全球 30%的珊瑚礁。该地区被认为是全球珊瑚礁多样性的中心[27]，拥有世界最大规模的群岛，其中，印度尼西亚拥有 17 000 个岛屿、菲律宾拥有超过 7 000 个岛屿。海洋学特征和气候融为一体的进化历史与地质学发展过程，在珊瑚礁的多样性形成中发挥着有利作用[28]。所有的珊瑚礁几乎都是附着在小型岛屿和较大陆地的裙礁，堡礁和环礁则是从更深的海里隆起的。东南亚珊瑚礁的多样性是全球最高的[29]。有一些文献对于文莱、印度尼西亚、马来西亚、缅甸、菲律宾、新加坡、泰国和越南的珊瑚礁分布和多样性进行了调查[30]，这些珊瑚礁支撑着鱼类、软体动物、甲壳类和刺皮动物等海洋生物丰富的生物多样性。

该地区受到的最强烈的自然影响是每年的季节风。季节风造成海潮流动逆转，使淡水流入沿岸区域，降低盐分浓度，增加沉积物。台风影响菲律宾、越南和泰国。另外，火山和地壳运动也影响印度尼西亚和菲律宾。至今已知的还有刺冠海星引起的侵蚀问题。有许多报道是关于对珊瑚礁的自然因素干扰和珊瑚礁群集结构的[31]。

中国及中国台湾、韩国和日本的珊瑚礁[32]几乎都是裙礁，在高纬度广泛地分布着珊瑚群。在琉球群岛存在着非常多样的珊瑚礁（超过 400 种）生态系统，由黑潮暖流支撑着。西北太平洋的这些珊瑚礁容易受到台风和大范围周期性发生的刺冠海星的影响。

在西太平洋的密克罗尼西亚群岛，除了裙礁之外还存在着许多环礁。在马绍尔群岛的夸贾林岛（Kwajalein），有世界上最大的环礁。在丘克（Chuuk）群岛和帕劳群岛，有 2 个巨大的堡礁，在波纳佩（Pohnpei）群岛还可以见到比它们小的环礁。在这一群岛屿的西侧，存在着 300 多种的造礁珊瑚（hard corals），在密克罗尼西亚群岛的东部有不到 200 种。对这些珊瑚礁的环境负荷并不严重。

在南太平洋和东太平洋，也有许多珊瑚礁，连接着 2 500 个主要岛屿[33]。由于远离人口稠密地区，受人为影响较少，所以这些珊瑚礁至今仍处于健康状态。在珊瑚礁生态系统中，包括裙礁、堡礁、环礁、海下珊瑚礁以及珊瑚群。太平洋的许多岛屿都是火山活动造成的，所以环礁的数量几乎同裙礁一样。

沿太平洋的西部到东部，造礁珊瑚礁的多样性明显降低。在东太平洋，当地固有种的比例较高。这些珊瑚礁，许多都受到热带性台风和地壳运动的影响。而且，周期性的刺冠海星对珊瑚礁的侵蚀也是众所周知的。

在澳大利亚大陆的太平洋一侧，有堡礁、台礁（platform reefs）、离礁（patch reefs）和裙礁连成一体的大堡礁（Great Barrier Reef）。造礁珊瑚有多达 350 种，多样性很高。大堡礁和珊瑚海（Coral Sea）中的很多的珊瑚礁一起，都暴露在台风和刺冠海星的侵蚀等自然影响下。

南亚最大的珊瑚礁生态系统存在于查哥斯群岛（Chagos）、马尔代夫（Maldive）、拉克代夫/拉克沙群岛（Laccadive/Lakshadweep）这一连串的岛屿链中。位于斯里兰卡和印度之间的马纳尔湾（Gulf of Mannar），也广泛分布着珊瑚礁。在印度洋，马尔代夫群岛、拉克代夫/拉克沙群岛、查哥斯群岛、尼科巴群岛和安达曼群岛的大洋礁（oceanic reefs）一般都处于良好状态，而印度和斯里兰卡周边的裙礁和离礁（patch reefs）则处于恶劣状态[34]。

在中东地区，红海存在着多样性最多且健全的珊瑚礁[35]。在红海的两边沿岸，裙礁比较发达，马纳尔湾内有良好的珊瑚礁。而且，在阿拉比海、阿曼湾、波斯湾，也可以见到大量的离礁和裙礁。中东地区的珊瑚礁，许多都与南亚和印度洋的珊瑚礁不同，不受台风和暴风雨的威胁。中东珊瑚礁刺冠海星发生的频次记录，也少于南亚和印度洋。

- **主要的人为干扰**

人们已经认识到，世界上对珊瑚礁最大的威胁是人为的直接或间接影响。人口的增加和不断扩大的经济增长，给珊瑚礁生态系统带来了更大的压力。大部分人口集中在沿岸地区，特别是位于人口集中地区的珊瑚礁，因巨大的压力而正在衰退[36]。

全球 58%的珊瑚礁正受到人类活动带来的潜在威胁。东南亚的珊瑚礁是最易受到人类活动影响的，80%的珊瑚礁处于濒危状态（at risk），其中半数以上处于高度危机状态（已经灭绝或濒于灭绝）（at high risk）。在太平洋，珊瑚礁处于危机程度较低，占 60%，受到的威胁较小。在印度洋，70%的珊瑚礁濒临危机[37]。另据其他研究，在东南亚，11%的珊瑚礁已经崩溃（collapse），48%处于危机状态（critical）（若不进行恰当管理，20 年内可能崩溃），36%处于若不进行有效管理有可能在今后 20～40 年内崩溃的状态。在远离南沙群岛（Spratlys）和人口密集地区的印度尼西亚东部，只有 5%的珊瑚礁处于不太受威胁的状态[38]。

对珊瑚礁最为严重的威胁是疏浚、沿岸的土木作业以及珊瑚礁开采等所造成的沉积物负荷，其次是废水、农业营养盐引起的污染、油污染以及工业污染，其余明确的人为干扰是旅游观光业和渔业。此外，珊瑚礁开采和沿岸的海底渔业给珊瑚礁造成了毁灭性的破坏。

快速的经济增长，引发了大规模的土地利用变化和填埋需求，由于堆积物沉积在沿岸区域，需要经常的疏浚。在许多沿岸居住地区的周边，沉积物对于海洋的负荷都很高。含有肥料的农业排水、生活污水、工业废水都没有进行处理，造成大量的有机物和营养盐流入海洋，导致了珊瑚礁的竞争者和藻类的大量繁殖。随着使用拖网捕鱼、炸药或氰化物等破坏性捕捞方式，特别是对西太平洋的许多珊瑚礁，造成了不可逆转的毁灭性破坏。最近蔓延开来的威胁则是使用氰化物的渔业，捕捞栖息在珊瑚礁的高级鱼类，活着出口到那些每年需求都在急剧增加的国家。沿岸的渔村非常贫穷，对滥捕和破坏性捕捞方式难以进行管理。但是，通过当地社会层面的教育和启发性计划，居民开始意识到自身的未来需要依靠长期的可持续管理，而不是短期的、经常性的破坏。

此外，随着海水的温度上升，引起了大范围的珊瑚礁白化现象。

尽管有些观点倾向于把这种现象认为是自然影响，但全球变暖实际上是由于人类活动造成的。最广泛的白化现象发生在 1997 年末到 1998 年下半年，珊瑚礁大量死亡，在迄今的记录中是最为惨烈的[39]。珊瑚疾病（Coral disease）也被认为是自然的影响，但难道这不是人为影响所造成的吗？

4 面向海洋环境保护的行动

关于海洋环境保护，有以《联合国海洋法公约》为主的各种公约和各项制度，而且国际机构、各国政府和 NGO 等都在国内层面或国际层面上采取各种行动[40]。下面，介绍几项最近备受关注的行动。

4-1 联合国环境规划署的地域海洋计划

自 1974 年起，联合国环境规划署（UNEP）为保护全球封闭性海域和沿岸区域的环境，以特定海域为对象，努力构筑地区性的国际合作体制，称作"区域海洋项目"（Regional Seas Programme）。在有关政府间，通过考虑区域特性，选定行动计划，之后根据行动计划，政府间商定协议，最终缔结公约和议定书，展开实施行动。亚太地区确定的计划有，《科威特区域海洋行动计划》《东亚区域海洋行动计划》《南太平洋区域海洋行动计划》《南亚区域海洋行动计划》以及《西北太平洋区域海洋行动计划》等。

其中，以日本海和黄海为对象的《西北太平洋区域海洋行动计划》，于 1994 年 9 月，由日本、韩国、中国和俄罗斯共同通过。1996 年 11 月，在日本召开的第 2 次政府间谈判会议上，编制了基于该计划的《项目计划书》。之后，依据该项目计划书，1997 年 7 月，在富山市召开了"第 1 届油污染防治对策论坛"；1998 年 4 月，在韩国召开了第 2 届论坛。此外，还举办了研讨会（同年 7 月，俄罗斯和中国）和专家会谈（1998 年 9 月，富山市）。针对"海洋环境数据库构建"、"各国环境法令调查"以及"海洋环境考察计划的制订"等任务，各国编制了相关报告书[41]。

4-2 沿岸综合管理

沿岸的自然环境，是诸多人类活动的场所。在沿岸的人类活动中，既包括像渔业那样本来就必须依靠海洋环境的活动，也包括旨在为工业造地那类破坏环境的填海活动。这些人类活动有时相互对立，有时又相互补充。人类活动的多样性取决于沿岸环境具有的多样性，但沿岸的每种环境都各有特点，个别人类的活动只是分割和利用了某些特点。同样，根据人类活动的各种特点，管理这些人类活动的政府机构虽都设有部、局或专门部门，但其大多数均采取纵向的、分割性的管理。

但是，沿岸自然环境的各个方面，本来就是一个集合体。为了既保护环境，又利用沿岸海域，需要重新构建纵向型的统一管理模式。鉴于这一观点，人们越发认识到，包括利用沿岸区域的各种经济体和相关的行政机构等在内的"沿岸综合管理"（Integrated Coastal Management：ICM）[42]的重要性。现在，全球在 57 个国家（地区）开展了 142 项沿岸综合管理行动。其中，亚洲开展沿岸综合管理行动的有 13 个国家（地区），在大洋洲有 7 个国家（地区）。

4-3 保护珊瑚礁行动

人们比以往更加认识到了珊瑚礁的价值和重要性，也意识到了管理保护珊瑚礁资源的重要性。最近，印度尼西亚开展了"大规模珊瑚礁恢复与管理项目"（Coral Reef Rehabilitation and Management Project：COREMAP），以保护国内的珊瑚礁。1992 年，越南开始了包括珊瑚礁在内的"海洋资源管理保护项目"（Marine Conservation Project：MCP）。这些地区 "海洋保护区"（Marine Protected Areas：MPAs）的数量增加，也表明了珊瑚礁的管理得到了人们更多的关注。

从中央政府的激励到涵盖地区社会的示范工程，珊瑚礁管理模式多种多样。地区社会层面（community-based）上的珊瑚礁管理，在亚太地区有许多成功案例[44]。菲律宾和泰国的成功案例说明，地区社会层面上的管理对于直接涵盖地区社会的有限范围是有效的。

地区社会层面上的管理会改变资源利用者的意识，强化他们管理好自身所依靠资源的动机。地区社会系统不仅对自身管理资源有效，而且对限制其他利用者破坏资源的行为也有效。在比社区更大的地区范围，政府当局、当地社会和 NGO 采用更为有效的分担管理的共同管理（co-management）系统的方法。

政府的常用对策是划定海洋保护区。在亚太地区，划定的海洋保护区数量正在增加。但是，在缺乏足够人力和财力预算的发展中国家，划定的许多海洋保护区往往满足不了管理目标。在发展中国家，管理到位的海洋保护区几乎找不到。例如，在东南亚国家，尽管根据国家法律划定了"海洋公园"（marine parks），但其中能够恰当管理并满足保护目标的尚不足 10%[45]。原因是：能力欠缺，海洋公园管理者没有受过相关培训，缺乏公园管理所必需的技能。此外还存在其他各种问题，而这些问题的共同原因，是由于许多国家各部门的纵向型管理体制造成的。管理沿岸海域各个方面的政府部门，相互之间几乎或者根本不进行交流，没有合作，有时甚至相互对立，这有可能破坏珊瑚礁资源保护与管理的基础。一些决策者开始注意到，对珊瑚礁进行综合管理才可能达到可持续利用（sustainable use），但由于政府的官僚主义和部门间的对立，无法从划定海洋保护区这第一步继续向前，从而对珊瑚礁也无法进行有效管理。珊瑚礁的管理，最容易的做法是，要成为上述沿岸综合管理战略的一部分。为此，需要行政与法律机制的制度化。

在国际层面上，1994 年开始了关于保护与可持续利用珊瑚礁的总括性计划——《国际珊瑚礁倡议》（International Coral Reef Initiative：ICRI），并进行了研究与考察工作。基于《国际珊瑚礁倡议》，还构筑了关于珊瑚礁保护与管理的全球规模信息网——"全球珊瑚礁监测网络"（Global Coral Reef Monitoring Network：GCRMN）[46]。同时，需要基于《华盛顿公约》和《生物多样性公约》等公约，切实进行珊瑚礁的保护。

4-4　调查研究的重要性

为了保护海洋环境，前提是必须尽力全面掌握海洋环境的状况。现在，国际机构、各国政府以及 NGO 等，逐渐开展相互合作，对海洋环境进行调查研究。例如，关于珊瑚礁保护，全球珊瑚礁监测网（GCRMN）的监测成果，就保存在"国际水生生物资源管理中心"（International Center for Living Aquatic Resources Management：ICLARM）管理的数据库——"全球珊瑚礁数据库"（ReefBase）中。此外，作为涵盖珊瑚礁资源的利用者和志愿者的大规模考察活动，从"国际珊瑚礁年——1997 年"就进行了全球珊瑚礁考察（Reef Check）[47]。

今后，需要做出更大的努力来进行海洋环境调查研究，而且，调查研究成果应该归全世界共享。

（责任执笔：Chou Loke Ming，除本理史）

专栏 1　东北亚海域渔业资源管理体制构筑工作迟滞不前

"200 海里制度"把全球大部分渔业资源划分给了沿岸各国。沿岸各国在 200 海里专属经济区（EEZ）内，拥有对渔业资源的勘探、开发、保护和管理的主权，而管理渔业资源的国际合作只具有补充沿岸国家主权管理的作用。这种现状对于人类利用共有的海洋生物资源来说，是一种历史性制约。现在，生活在北大西洋沿岸的人们，正在为修正完善这一制度而努力，他们在基于国际合作的资源管理方面已取得了若干进步。

与此相对照的是在东北亚水域，国际合作面临重重困难。从东海、黄海到日本海西部的海域，涉及日本、中国和韩国 3 国。1997 年 11 月，中日签署了《中日渔业协定》，1998 年 11 月中韩草签了《中韩渔业协定》，1999 年《日韩渔业协定》生效，在 1994 年生效的《联合国海洋公约》的基础上，中日韩新渔业秩序的框架基本固定下来了。

但在《中日渔业协定》中，由于在暂定水域方面两国没能达成共同协议，使得渔业协定生效日期推迟，但最终在 2006 年 6 月 1 日生效。日韩渔业协定尽管遗留很多问题，但最终生效。中国外交部指责《日韩渔业协定》在 3 国的专属经济区（EEZ）重叠的东海海域侵犯了中国的主权。这样一来，3 国间的双边协定相互没有联系，未能整合成为 3 国间的多边协定。各国的主张都出于维护本国的"国家利益"。另外该水域是世界上滥捕最严重的地区之一，无法进行有效的资源管理。

东北亚水域在历史上和政治上都是复杂的海域，想要实施适当限制各国利益的国际合作很困难，但我们也许需要学习基于科学管理资源的北大西洋的经验。在那里，有 1902 年设立的国际海洋考察理事会（ICES），该机构是国际海洋与渔业资源的调查研究机构，很多国家都根据该机构的建议，来决定各国的捕鱼量比例。

但在东北亚水域，实际上也存在科学方面的问题。在该水域，谁也不清楚哪些种类的鱼被多少船只捕获了多少。所以，各国必须努力从建立共同的捕鱼量统计基准方法开始。

只有设立独立于各国政府、以科学为基础的国际性资源管理机构，并依据该机构的建议确立管理资源的制度，才有可能实现东北亚海域资源的有效利用。

（川崎健）

专栏 2　最近的"虾和红树林问题"

20 世纪 80 年代后半期，破坏红树林的元凶首推东南亚地区的集约式养虾业。从那以后，也出现了面向环境保护的新动向。

传统的虾养殖方法是，完全砍光红树林而进行的密集型养虾。但是，几年后，由于过度养殖造成底泥等恶化，不得不放弃原来的池塘，再去建造新的养殖池。现在这种养殖方法减少了。由于虾的得病和价格走低等，养殖经营不断恶化，加上改为养殖池而使红树林减少等，以往的养虾方式已经不合算，各国努力通过一定程度的粗放饲养，推进可持续利用的养殖池塘。例如，印度尼西亚政府于 1992 年改变政策，从推进集约式养虾转向推进粗放型养殖。此外，作为舆论高涨的反映，日本的一些消费者协会和市民团体，同这种可持续的安全养虾单位合作，实行通过适当价格进行采购的期货交易。受到这种动向的激励，也出现了一些大型企业推进不用抗生素等化学品的安全养虾品牌化案例。

亚洲养虾业起始于日本主导的开发和进口，但近年来亚洲一些大型赢利企业已经在主导着方向。作为日本经济长期低迷的反映，日本的冷冻虾进口量从 1994 年的高峰连续 4 年下降。为了改变现状，日本开始出口到美国和欧洲，出口目的地呈现多样化。同时，在废弃的养殖池塘也尝试进行植树造林，再生红树林，由包括日本"官方开发援助机构"（ODA）和市民团体等在内的多个主体扎实地继续从事造林活动。尽管技术问题不断得到克服，但植树后的维护管理、红树林再生的责任和费用负担问题也是研究课题。而且，这种环境保护型养殖生产行动，许多都因近年来亚洲经济危机而受到巨大影响。考虑到环境保护型经营，需要有长期眼光，而在经济危机下，养殖户为了确保眼前利益的最大化，往往进行着野蛮式的养殖。今后的变化动向值得关注。另外，环境保护型养殖业的推进，对于日本水产业来说至关重要。为此需要解决东南亚和日本的生产者之间以及生产者和消费者之间的信息交流问题。

（佐久间美明）

第 5 章

环境保护与地方自治

照片为正在建设中的泰国曼谷高架轻轨，旨在解决交通堵塞。照片摄于 1999
年 3 月，高架轻轨已于 1999 年 12 月开始运营。

照片提供：小岛道一

1 引言——为什么要提出地方自治

环境保护的永久口号是"放眼全球，立足本土"（Think Globally，Act Locally）。这是由 B·沃德（Barbara Ward）和 R·杜波斯（Rene Dubos）首先提出来的。"立足本土"的口号，不仅在地区的公害防治与保护环境舒适度方面，而且在全球环境保护方面，都同样是非常重要的。例如，为了防止气候变暖而开发利用自然能源、限制私家汽车、扩大公共运输体系、控制固体废物排放以及再循环等一系列行动，都是以地方自治体（地方政府）为中心，通过社区层面上的居民参与，不断推进。

日本战后的公害对策历程，也许对于亚洲国家是很有参考价值的。日本经验是：制定严格的地方自治体法规条令、进行技术开发、向居民公开信息并推动居民参与。

联合国也很重视地方自治在环境政策上的意义。联合国人居中心（United Nations Center for Human Settlement：HABITAT）1990 年提出目标，要求增强地方自治体对于环境问题的意识、政策手段以及与行动伙伴合作的能力；对于环境规划与管理能力，要求把权力赋予发展中国家的地方自治体。之后，在 1992 年的联合国环境与发展会议（里约会议）上，还通过了要求各国编制《地方 21 世纪议程》的决议。

那么，亚洲实际情况究竟发生了什么变化呢？一言以蔽之，不均衡。因为亚洲既有已经发展到相当程度的新兴经济体和像新加坡那样的"发达国家"，也有尚未摆脱贫困的国家或地区。但是，无论哪类国家或地区，环境问题都在恶化，但也并非说亚洲各国（地区）都没有制定环境法律或环境规划。从 20 世纪 80 年代下半期到 1992 年的里约会议前后，亚洲主要国家（地区）都建立起了环境法规体系，设置了环境部（局）。韩国很早就建立了法律体系，明确规定了"环境权"、环境影响评价也实现了法制化。在中国台湾，20 世纪 80 年代末建立了环境法体系。中国也建立了相关的环境法律，特别是通过了"三同时"制度；在环境保护观点上树立了"工业布局必须严格规划"的理念，并采用"PPP原则"（污染者付费，Polluter Pays Principle）征收排污费等。亚洲各国（地区）表面上都像日本或欧美那样，有了环境法规，其中有些国家（地区）还提出了优于日本和欧美的政策理念。然而，现实中这些环境法制体系并未奏效。其原因何在？

基本原因是，亚洲各国（地区）的政府把经济增长作为首要政策目标，环境保护只能在其框架许可的范围内进行。而且，法制体系缺乏精准的环境标准，适用性差。不仅如此，作为环境政策的原动力——地方自治制度体系和相关的社会运动都比较弱，发挥不了政策的有效性。此外，尽管还存在其他原因[1]，但最为重要的是，如果不保证"地区自治"这种草根民主主义，就不会产生面向日常环境保护的居民舆论与自觉行动。

本章将从上述意义上，讨论亚洲地方自治的实际情况与存在问题。亚洲几乎所有国家，在第二次世界大战前，都长期处于殖民地或附属国状态。因此，这些国家（地区）在实现解放之后，首先要实现的是民族统一。之后，为了努力实现经济自立，采取了中央集权制，以推进民族独立运动。结果，地方自治制度被延迟到最近才予引进。有些国家即使建立了一些相关制度，但仍处在严格的中央统治之下。但是，军政权被废除和经济增长达到一定阶段时，地方自治制和民主化要求就开始被引进或复苏了。考虑到本书篇幅，下文仅列举韩国、泰国和菲律宾的情况。印度的地方分权化和中国的动向也很重要，以后再继续报告。

2　韩国

2-1　地方自治的历史

韩国从1991年地方议会选举和1995年地方长官的直选之后，开始建立起现代的地方自治制度。韩国没有经历过像欧洲或日本那样的封建时代的地方割据制度，而具有长期的中央集权制特征。地方自治制度是在 1913 年日本殖民统治下的朝鲜总督府引进的，是在殖民统治的背景下诞生的。20 世纪 30 年代，韩国政府把道、府、邑和面确定为地方自治体，但这些地方长官须由总督府任命。各级议会中，只有道议员和府议员由居民直选产生。然而，议会的权力原则上仅为咨询，即使部分议决功能得到授权，但仍需上级官厅的认可。首尔大学名誉教授卢隆熙在《韩国地方自治的回顾与展望》这篇观点鲜明的论文中指出："韩国，在地方自治的名义下，施行了彻头彻尾的中央集权性地方官治行政。这种殖民地时代的经历，阻碍了迄今历经半个世纪的地方自治的发展。"[2]

经过独立战争解放后，1948 年 5 月，韩国通过了《大韩民国宪法》，其中第 8 章对于地方自治作了条款规定；1949 年通过了《地方自治法》。翌年准备实施该法时，1950 年 6 月爆发了朝鲜战争。1952 年，韩国在动乱中依据《地方自治法》实行了地方选举，该项制度一直延续到 1961 年的军部武力政变。战后的地方自治制度类似于战前的日本地方自治制，总统任命首尔特别市长和道知事，地方议员为直选产生，市、邑、面的行政长官由同级地方议会选举产生。

1961 年军部武力政变以后，韩国长期笼罩在军事政权统治之下。在全斗焕政权末期，要求正当的经济和环境权益的市民运动此起彼伏，1987 年 6 月 29 日，《6·29 宣言》提出，要求实施总统直选制和地方自治制度。基于《6·29 宣言》对宪法进行了修改，通过实施选举制度，诞生了卢泰愚政权。历经 30 年之后，地方自治终于在 1991 年重新复活，首先进行了地方议会选举。这一时期，居民对于地方自治的关心逐步高涨，济州岛发生了居民运动等[3]，反对政府在当地进行开发，要求强化内地的发展。

1993 年，金泳三政权首先通过选举建立了文官政权。1998 年，多次逃离生命危险的在野党代表金大中，经过同军事政权的长期斗争，告别了狱中生活，就任为总统。通过这桩事件，让全世界都知道了，韩国建立起了完全的民主制度。在此过程中，1995 年韩国进行了历史上所有地方行政长官的首次选举。选举结果，在野党在主要的道、特别市的市长和地方议会选举中获得胜利。1998 年，通过统一的地方选举，进行了地方议员和地方长官选举，可以说，韩国的地方自治制度在此时建立起来了。

2-2　行政组织的特点——日韩比较（1）

韩国建立地方自治制度时参考了日本模式，所以同其他国家相比，更接近于日本情况。但是，由于韩国状况在有些方面并不同于日本，实际情况差异很大。

韩国地方自治制度的组织结构如图 1 所示。首尔特别市等同于

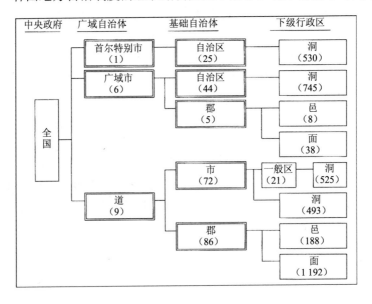

图 1　韩国的地方自治制度（1998 年）

注：（1）括号内的数字为行政区域数量；
　　（2）▢ 指地方自治体；
　　（3）设置一般区的城市有：水原市、高阳市、富川市、城南市、安养市（以上各市归属京畿道）、清州市（忠北道）、马山市（庆南道）、浦项市（庆北道）、全州市（全北道）共 9 市。
摘自：卢隆熙，“韩国地方自治的回顾与展望”，大阪自治体问题研究所编，《东亚的地方自治》，文理阁，1999 年。

日本的东京都，广域市等同于日本的政令指定市，道等同于日本的道府县，自治区等同于日本的特别区，市等同于日本的市，具有大致相同的职能。不同的是，广域市还具有像自治区议会这种下级的自治体，而且还包括农村部分的郡自治体。郡相当于日本的町、村，韩国旧制度的邑相当于日本的町、村，面相当于日本的村，而现在，这些组织都只是下级行政区，不是自治体了。这对于今后日本的町村合并来说，是需要考虑的一种广域组织。

同日本相比，韩国的自治体覆盖了更广泛的区域，整合了城市地区和农村地区，而且与此相应地大大减少了地方议员和地方公务员的数量。表 1 是日韩地方自治体数量的比较，不管是广域自治体还是基础自治体，韩国都少于日本。特别是基础自治体的数量，即使考虑到基础自治体的人口，也只有日本的 1/10，是地域极广的行政机构。特别是在农村地区，合并了旧制的邑和面现在所形成的郡，其行政机构数量极少。

表 1　韩国与日本的地方自治体比较

数量	韩国	日本	日本/韩国	韩国/日本
人口/10^3 人	45 545	125 570	2.75	0.363
广域自治体	16	59	3.69	0.27
基础自治体	232	3 220	13.88	0.07
地方议员数	4 179	66 032	15.80	0.06
议员人均对应的人口数	1 089 854	1 902	0.001 7	573
地方公务员数/10^3 人	256 334	1 998 160 (3 218 826)	0.128	7.75 (12.6)
公务员人均对应的人口数	177.7	62.8 (39.0)	0.353	2.83

摘自：韩国的统计数据依据卢隆熙，"韩国地方自治的回顾与展望"，大阪自治体问题研究所编，《东亚的地方自治》，文理阁，1999 年；日本的统计依据自治省的统计。括号内的数值为包含了教员和警察数量的人数。

韩国的地方议员都是荣誉职务。因此，一般劳动者难以成为候选人，多数议员选的是地方知名人士。因为需要接受中央政党的推荐，所以易受中央政界动向的影响。与日本相比，韩国每名议员对应的人口数量是日本的 573 倍，在数字上居优势，但相比日本，韩国议员同居民的接触机会较少。

韩国的地方公务员有 25 万人左右（不包括教师和警察）。在日本，教师和警察都属于地方公务员，公务员总数多达 322 万人，是韩国的 12.6 倍，如果减去教师和警察，总数也达到 200 万人左右，是韩国的 7.8 倍。韩国地方公务员人均对应的人口比例为日本的 2.8 倍。如果考虑行政范围和行政效率这些问题，量化比较两国的公务服务，可以说韩国要低一点。此外，韩国地方公务员和教师不能组建劳动互助团体。

在国家和地方的行政关系中，韩国同日本一样，存在"机关委任事务制度"由于该制度分量较重，地方自治权因而受到一定程度限制。此外，与日本不同的是，韩国的主要职位由国家公务员就任。图 2 所示的是在首尔周边最早推进城市化和工业化的京畿道的行政机构。其中，副知事、企划管理室长、经济投资管理室长和政策企划官都是国家公务员，由此可知韩国中央统治的人事权很大。日本有北海道、冲绳开发厅，而且道、府、县的副知事和主要部长、课长多为中央各部门的退休人员，半数以上的知事出身于中央官僚，同样也不能说不是中央统治。但是，日本即使是退休人员，一旦其身份变为地方公务员，即进入地方长官的指挥棒下，因而在制度上日本比韩国更具地方自治色彩。在欧美，主要职位由政治官僚担任，一旦首长改变，所有职位都要更换。同欧美相比，日本与韩国均属于很强的集权官僚制。

2-3 地方财政特点——日韩对比（2）

韩国地方自治的问题突出表现在地方财政上。首先，通过国家和事权分配来分析（表2）。韩国军费开支与国土开发关系费等占国家行政支出的比重远高于日本，国家支出比例为 52%，地方为 48%。这与美国的比率相同，与日本不同。日本的上述支出比例，国家占 35%，地方占 65%。即大部分内政事务委任给地方财政。这 2 个国家都包括大量的机关委任事务，所以仅从这一数字，尚无法判断其地方的自立性。

机构	2 室，7 局，1 总部，6 官，3 担当官，38 处，174 担当
定员	总厅 1 176，议会 128，直属机构 3 284，派出机构 208，事务所

*印为国家公务员候补职位。

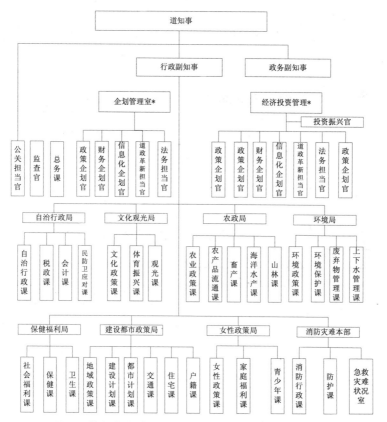

图 2　韩国京畿道行政机构图（1998 年 11 月 30 日）

摘自：卢隆熙，"韩国地方自治的回顾与展望"，大阪自治体问题研究所编，《东亚的地方自治》，文理阁，1999 年。

从税源分析，国家占 80%，地方占 20%，韩国的集权程度超过日本。因此，地方税占年收入的 33%（表 3），在大城市以外的市和郡，税收来源极其贫乏，地方税收尚不能满足地方公务员的人头费之处所占比例为：市 25%、郡 86%、自治区 68%，整体比例 58%。其地区差异也远甚于日本。

韩国的地方税收同日本相比，地方收缴税和国库支付金的比重都很小。表面上，韩国的自主性大于日本，但来自国家的财源转让过少。如表 4 所示，地方税源偏重于资产课税。因此，尽管稳定但缺少弹性，在快速经济增长过程中，税收增加很小，这也是韩国应对城市问题和应对环境问题均为滞后的原因之一。

表2 日韩国家和地方的财政关系比较/%

	韩国		日本	
	国家	地方	国家	地方
财政支出	52	48	35	65
税源	80	20	61	39

注：韩国数据来源同表 1；日本数据摘自《地方财政白皮书》，1999 年。

表3 日韩地方财政收入比较/%

	韩国	日本
地税	33	36
地方交付税	12	17
地方转让税	5	1
国库支出金	11	14
地方债务	6	14
其他收入	33	17

注：同表 2。

表4 日韩地方税源的比较

	韩国	日本
所得税	10.0	57.5
消费税	27.9	13.1
资产税	62.1	29.4

注：川濑光义，《台湾、韩国的地方财政》，日本经济评论社，1996 年，97 页。

为了改善韩国的地方财政，需要从根本上进行改革，如将国家收入和消费课税向地方财政转移、增加地方税收缴所占额度（现行地方税仅为国税的 13.27%）、整合国库支出等。

2-4 要环保还是要开发

韩国民主化进程中诞生的市民运动强于日本。由于韩国民间组织的法人化比较容易，所以形成了极其庞大的组织。市民环境团体主要有四大组织。以环境问题为背景，产生了不同于原有政党的、出身于市民运动的地方议员和地方行政长官。如首尔市周边的果川市等即属一例。此外，在釜山市和光州市也出现了与环境团体密切相关的社区水平的市民运动。一般认为，韩国环境问题的严重程度超过日本，特别是由于长期存在着商界同政界相互勾结的结构，财阀企业同政府串通的一体式经济开发，造成公害问题。

地方自治制度的导入对于此种状况有所改变吗？由于尚未进行充分调查，还得不出结论。但是，据 1994 年 4 月 20 日的《星期五周刊》介绍，在首尔西南的始华地区，有些围填海工程被迫叫停。由于经济危机，很多自治体在国际货币基金组织（IMF）的协助下，选择了开发优先。上述的卢隆熙教授曾批判过近年来的地方自治体政策，"尽管以首尔特别市为主的 10 多个地方制定了《地方 21 世纪议程》，但是，激活地区经济的经济发展逻辑，打碎了环境保护规则" [4]。例如，在韩国出现了一些地方自治体，他们学习英国，撤销了专门划定的绿色保护带，以推进经济开发。20 世纪 60 年代，日本地方自治体利用《吸引工厂条例》等，竞相推进地区开发，导致了公害发生。这样的地方自治，一旦选择进行竞争性的经济开发，环境保护就很难得到保证了。

如上所述，韩国的地方自治体区域过大，难以集中居民的意愿。由于存在这些困难，要想改变环境政策，除了从根本上改变地方自治体政策以外，别无他法。因此，必须进一步推进韩国中央集权政治和行政结构走向民主化的进程。今后，需要通过改革，推进地方自治体缩小区域的行政管理，使市民，特别是女性市民，能够自由地选举或被选举为地方议员。关于环境方面的行政权力，中央政府需要转让一些权限。如图 2 所示，韩国地方自治体的环境行政权力很有限，例如釜山市，如果不转让港湾管理权限，就不能进行水域前线的环境保护。而且，今后还应该推进居民参与制度。

日本的地方分权也没有伴随居民参与，所以地方自治没有多大进展，环境团体也没有同中央政府结成伙伴关系，今后还应该寻求同地方自治团体建立起伙伴关系。

3 泰国

3-1 地方行政概况

泰国于 19 世纪末开始设置地方郡、村一级的政府，建立了地方行政体制，但地方自治至今仍不完善，依然是中央集权体制。如图 3 所示，除了曼谷直辖市（Bangkok Metropolitan Administration: BMA），还有 72 个府（changwat），府下面设有郡（amphoe）、行政区（tambon/tombon）以及行政村（muban），但任何一级在机构上基本上都不是自治体，都是所谓的国家派出机构（在这里所说"基本上"的理由，请参见下节）。府的职员录用、预算和财源均由中央政府管辖，府知事由内务部任命。郡以下的地方长官也由内务部通过地方行政局任命。

但在各级城市地区，都允许设立地方自治体，地方自治体不断得到加强。特别是，除了曼谷直辖市以外，帕塔雅也被指定为直辖市。而且，称作 PAO（府级行政机构）的自治体有 72 个，市（municipality）131 个，泰语称作苏卡皮班（sukhaphiban）的公共卫生区（sanitary district）约有 1 000 个。下面，主要依据 B. Ruangamnart 的整理[5]，介绍 5 种类型的地方自治体（见表 5）。

首先，曼谷直辖市作为行政机关设立于 1975 年，后来实行自治体化，现在拥有 38 个次级地方行政区。府知事、副知事（共 4 名）和府议员由直选方式产生。如表 5 所示，该市长官和议会均由直接选举制产生，泰国不存在其他方式。

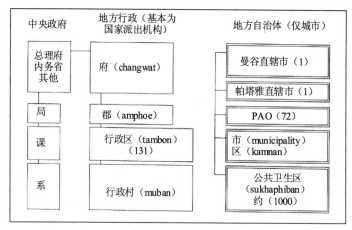

图 3　泰国地方行政机构概略图

注：（1）括号内的数字为地方自治体的数量；
　　（2）▭ 指地方自治体。

摘自：重富真一，"泰国农村社区"，亚洲经济，第37卷第5号，1996年5月，图1。

参照下列 4 个资料比较作成的：①*Akihisa Mori，Local Environmental Capacity Building in Thailand：A Japanese View*，②Working Paper No. 58，Faculty of Economics，Shiga University，April 1999，Figure 5 Administrative Structure of Thailand；③Benjamart Ruangamnart，"11 Thailand"，*Country Report for the Group Training Course in Local Government II*，JICA（Japan International Cooperation Agency），1999，Chart 1；④Pitch Pongsawat "Thai Local Government in Transition" http：//www.chula.ac.th/studycenter/ pesc/Newsletter/LOCAL.html（1999 年 7 月 14 日下载的解说文）。

表 5　泰国城市地区的地方自治体的特点

自治体类型	长官的决定方法	次长的决定方法	地方议员的决定方法	地方议会的主要作用
曼谷直辖市	直选	直选（4 名）	直选	立法
帕塔雅直辖市	无长官职位市长兼任市议会议长	由市议会以合同形式聘用 2 年，作为长官	直选和任命制	立法
PAO	内务府任命→1998 年转为直选	—	直选	立法

自治体类型	长官的决定方法	次长的决定方法	地方议员的决定方法	地方议会的主要作用
市（municipality）	市议员	市议员	直选	立法
公共卫生区（sanitary district）	无长官职位	—	直选和任命制	立法+行政执行

注："—"为未确认。

摘自：Benjamart Ruangamnart, "11 Thailand", *Country Report for the Group Training Course in Local Government II*, JICA（Japan International Cooperation Agency），1999，以及 Pitch Pongsawat "Thai Local Government in Transition"（1999 年 7 月 14 日下载的论文，作者为朱拉隆功大学政治学部政府论学系讲师，http：//www.chula.ac.th/studycenter/pesc/Newsletter/LOCAL.html）。

第二，帕塔雅直辖市，直辖市议长兼任直辖市长，但没有作为长官的行政权力。议员由任命议员和直举议员两种。执行市长（city manager）由议会以合同形式聘用 2 年，承担行政长官职责。由此看来，帕塔雅直辖市的自治体特点同曼谷直辖市差别不大。

第三，PAO，属于府级的自治体，涵盖其下所有不属于市和公共卫生区的地区。以前，府知事由内务府任命，并兼任府议长。但从 1998 年起，知事终于变成由直选产生。有些泰国研究学者评价，这意味着 PAO 的预算决定权从中央政府转向地区居民手中，具有极其深远的意义[6]。议员则一开始就由直选产生。可以说，PAO 的地位正在不断接近曼谷直辖市。

第四，各市的长官不由直选产生，正副市长都是由市议会议员选举产生的。市议员全部都由直选产生，没有帕塔雅直辖市议会那样的任命议员。这表明，一般市的议会民主化进程比帕塔雅直辖市更快。

第五，公共卫生区，由任命委员和直选委员组成的评议会（sanitary district board）领导。评议会被赋予立法和执法两种职能，不设长官职位。现在，泰国正在讨论将公共卫生区升格成市，在不远的将来将会把立法职能和行政职能分离开来[7]。这样一来，所有类型的自治体都在议会方面部分地引进了直选制，但是，长官直选长期以来只是在曼谷直辖市。同泰国的其他自治体相比，由此可见曼谷直辖市的地位之高。在考察泰国环境政策的实效性时，我们关注曼谷直辖市的动向，原因就在于此。

3-2 自发村、布施者集团、行政村

在农村地区，作为行政派出机构的地方团体，有称作"自发村"和"布施者集团"的社区集团。在重富真一研究泰国农村共同体的著作中[8]，对这些情况曾有过详细报告。重富把他自己命名的"地缘集团"社区单位，划分为自发村（ban）、布施者集团以及行政村（muban）3 类。自发村是由人们聚居而自然形成的村落，布施者集团是以佛教寺院为中心形成的社区，行政村是从 19 世纪末到 20 世纪初建立的机构，是中央集权性政府统治地方的基层组织。19 世纪 90 年代，泰国设立了行政村，同时建立了管理若干村落的行政区（tambon）。行政村的平均规模，1990 年时约为 140 户，人口 750 人左右。很早就实行直选村长。但是，相当于议会的村委会（khana kamakan muban）的组成成员是由村长任命的，而村长则是从当地的名门望族中选举出来，其作用是专门把郡政府的意向传达给市民[9]，所以自治体的性质很弱。行政村基本上是派出机构，但多少有一点自治体的性质。

泰国中部的 3 类"地缘集团"，其各自的属性和地区性的重叠方式，均不同于泰国东北部和北部。在泰国东北部和北部，自发村通过祈求森林守护神灵或驱除森林恶魔等共同行为，形成了统一的地区。而在泰国中部，村落分布在灌渠或公路两侧，没有形成统一景观，布局呈分散状态。自发村、布施者集团和行政村地理位置重叠的形式有 12 种，如行政村和自发村一致，自发村和布道者集团一致等[10]，其特征模式因地而异。从大方面说，在泰国东北部和北部，自发村、布施者集团和行政村比较一致，地方行政能够灵活发挥村落社区的传统动员功能，开展工作。而在泰国中部，在自发村内没有作为共同体的统一组织，地方行政只不过是起到上传下达管道的功能。

在评价泰国地方行政环境政策的实施能力时，至关重要的是要考虑"地缘集团"地理重叠性的地区差异。至少在日本，关于泰国农村地方团体环境政策评价的实证研究，这是未曾有过的，应该作为今后的研究课题。下面着重介绍唯一属于发达国家型的地方自治

体——曼谷直辖市的环境政策。

3-3 曼谷直辖市（BMA）

曼谷直辖市现任知事比齐特拉塔库尔博士（Dr. Bichit Rattakul），他曾是曼谷反对大气污染运动（"反对有害气体排放会"）的领袖。笔者之一的山崎先生曾作为 1991 年 12 月西淀河公害患者与家族研讨会（以下简称公害患者会）的翻译，出席了在曼谷召开的"第 1 届亚太 NGO 环境会议"（APNEC1），见到过作为会议报告人之一的拉塔库尔博士。之后，拉塔库尔博士及其办公室人员和支持公害患者会的 NGO 组织"同感员工"一起，在笼罩街头巷尾的汽车尾气中，开展了普及天谷式简易测定二氧化氮密封容器的活动。拉塔库尔博士是一位热心环境保护的活动家。他的选举承诺是，制定包括《汽车尾气排放规定》和《工厂排烟规定》在内的公害对策。当选知事后，他全力推进环境政策。尤为重要的一点是，他通过行使人事权，积极重用熟知环境问题的大学专家和民间人士。

据森晶寿的调查[10]，虽然曼谷直辖市未被指定为"公害防治区域"，但其大气污染等公害特别严重。进入 20 世纪 90 年代后，在《曼谷大都市圈开发规划》中，环境问题被放到主要政策领域位置[12]。在实施《第 5 次曼谷大都市圈开发规划（1997—2001 年）》时，开展了各项工作。

据松本礼史关于泰国固体废物的调查[13]，38 个特别区的垃圾收集采取了收费制。根据条例规定，垃圾收集凡在每天 20 升以内者收费最低，每月 4 铢（1 铢约为 4 日元）。尽管通过条例修订，垃圾处理费提高了几倍，但又担心提价有可能导致非法倾倒的增加，使实际效率降低，所以实际收费仍没有变化，继续采取以前的收费标准。垃圾处理费征收率不到 20%，而垃圾收运费占曼谷直辖市财政支出的 15%[14]，是非常沉重的负担。

关于汽车尾气排放问题，城所哲夫等讨论过其现状及急需解决的问题[15]。为了从根本上解决汽车尾气排放问题，制定了城市铁道规划。早在 20 世纪 70 年代，泰国同德国政府合作，制订了《曼谷首都圈大规模公共交通建设规划》，后来演变成为《高架铁路（sky train）规划》，但一直未能实施。曼谷现在有 3 条规划线路。自 1990 年起，泰国铁路公司（SRT）和曼谷直辖市分别制定了以"BOT"形式（建设管理的民营方式之一，"BOT 为建设（build）-运营（operate）-移交（transfer）" 3 个词的缩写）的《城市铁道建设规划》。另外，不同于以往任何行动，泰国政府专门成立了首都圈高速运输公司，制定了《地铁建设规划》。国家地铁为蓝线（由首相府负责）、泰国铁路公司线路为红线（由运输通信部负责）、曼谷直辖市线路为绿线（隶属内务部），未来曼谷将被这 3 条线路覆盖。地铁线路总长约 80km，通过了城市交通网总体规划的部分线路已经动工。1992 年前，地铁和铁路建设的城市规划权限，原属于内务府城市规划局，现在移交给曼谷直辖市城市规划委员会。然而，首相府下属的陆上交通管理委员会，具有铁道管理的权限，现在该委员会同曼谷直辖市之间一直定期举行城市规划协调会。在制订 3 条线路的城市规划过程中，尽管需要国家和地方之间的协调，但曼谷直辖市能否发挥其主导作用，这一点尚不知道。鉴于泰国的中央集权传统，曼谷直辖市的交涉能力也许并不大。在泰国，自治权最强的曼谷直辖市，能否在其地域内的轨道交通系统建设中掌握实际的主导权，这在今后泰国地方自治体的城市政策与环境政策的实效性方面，应是一个焦点。

4　菲律宾

4-1　概要

菲律宾的地方政府分为 5 级，即：73 个省（province）、2 个副省（sub-province）、60 个市、1534 个镇（municipality）、4.2 万个公民会议[16]。公民会议的原文是"小舟"，意思是可以靠它来移动的亲族集团。菲律宾的近现代行政史可大致分为：西班牙殖民地时期（1567—1898 年）、菲律宾共和国时代（1898—1901 年）、美国殖民地时期（1901 年至第二次世界大战爆发时）、共和国时期（1935—1944

年）、日本占领时期（1942 年至日本战败）、菲律宾共和国独立年（1946 年）、马科斯时期（1965—1986 年）、阿基诺政权时期（1986—1992 年）、拉莫斯政权时期（1992—1998 年）以及艾斯特拉达政权时期（1998—2000 年）。从西班牙殖民地时期至现代，菲律宾统治体制的特点是中央集权，但在最初短期的菲律宾共和国时代是分权而治的。片山裕曾以警察制度为轴线，论述过菲律宾中央与地方的关系[17]。由此可知，1935 年的宪法曾赋予总统以监督地方政府的总体权限（general supervision）（第 7 条第 10 款）。近年来，关于该项规定，在 C·阿基诺总统领导下制定的 1987 年宪法中也再次提到（第 10 条第 4 款）。实际上，在拉莫斯政权下，省级知事一个接一个地以"职务怠慢"或"行为不良"为由，被总统撤职。这说明，以前殖民地遗留的中央集权制，仍在稳固地持续着。

最早在菲律宾宪法中写明地方自治制度的，是在马科斯政权时期的 1973 年宪法。马科斯总统是个滥用职权、镇压政敌的独裁者，他曾发布戒严令，停止议会，但他促进了《地方政府法》的制定。这是因为，马科斯为了稳固自己的独裁地位，想把地方掌权者置于自己的控制下。《地方政府法》从 1973 年宪法写明后推迟了 10 年，即 1983 年，才作为国家法第 337 号得以通过。

阿基诺总统时期的 1987 年宪法，对后来地方政府法的扩展是很重要的。该宪法中把地方政府部分单独抽出成为 1 章，这赋予了制定新的《地方政府法》的权力。1991 年 10 月 10 日，新的《地方政府法》（Local Government Code）作为共和国法第 7160 号诞生了[18]。根据该法，阿基诺总统把有关各种决定权移交给各级地方政府。参照山田恭捻和平石正美的相关文献，新地方政府法的要点如下：第一，把社会基本服务的相关事务移交给自治体；第二，创建中央同地方政府间的财政关系；第三，促进非政府组织（NGO）参加当地的开发协议会（LDC）；第四，把开发计划和预算计划的监督权从中央部门移交给地方；第五，强化自治体的财政基础（保障自主财源的创设权和使用费代金的征收权）等。所谓 LDC（当地的开发协议会），是一个设置在省、市、镇等各级、由自治体长官、区域内下级自治体长官、NGO 等组成的协议机构。最少 6 个月要召开一次会议，讨论社会项目的优先度或评价其实施情况等[19]。

4-2 地方分权化的原因与现状

片山裕对于地方分权化的解释是，政权到了末期，就会逐渐丧失其政治影响力。地方分权化制度是阿基诺总统为争取地方政府长官的支持、维持其影响力而采取的行动之一。此后，地方政府长官进一步要求移交权限，中央政府想保持既得权限，两者之间形成了微妙的"拔河关系"[20]。平石正美分析了阿基诺总统不得不推进地方分权的几点原因：第一，为了彻底瓦解马科斯独裁政权，需要从根本上摧毁在马科斯政权下享受特权的地方名门望族的自治；第二，菲律宾是一种特有的分裂社会，它在集权制度下，不会孕育出地方自治；第三，为了精简 5 级地方行政机构，必须朝向适应居民需要的行政机构改革推进[21]。山田恭捻也提出，地方权力解体的必要性也是一个原因。进而还指出，其中受到世界银行和国际货币基金组织（IMF）结构调整的影响。即，1989 年政府决定引进经济结构调整政策，要求在中央政府精简的同时，实行地方分权化[22]。现任的自治体长官高度评价了地方政府从中央集权统治下解放出来的方向正确，介绍了在分权过程中可能产生的社会问题[23]。例如，在卫生保健项目中，许多原来的保健工作人员把地方政府作为对手，提出了利益诉求。他们团结一致对省知事、副知事、省出纳主任等提起诉讼，但最终遭败诉[24]。

地方自治制度是推进环境政策的关键要素，在欧美或日本的殖民地时期和独裁者集权统治之下的菲律宾，地方自治没有发展的机会。20 世纪 90 年代后半期，可以说总算是迈出了地方自治的第一步。由于过去遗留的负面影响太大，地方自治的前途坎坷。但是，这一步是扎实的一步，为了推进环境保护，不容后退。

（责任执笔：山崎圭一，宫本宪一，柴田德卫）

专栏　东南亚与南美

近年来，日本同南美的距离拉近了。其背景在于：智利和秘鲁作为环太平洋地区的一部分，参加亚太经合组织（APEC）峰会；秘鲁当选总统阿·藤森（1990 年）是日本裔；以及日裔巴西人在日本务工人员的增加（约 15 万人）等。当然也同足球热、阿斯托尔·皮亚佐拉、维拉罗伯士等南美古典音乐的人气上升有关，甚至同 1999 年 1 月的"雷亚尔危机"（巴西货币危机）也有关系。当时，国际通货冲击席卷而来。其间，对于东南亚和拉丁美洲的比较研究相对多起来了。关于地方自治同亚洲的比较，对于拉丁美洲状况多少了解一些。下面介绍一些近年来的研究成果。

南美最大的国家巴西，拥有的国土面积很大，堪比欧洲的 20 个国家，人口约 1.5 亿。在联邦政府之下，27 个州和约 5 500 个基础自治体（葡萄牙语为 municipio，即市）形成 3 级结构的地方行政财政体制。巴西的 GDP 为 8000 亿美元左右（世界第 8），公共部门的债务累计约 3 200 亿美元，相当于其 GDP 的 40%。其中的 1 200 亿美元是州政府债务。圣保罗和里约热内卢这些工业比较发达的州，财政艰难。另一方面，各个基础自治体，事务分配和税收来源较少，债务累计也极少。尽管各州的财政危机各有其原因，其中之一是人员工资增加。因此，解决对策是削减公务员的编制，即"小政府论"开始蔓延开来。

然而，也有例外的州。塞阿拉州是巴西最贫穷的州，年仅 36 岁的塞阿拉，作为最年轻的候选人，于 1987 年闪亮登场，成功地当选为州长。他在采取巧妙的公共政策（干旱对策、保健计划、小型企业扶助等）的基础上，让公务员找回了作为公仆的使命感，勤奋地工作。这样，州内各村的经济开始活跃起来了。1991 年 12 月，英国《经济学家》杂志将塞阿拉模式编成特集发行全球。美国麻省理工学院（MIT）的巴西经济学家 J·坦德勒教授读到该报道，深受感动，指导其研究生和课题组，对此进行了全面的现场调查，调查结果被整理成书（Judith Tendler, Good Government in the Tropics, Johns Hopkins

University Press，1997）。该书探究热心为居民服务的公务员所带来的"大州政府"的成功秘诀，是一本反对"市场万能论"和"改建自治体论"的书。该书用实证的案例研究证明了这些，值得一读。

另一方面，地方自治制度极为脆弱的是秘鲁。秘鲁在 19 世纪 20 年代从西班牙殖民地统治下独立出来，但这并不意味着当地的白人和本国的西班牙人完全分离。白人把底层的原住民(拉丁美洲印第安人)和贫困阶层叫做"考迪罗（caudillo）"，继续着寡头统治的体制，并未发生像墨西哥 20 世纪 10 年代那样的新兴力量(城市中产阶层和农民)从旧统治阶层夺取政权的革命。胡安·贝拉斯科军政权（1968 — 1975 年）"从上面"坚决实行了农村土地改革和类似美国的资本国有化等革新性改革。从 1980 年到现在，经历了民政复活的贝朗德总统、阿·加西亚总统、阿·藤森总统。藤森总统得到占全国人口 45% 的拉美印第安人的支持，于 1990 年当选为秘鲁总统。就任后，藤森曾访问过贫穷拉美印第安人村落，安排公共事业，努力维持他们的支持（这种选举对策等也遭到了批评）。藤森这种不介入行政的个人表演性手法，就连中央集权性都算不上。何况涉及扩大地方自治制度、促进拉美印第安人和工人们对于政治（地方政治）的关注和参与，迄今为止这在任何政权中都从未见过。秘鲁的执政者们并没有去努力构筑民主主义的地方行政和地方自治，原因是政党尚未成熟。日本的代议制度和政界财界两相勾结的结构以及建立农村等利益诱导体制，这在秘鲁人的眼里，恐怕都是发达国家官僚体制存在问题的反映。

对于秘鲁情况相当熟悉的迟野井茂教授（南山大学），研究了秘鲁历史背景（迟野井茂雄，《现代秘鲁与藤森政权》第 1 章，亚洲经济研究所，1995 年）之后认为，秘鲁是一个很晚形成国民统一的国家。秘鲁的土地改革不彻底，旧统治阶层仍拥有政治力量，这方面类似菲律宾，但秘鲁包括地方制度在内的国家统一体系很不发达的状况，不同于菲律宾马科斯独裁时期。通过同秘鲁对比，从另外角度，也许能对菲律宾做些评价分析。

（山崎圭一）

第II部　各国（地区）篇

第 1 章

菲律宾

Republic of the Philippines

照片为邻接马尼拉的黎刹省（Rizal）安蒂波罗（Antipolo）附近。菲律宾在开发政策的促进下，一片片农田变成了工业用地、商业用地或住宅用地。

照片提供：太田和宏

1 引言

菲律宾是自然资源丰富的国度。但是，在经济开发和工业化进程中，自然环境不幸步入了逐步恶化的境地。

20世纪80年代，东盟（ASEAN）其他国家进入经济快速增长时期，菲律宾的经济发展显得有些滞后。但进入90年代后期以来，菲律宾的经济状况开始好转，GDP的平均增长率稳定在5%左右。主要原因归纳有以下几点：第一，在阿基诺政权期间（1986—1992年），政府致力于基础设施建设。特别是把工业化的基础——保证电力供应作为最优先发展的建设项目；第二，在拉莫斯政权期间（1992—1998年），制定了《菲律宾中期发展规划1993—1998》，推进了出口导向型的工业化发展，该规划也称作《菲律宾2000计划》。这是积极推进工业化的计划。按此计划，菲律宾的经济到2000年，要发展到同韩国和中国台湾等新兴工业体相当的水平。而且，这一系列经济政策是在调整产业结构的大背景下得以推进的，在世界货币基金组织（IMF）的指导下，菲律宾进行了自由化、放宽限制和以民营化为支柱的政策调整。在各种政治压力下，以推进出售国有企业、进行税制改革和财政改革等形式推进。

菲律宾在这些经济政策的推动下，长期处于低迷状态的经济得以大大地繁荣发展。但在环境方面，各地区和各领域的环境问题不断恶化。在追求经济增长和利益优先的发展进程中，菲律宾国内到处发生公害事件和盲目开发带来的自然破坏，抑或开发项目导致当地居民的人权受到侵害等。快速发展的工业化使得曾是农业社会的菲律宾一些地区，一下子转变成为工业城市，造成城市地区环境舒适度的下降。另外，菲律宾的贫富差距也日益显著，这类问题总是波及影响贫困阶层和社会弱势群体。进一步分析还发现，菲律宾的一个显著特征是，在这些环境问题的背景中，不仅涉及经济问题，而且还同政治权力结构密切相关。

20世纪90年代，国际社会对于环境问题的关注日益高涨，也给菲律宾带来巨大影响。该时期恰好是在菲律宾通过"人民革命"推翻长达 20 年之久的马科斯政权之时，同陶醉于"民主化"时代的氛围交相映辉，许多市民团体和 NGO 开始指责环境破坏和盲目开发引起的各种问题。民众的这些草根运动和国际舆论高涨渐进地推动了行政部门制定环境保护相关政策，而这些政策能否奏效则是随后的研究课题。

下面，首先介绍菲律宾森林破坏现状；其次探讨伴随经济开发引起的诸多问题；以宿务-保和地区（Cebu-Bohol）为例，特别介绍近年来在当地由于地区开发计划而导致的环境破坏现状及其对居民的影响；最后，介绍环境保护有关法律制度及其执行现状。

2 严重的森林破坏

2-1 森林破坏现状与严重的负面影响

自美国前参议员杰里迈亚·贝弗里奇（Jeremiah Beveridge）高谈"菲律宾的木材可以供给全世界下个世纪的家具需求"以来，刚好经过了 1 个世纪。现在，菲律宾的森林却正濒临消亡的危险。

本世纪初，菲律宾的森林覆盖率接近 70%。要保持正常的自然生态系统，菲律宾国土森林覆盖率需要维持在 54%以上。但从 20 世纪 50 年代以来，由于森林遭到急剧破坏，到 90 年代，森林面积骤然下降到国土面积的 20%以下（见表 1）。

森林如此急剧破坏的影响波及很多方面。在全国 77 个省中，有22 个省的土壤侵蚀状况很严重。特别是在许多人集中开垦的高产"福地"——棉兰老（Mindanao）地区，70%以上的农田以及近 90%的其他土地，都出现了严重的土壤侵蚀现象（见表 2）。由于土壤侵蚀会引起河流、水库的泥沙淤积，所以许多河流出现了泥沙淤积现象，连小船都无法航行。

表 1 森林面积变化

年份	森林面积/10^6hm^2	占国土比例/%	年破坏面积/hm^2
1575	27.5	92.0	22 917
1863	20.9	70.0	35 088
1934	17.8	57.3	78 571
1970	10.9	36.3	191 667
1980	7.4	24.7	350 000
1990	6.2	20.7	120 000
1993	5.8	19.3	120 000
1995	5.6	18.6	120 000

摘自：*Department of Environment and Natural Resources.*

表 2 菲律宾的河流流域土壤流失面积

单位：10^3 hm^2

	面积	较严重的土壤侵蚀面积	比率/%
吕宋岛			
农田	5 994	1 440	24.0
非农田	8 146	4 564	56.0
米沙鄢			
农田	1 294	501	38.7
非农田	2 174	1 320	60.7
棉兰老岛			
农田	5 480	3 868	70.6
非农田	4 720	4 129	87.5
全国			
农田	12 767	5 809	45.5
非农田	15 039	10 013	66.6

摘自：*ALMED—Bureau of Soil and Water Management 1990.*

　　而且，森林破坏之后，使其涵水能力变得极弱，再加上河流下游的泥沙淤积，导致洪水和泥石流现象频繁发生。引起巨大损失的自然灾害变得不再罕见。例如，1989 年在萨马尔岛（Samal），台风引起了河水泛滥，冲垮了数个村庄，造成 100 多人死亡，其原因就是滥伐森林导致森林破坏。1991 年，台风袭击了莱特（Leyte）岛的奥尔莫克（Ormoc）市，引发洪灾，死亡人数高达 8 000 多人。此次灾害正是 20 世纪 50 年代以来，为了栽培甘蔗这项当时的重要出口产品，而持续砍伐森林所致。

由于森林的涵水能力变弱，在主要依靠地下水的宿务（Cebu）市，由于过度抽水利用，使得地下水含盐量升高地区，不断地从海岸地区扩大到内陆地区。近年来，随着工业发展，为了满足不断增加的用水需求，计划在远离海岸约 30 km 的保和（Bohol）岛建设水库，通过海底管道从那里引水输送。

1987 年以来，在班乃（Panay）岛的伊洛伊洛省（Iloilo，怡朗），每年都会定期发生旱灾。1992 年初，55 000 hm^2 土地遭遇干旱，损失总额达 7 亿比索之多。伊洛伊洛省曾是屈指可数闻名全国的水稻种植区，但现在水稻产量逐年下降，人口贫困率反而年年上升。1991年，包括班乃在内的西米沙鄢（Visayan）地区，营养不良发生率上升到全国第三。关于这些受害情况，有人说其导火线是来自中南美洲的异常暖流引起的厄尔尼诺现象。但是很明显，森林破坏仍是其主要原因。例如，在马阿辛地区（Maasin）的 6 720 hm^2 汇水区，残留下来的森林面积不超过总面积的 13%。而且梯贡（Tigum）河流域曾经有过 20 条支流，而由于泥沙淤积，现在只剩下了 5 条。

森林破坏不仅会引起洪水等突发性灾害，而且也会给农业生产造成沉重打击，从根基上动摇和影响人们的日常生活。

2-2 有待探讨的森林管理制度与行政

在分析菲律宾的森林问题时，最重要的、必不可少要谈及 "伐木许可证"制度（Timber License Agreement：TLA）。该制度规定，允许在公有或国有的一些地区进行林木采伐；根据木材产量征税；同时要求在采伐过的地方重新植树造林。这一制度是从 20 世纪 30 年代美国统治时代开始的，一直延续至今。从 20 世纪 50 年代到 70 年代，菲律宾的林产业迎来了高峰期，支撑这个高峰的是日本经济快速增长期对于木材的需求增加。对于当时的菲律宾来说，林产业是极为重要的外汇收入产业。1969 年，木材出口额占其总出口额的 33%。但出现的问题是，在此过程中，"伐木许可证"经常同菲律宾政治密切联系在一起，并出现了权力化。依据"伐木许可证"制度，销售额的 1%左右用于征税，所占比例很低，而且重新植树造林的义务实际上也形同虚设。取得"伐木许可证"的业主毫不顾及森林破坏的惨状，在规定的 25 年许可期间，为了收获利益最大化，恣意乱砍滥伐。

伐木许可证的颁发多数情况同政治家、政府高官和高级将领的个人关系紧密相连。最典型的事例就是，在长达 20 年的马科斯总统政权时期（任职期间：1965—1986 年），伐木许可证被政府利用。马科斯总统通过评价当时的资本家对其政治的忠诚度，来决定授予伐木许可证。在 1969 年，共计颁发了 58 家伐木许可证，但到 1977 年，获得伐木许可证的企业就增加到 230 家。由于木材主要出口目的地是日本，所以很多情况都是这些伐木企业同日本商社合作。即使是现在，仍有很多前总统、国会议员以及省长等有权势的政治家，同木材产业有着密切关系。木材是同蔗糖一样重要的出口产品，反过来看，通过木材聚敛非法财富的人们，可以说对菲律宾的政治也有巨大的影响力。获得伐木许可证的企业主，也有很多不当行为，如有的在指定区域之外砍伐，有的漏报少报砍伐量，有的相互转让伐木许可证，有的进行木材的黑市交易或非法出口等。

对于这种森林砍伐状况，菲律宾也采取过对策。1975 年，进行过全面禁止森林砍伐问题的讨论。但由于既得利益者和政治家的强烈反对，结果只是采取了选择性禁止措施。例如撤销进行不当行为和疏于履行义务的企业主的伐木许可证。然而，伐木许可证的颁发依然如故。环境资源部（DENR）是伐木许可证的主管行政部门，对伐木许可证具有管理和监督权力，但是 DENR 的官员在贿赂或武器威胁面前，几乎发挥不了任何作用。像布基农（Bukidnon）省圣弗朗西斯科市（San Francisco）市长那样，地方政治家自身直接参与非法砍伐的案件也并非罕见。

菲律宾的林产业从总体趋势看，在 20 世纪 60 年代后半期达到顶峰之后，明显进入衰退期。主要原因是过度砍伐造成的森林资源丧失。随着森林破坏和林产业衰退，在公众的危机意识加强时，讽刺性的却是，以往贪婪利润的权力阶层对此的关注却渐渐减少。但是，反过来说，没有政客的干扰，也正是真正致力于森林再生的良好时机。

自 20 世纪 70 年代引进的《社会林业计划》，把植树造林和森林保护工作委托给当地居民，但实际上掌握主导权的并不是当地居民，而是跨国公司和当地的木材公司等，所种植的树木多为橡胶树等在短期内可以商品化的树种，并未考虑居民的利益。现在，环境资源部与 NGO 合作推进的《地区森林管理协议（CFMA）》也受制于当地掌权者的影响，很多情况下都没有为森林再生做出什么大的贡献。

今后，为了保护不断锐减的森林面积，菲律宾需要重新探讨，如何从根本上改革迄今为止的政治结构和权力结构。

3 经济增长与环境破坏

3-1 大气污染

首都马尼拉的大气污染状况处于世界最糟糕的行列。据亚洲开发银行的报告，马尼拉首都圈每年向大气中排放 116 000 t 悬浮颗粒物、39 000 t 硫和 140 t 铅。据调查显示，1990 年的污染源中，交通运输排放了占氮氧化物总量的 82.9%和二氧化碳总量的 99.2%，工业废气占硫氧化物总量的 88.3%。其中，最大的污染源是汽车。1999年在马尼拉登记的车辆保有量为 320 万辆，并以每年 8.5%的势头增加。而且，增加的汽车大多数是日本、韩国和中国台湾等地的二手车，这些车辆排放的黑烟贯穿大街小巷，在菲律宾成了日常风景线。此外，占汽车保有量 40%的"吉普小巴"等柴油车，纵横穿梭于大小街道，是平民百姓便利的交通工具。亚洲开发银行指出，大气污染引起支气管炎疾患，1 年造成的直接死亡人数为 18 000 人，如果包括间接死亡人数在内，其数量可达 79 000 人，其中，大多数死亡者是居住环境恶劣的贫困阶层和低收入阶层。

在事态这样严重的背景下，1999 年 6 月，埃斯特拉达总统签署了《清洁空气法》（Clean Air Act）。该法规定：到 2000 年底前，禁止使用含铅汽油；削减柴油燃料的含硫量；将无铅汽油的含苯量削减到 2%以下；全面停止使用会产生二噁英等有害物质的垃圾焚烧炉。环保团体"绿色和平组织"高度评价了该法律，称其为很有远见的法律，是"环境保护对策的试金石"。但是，菲律宾壳牌公司（Philippine Shell）、加德士公司（Caltex）以及石油公司（Petron）这三大企业强烈抵制该法执行，该法的宗旨实际能在现实中贯彻多少，尚需拭目以待。

3-2 水污染

随着经济发展和工业化进程，水污染也在加重。对于有害物质的排放，尽管有《有毒物质、危险品和核废料控制法》（1990 年）进行了规定限制，但几乎没有什么实际效果，不能说是有了根本性对策。例如在全国 421 条河流中，在生态系统中归入"死亡河流"的就有 50 条，其主要原因是工业废水的排放。在马尼拉的帕西格河（Pasig）沿岸，矗立着约 150 家工厂，每年排放的废水约为 11 万加仑（gallon）。在马拉翁的图拉罕（Tullahan）河，沿岸至少有 209 家工厂，排放固态、液态等各种形态的废物。1996 年，在马尼拉湾发生了死鱼漂浮事件，大约有 30 t 的死鱼。事件起因是由于氰化物的排放。此外，在菲律宾最大的湖泊拉古那湖（Laguna，又名汽水湖），除了沿岸工厂的废水污染以外，还由于饮用水和工业用水淡化工程项目而围拦河口，造成生态系统的很大变化，捕鱼量不断减少。

在工厂分布密集的地区，由于不确定的污染源造成的污染事件屡屡发生。大部分情况是，在造成了严重损失之后，污染源才得以确定。随后，NGO 和新闻媒体等开始大力宣传，政府才被迫采取一定的污染治理对策。在莱特岛的帕萨尔炼铜厂，排放砷、硫、铜、锌、镉、汞等污染物，造成了"原因不明病"而导致的死亡事件，就是这种事例之一。

近年来，不仅是工业固体废物，随着城市化进程和消费文化的渗透作用等，生活垃圾也成了庞大的污染源。在菲律宾，几乎没有什么垃圾处理设施，马尼拉首都圈每天产生的生活垃圾约 6 379 t，收运后只是堆放在皮纳格巴哈坦（Pinagbahatan）、卡塔门（Katamon）、柏雅塔斯等处的垃圾场。穷人们从垃圾中回收瓶子、易拉罐、废铁、塑料等可再生利用的物品，他们在垃圾场周围聚居，从而形成了贫民窟。在收运来的垃圾当中，实际上也含有很多危险废物。直接接触这些物质，或饮用受其污染的地下水，会导致周围不少居民身患疾病。有报道称，如在柏雅塔斯地区，无肛门的畸形儿出生率非常高。

3-3 能源政策

在工业化进程中，充足的电力供给是不可缺少的。自 20 世纪 80 年代到 90 年代初，菲律宾经历了慢性的电力短缺。为解决这一问题，政府在 90 年代将发电站建设定为最优先项目之一。在阿基诺政权之后直到 1995 年的大约 10 年间，能源总需求量以每年 9.3%的平均速率增长。石油火力发电占电力供给的一大半。以下从环境角度介绍煤炭发电和地热发电的状况（见表 3）。

表 3 能源消费量变化（1980—1995 年）

单位：Mtoe（百万 t 油当量）

	1980	1985	1990	1993	1995
石油	73.0	46.6	77.7	96.0	114.0
煤炭	1.0	8.4	6.9	8.6	9.6
水力	5.9	9.5	10.5	8.7	10.7
地热	3.5	8.5	9.4	9.8	10.6
总计	96.9	92.6	120.6	136.8	163.3

摘自：IBON，*The State of the Philippine Environment*，1997.

煤炭发电，由于烟气中所含的氮氧化物、硫氧化物、粉尘和烟尘在空气中扩散，以及冷却水的排放等问题，给周围环境造成了重大影响。煤炭发电导致植物枯萎、地下水污染、捕鱼量下降、支气管炎患者迅速增加等环境问题。菲律宾与日本企业合资共建的卡拉卡（Calaca）发电站，位于八打雁省（Batangas），1984 年开始运行。该案例得到国内外新闻媒体的普遍报道，相当有名。之后，卡拉卡 2 号机组相继建设，位于赞巴勒斯（Zanbales）省的马辛洛克发电站于 1998 年也开始运行。有报道称，在马辛洛克周围，废水引起了珊瑚礁白化现象。1999 年，关于东内格罗斯（Negros）省建设 5 万 kW 规模的发电站，当地居民组织了反对运动。

对于处在火山地带的菲律宾来说，地热是极具魅力的能源。据资料显示，至少有 400 万 kW 的发电能力。但是，地热发电需要大面积的土地，而且还会引起森林破坏和土壤侵蚀。提维（Tiwi）地热发电站（位于南甘马粦省）占地面积达 81 hm^2，重金属污染了附近的维西汤那伽（Visitang Naga）河。受到大范围反对建设运动冲击的阿波（Mt.Apo）山地热发电站，占地 450 hm^2，1 号机组（4.7 万 kW）在 1997 年运行，2 号机组（4.8 万 kW）于 1999 年运行。该电站建设不仅破坏了自然环境，甚至威胁到以阿波山为信仰对象的马诺伯（Manobo）族等少数民族的生存。

此外，这种大力开发煤炭和地热利用的背景同菲律宾背负外债问题也有关系，也就是说，菲律宾政府通过尽力利用国内供给的能源，来努力减少贸易支出。

3-4 矿业

菲律宾蕴藏着丰富的矿产资源。金和铜的储藏量均列世界前 10 位。在菲律宾经济中，20 世纪 70 年代下半期到 1980 年这段时期是矿业发展的鼎盛期。期间，矿业出口平均占出口总额的 20% 以上。但是，受到全球经济等的影响，铜在 1981 年，银在 1982 年，金在 1987 年以后，都呈现出缩小趋势。在 1993 年，运行中的矿山有 23 座。为了振兴萧条的矿业部门，政府于 1995 年制定了《矿山法》（Mine

Act），允许外资 100%出资矿山产业。

从环境方面来看，菲律宾的很多矿山的管理都处于漏洞百出的状态。1985 年，碧瑶（本格特省）金矿排放了大量废渣进入河流，废渣淤积在下游 3 个省的灌渠和水田里。20 世纪 90 年代也多次发生类似事件（关于这点，参看本书第 III 部资料解说篇［15］《扩大的矿业生产与矿业公害》）。其中，1996 年马林杜克矿业公司的塔皮安（Tapian）铜矿（当时由加拿大出资 40%，政府出资 60%；后来，政府将股份转让给民间企业）的废渣大量流入莱莱湾（Laylay），该事件的发生，成了从根本上改变矿山管理状况的一个转机。该铜矿山自 1975 年以来，连续排放废渣 14 000 万 t，在海上形成了绵延 5km 长的砂洲，把卡兰坎（Calancan）湾一分为二。该事件遭到许多居民和 NGO 的批判，环境资源部也对马林杜克公司采取了严厉的处罚，命令其停止运行并清除废渣。之后，塔皮安铜矿被迫关闭。同年，环境资源部以倾倒废渣为由，关停了东内格罗斯省的马里卡班（Maricaban）矿。在政府振兴经济政策的背景下，对正在向前发展的矿产业实行这种全面的矿山管理，其意义不容小觑。

但是，废渣流出和倾倒事件后来仍不断反复发生。1999 年 4 月，从北苏里高省的马尼拉矿业公司流出了约 70 t 废渣，淹没了位于下游的 17 间房屋和 51 hm² 水田。河里发现了大量死鱼，也检出了氰化物。发生此类严重事故的原因是，许多企业为了节省成本，采取露天开采方式，从而产生大量土砂和废渣。

借助舆论力量，环境资源部在环境保护方面向前跨出了一大步，但是，在同产业界及其背后支持的政府部门与政治家的对抗中，是否能够继续采取以往的一贯对策，今后仍是值得关注的问题。

4 宿务—保和地区的开发与环境

下面，介绍近年来大规模推进开发计划的宿务—保和地区（中部西米沙鄢地区），仅次于马尼拉首都圈的社会现状和环境破坏现状。这个案例表明，在推进快速经济开发过程中，马尼拉周边地区迄今经历的诸多问题，也都在这个相对有限的地域空间里，短期内骤然发生了。

4-1 宿务—保和概况

宿务省山地和丘陵较多，土壤也较为贫瘠，所以主要作物是玉米，可以说该地区不具备农业发展的条件。由于在山地或丘陵的斜坡上过度地进行开发，引起了森林破坏、土壤侵蚀和洪水泛滥等环境破坏和灾害发生。森林也已经只剩下中南部的高地和中部的国家公园。鉴于该岛蕴藏着丰富的金、铜、镍、磷酸白云石、大理石等矿产资源，在中部地区大规模地推进矿山开发。与此相反，保和岛是谷物丰产地，被喻为中部西米沙鄢地区的粮仓。而且同宿务省一样，除了金、银、铜、铬酸盐等矿物以外，还蕴藏着丰富的大理石、二氧化硅、铬盐等矿物资源。在保和岛，自然环境得到了相对较好的保护，拥有很多令人关注的植物群落和动物群落。另外，还有被称作巧克力山（Chocolate Hill）的特殊地形和自然奇观，吸引了大批游客前来观光。

在宿务—保和地区，虽然推进了快速工业化计划，但绝大多数人还是在从事农业生产，而且其中几乎都是不拥有土地的佃户或是连土地都租不起的雇农。例如，在宿务省，为数不多几个富裕家族拥有几乎所有的土地，很多人都被束缚在半封建的社会关系中。近年来的经济开发计划，使这种状况进一步恶化。在振兴产业的大目标下，农田逐渐转为商业用地或工业用地。政府通过从农民手中掠夺过去农田改革政策时颁发的土地转让证书（CLT）和解放证书（ET），来推进宿务—保和地区的土地用途转换。结果，许多农民和佃户都从自己耕耘多年的土地上被驱赶出来了。

4-2 宿务省的市政全面发展计划（Metro Cebu Development Project）

宿务省根据拉莫斯政权时期制定的菲律宾中期计划——《菲律宾 2000》，制定了自己的发展规划。这是由日本国际协力事业团

（JICA）编制的基本计划（master plan），称作《宿务省综合开发规划（CIAMDP）》，即《宿务 2010》。它是在 1994 年的中部西米沙鄢地区发展协议会上通过的，该次会议还邀请了日本工营公司和太平洋咨询国际公司等开发咨询公司参与。此前的 1991 年，当时的宿务省省长埃米利·奥利托·奥斯米纳（Emilio·Lito·Osmena）曾发表演讲说，"宿务将成为亚洲的下一个奇迹，很快会进入环太平洋'四小龙'（韩国、中国台湾、新加坡、中国香港）的行列"。《市政全面发展计划（MCDP）》是《宿务 2010》的试金石，许多关联项目都在日本海外经济协力基金（OECF，现为日本国际协力银行）的援助下推进。

《市政全面发展计划》的主要目的是：1）通过城市基础设施建设和国外直接投资来推动经济快速增长；2）通过城市功能和工业活动的分散化，均衡发展地区间运输系统等；3）通过创造就业机会和财富的二次分配等，推动社会发展，解决贫困问题。另外，在实施《市政全面发展计划》时，还提出了如下三大战略：

1）工业化：加快工业化发展；优先扶持制造业；服务业的多样化；促进与农业相关工业的发展；高度重视职业技能的训练。

2）国际化：要将宿务同世界经济联系起来；创造有利于引进外资的大环境；振兴旅游业；加强同世界市场与技术之间的汇通。

3）统一整合：统一整合公共部门与民间部门、地方自治体与相关机构、国内外的资金与技术等开发资源。

宿务省基于该计划，特别在 20 世纪 90 年代，推进了一系列快速经济开发政策。

4-3 居民眼中的开发计划

《市政全面发展计划》，是在牺牲地区居民的生活、福利和环境的基础上进行的。为何这么说？因为在宿务，优先考虑的是外资需求、工业化和旅游业振兴等，却没有顾及当地居民的生活现状，导致贫困问题不断恶化。工业园区建设和旅游地开发，进行了大规模的土地用途转换，强迫大量居民迁移，加速了贫困化。按照《计划》要求，建设工业园区需要 3 200 hm^2 以上的土地。如果有了这么多的土地，就足以向 1 000 多个农民提供农田，就有可能进行真正意义上的土地改革。如果这样做了，将有助于解决宿务的贫困问题和城市问题。

在宿务农村，《市政全面发展计划》的推进，也引起了一系列不可饶恕的有关土地用途转换问题。在西海岸建有工业园区的巴兰班（Balamban），数百名农民种植主粮的农田被推土机夷为平地，以用于建设造船设施和电子产品组装厂。在山区的帕尔多（Pardo），为了建造国际级的高尔夫球场和供观光客使用的运动设施，对土地进行了破坏性的转换，结果剥夺了至少 200 户家庭的房屋和生计。在这一系列事件中，甚至还发生了一场悲剧，2 名反对项目进行的农民领袖惨遭杀害。

在多年努力下，终于通过马科斯政权时期和阿基诺政权时期的土地改革政策，将土地归还到农民的手上。但是，被卷入这场开发、沦落为无地的农业雇佣者也很多。结果，农村的土地再次集中到大地主手中。这些大地主们通过不动产业，把土地高价卖给外国企业。根据"农村问题网"的调查，在宿务省从农民手中掠夺的土地，迄今超过了 24 180 hm²。地主和不动产主勾结地方自治体的官员，宣布过去颁发给农民的土地所有证已经无效。西海岸南部地区的工业中心等地区就是最典型的例子。为了引进外资，进行基础设施、道路、国际机场建设等，使数千名城市贫民被迫离开居住的家园，而且还被剥夺了基本生活手段。根据宿务的《市政全面发展计划》，要将大城市宿务转变为超级都市，到 2010 年，要将奥斯曼纳圆环（Fuente Osmena）周边地区发展成为迎接 100 万游客的观光胜地。为了实现这一目标，需要进行大规模的道路扩建或新建。为了确保用地，贫民窟的居民将被赶出城市。

因道路建设而被迫离开家园的人们，95%以上都是居住在垃圾收集场或贫民窟等的贫困阶层。宿务市当局为了道路建设和基础设施建设能够顺畅进行，甚至修订了土地利用有关条例，把许多住宅用地更改为商业用地，结果导致地价飙涨。因此，有的小土地所有者就卖掉土地以获取收益，而另外也有些人因为支付不起变得很高的税金，不得不把土地脱手转让。在居民运动激烈的地区，政府当局将居民强制赶走，或强制拆除房屋。

现在，在宿务市有大小 19 个地区成了房屋强制拆迁的对象。此外，1999 年 3 月，有 8 千多人居住的卡雷塔（Careta）地区的人全部被赶走。因为这些地方已经作为宾馆、公寓以及其他观光设施的预留建设用地。1998 年 11 月，武瑞湾（Butuan）沿岸地区也遭拆迁，因为通过日本 OECF 融资建设的 2 号大桥竣工，需要铺设延长道路。

进而，引起最大问题的是通过 OECF 融资的南部填埋计划（约 330 hm²）以及南部海湾道路建设计划。该项填埋工程十分浩大，从宿务省一直延展到相邻的塔利莎（Talisay），此次工程的对象地区过于庞大，为了获取足够的填埋用土，不仅要铲平宿务的各个山岭，还要从保和或莱特（Leyte）等岛屿搬运更多的沙土。该工程项目的社会成本更大，即使仅在宿务的 3 个行政区，就有 19 000 户从事港口劳动、销售、渔业的人们被夺走生计。

宿务的《市政全面发展计划》对环境的影响也很大。在巴兰班（Balamban）工业园区附近，没有取得《环境遵守证书（ECC）》就运行的工厂，污染了附件的河流或海洋。在帕尔多（Pardo）建设的高尔夫球场和旅游观光设施导致的森林破坏，使得居住在其下游的许多居民遭受了泥石流灾难。省政府推进这种破坏性开发后，所残留下的东西，仅仅是被侵蚀的土地和荡平了的山地、丘陵。

利用本地区丰富资源的产业是矿业和水泥业。国内外许多水泥公司都提交了营业许可申请。据矿物地质局的统计，相当于整个宿务面积 70%、约 36 万 hm² 的土地已被申请作为矿山开发预留地。政府当年为了从农民手中掠夺土地，有效地利用了 1992 年制定的《地域保护法》，但对于矿山开发，自己却又得完全违反该法。因为所有申请用于矿山开发的土地，几乎都是该法指定的保护地域。

4-4　小结

如上所述，在推进快速工业化和经济开发的宿务—保和地区，大规模地破坏了居民的居住环境，甚至威胁到了居民的生存，人权践踏更是家常便饭。同时，工业园区和商业用地也造成了大规模的自然环境破坏。重要的是，像宿务—保和地区那样的状况在菲律宾绝非特例。尽管问题出现方式可能不同，规模大小也许各异，但在推进开发计划的地区都发生了同样情况。这种以经济增长为至上目标的"开发"方式和推进方式，本身都是应该受到质疑的。

5　关于利用自然资源与环境保护的法律制度

5-1　宪法中有关环境的规定[1]

菲律宾宪法和其他自然资源利用、开发、管理相关法律内容，可整理如下：

1）有定义国家对于资源所有权、土地划分、转让土地和自然资源的国家权限的法律；

2）有关于自然资源利用、勘探以及开发的法律。国家对于环境保护、保障国民基本自由等负有责任；

3）有基于地方自治法，规定了更具责任和透明性的地方自治以及地方自治体的法律。这些法律赋予了各地方自治体在自然资源管理方面更大的权限、权威和责任。

自然资源开发与使用的基本政策，采用"诏书主义"这种法律概念来表述。该概念是西班牙征服菲律宾时候带入的，到美国殖民时代以后也继续沿用。即，菲律宾领域内所有自然资源均属国家所有。依据此概念，个人的土地所有权是由国家授予的。

宪法，关于自然资源的勘探、开发、利用，有如下一些指引：

1）国民主义：所有形态的自然资源利用的权利只赋予菲律宾公民或菲律宾公民占多数的事业单位。

2）资源的民主利用：农民、森林居住者、散户渔民等直接利用资源者，基于现行法律，保护其为了日常生活需要而继续利用这些资源的权利。这里，宪法关于资源小规模利用的概念作为资源利用的一种形态被引入。

3）社会公正：关于自然资源的开发和管理，宪法要求保护社会弱势群体，保障他们利用土地和其他资源的权利。

4）资源利用有以下几种形态：

①国家直接利用；

②菲律宾公民和法人可按以下任何一种合同形式加以利用：

a）共同生产合同；b）产品分配合同；c）合资合同。

③与菲律宾公民或协同组织一起合作的小规模利用合同。

5）国民在平等健全的环境中享受权利：宪法第 2 章第 16 条规定，要保障国民"在与自然相协调的平等健全的环境"中享受权利。国家政府需要保护且增进公民在稳定健全的环境中拥有的权利。在奥伯萨（Oposa Factoran）法院，最高法院拥有关于环境的宪法解释权。最高法院表明，"对于稳定健全的环境的权利"是自明的权利，是宪法规定的诸多权利中最为重要的权利之一[2]。

6）正当程序条款：宪法规定，公民的生命、自由、财产在受到不当侵犯时，有权要求正当的法律条款保护。拥有政府颁发的产权证明[3]的土地所有者或占有者，因资源开发或勘探行为而使其利益遭受侵害时，可以要求正当的法律程序条款保护。

7）基本自由：除正当程序条款外，重要的还有知情权和参与权。据此，国家承认青年、女性、劳动者、原住民、NGO 以及地区、职场、居民组织的权利，并要寻求确保这些权利的实效。对于知情权，由第 89 号行政命令《关于信息透明性与获取的政策（1993 年 5 月）》规定，国家制定的政策是信息完全公开。这些政策是地区各团体参与制定、遵守和管理政策或资源管理计划的依据。

另外，从事环境行政的公共机构，如表 4 所示。

表 4　环境相关的主要的行政机构

总统府	对所有行政机构有管理权，可涵盖各行政机关在法律执行上的决定
环境资源部部长	部长为省长，管理自然资源和环境相关法律的实施
环境资源部	在现场指挥实施环境资源部的计划和政策

地方（District）负责人 省负责人（PENRO） 地域负责人（CENRO）	进行监测活动和教育活动，对违法者进行逮捕和起诉
农业改革部	关于土地用途转换的诉讼
住宅土地利用规划局	关于土地利用转换，特别是把农田转换为其他用途时发挥重要作用
农业部渔业和水产资源局（BFAR）	对镇级单位以上的水域范围内的渔业和水产资源有执法权
司法部（中央、省、市的检察院）	对于违反环境相关法律的，司法部承担起诉责任
地方自治体（省、市、镇、小型行政区）	省和市有权授予采石许可证。镇有管辖行政地区内水域的权力。小型行政区官员作为保安官，有权逮捕污染者、森林海洋湖泊的破坏者
矿物地质局（环境资源部）	处理地质、矿产资源勘探、开发和保护等方面的相关问题的主管机构
环境管理局（环境资源部）	处理环境管理与保护、公害管理相关问题的主管机构。环境影响评价（EIA）也主要由该部门负责
保护区野生动物局（环境资源部）	拥有处理生物多样性以及保护区有关各种问题的权力
公害诉讼委员会（环境资源部）	有处理公害诉讼权力的准司法机构
森林管理局（环境资源部）	森林开发与保护的主管机构
土地管理局（环境资源部）	进行国有土地划分、管理和处理。有颁发在沿岸土地建造养鱼池、养鱼池测量和图面绘制等许可的权力
菲律宾海上保安队	商用渔船的登记和资料管理，以及基于第 600 号总统令（后根据第 979 号总统令修订），进行海洋污染防治与管理。从事渔业执法，进行巡逻，逮捕违法者
海洋产业局	处理外国渔船的租借合同等
菲律宾海上国家警察	渔业执法，特别是进行巡逻，逮捕违法者并起诉
经济信息调查局	关于环境法的执法，对违法者进行逮捕或起诉
保护区管理局	对保护区和保护公园的特殊资源进行管理
水产资源管理委员会（FARMC）	执行对若干小型行政区、港湾地区、湖泊地区的土地政策进行立案和管理

摘自：Grizelda Mayo-Anda.

5-2 环境与地方自治法[4]

宪法中对地方自治做了相关规定，而在地方自治法中对地方自治作了更为详细的规定。在第 7160 号共和国法，即《1991 年地方自治法》第 3 条（i）规定，"地方自治体同中央政府一起，有管理和维护行政地区内自然环境平衡的责任和义务"。第 17 条规定，"将一些自然资源管理方面的权限，从自然环境资源部转让给地方自治体"。此外，关于资源环境保护方面还有如下规定：

"所有的地方自治体都应该为增进公民的综合福利行使不可缺少的权利，必须保证公民在均衡的环境中享有权利"。（第 16 条）

"对于实施可能引起公害、气候变化、不可再生资源枯竭、农田、指定地区或森林破坏、动植物物种灭绝等的项目或计划时，与上述活动有关的所有政府机关、政府企业、政府管理下的企业，都有义务向地方自治体、非政府组织、其他有关团体，说明这些项目或计划的目的、对居民和环境将带来的影响以及防止其恶劣影响到最低限度的措施等。"（第 26 条）

"这些项目或计划在实施之前，必须进行事前的说明、对话，并要求取得有关地方议会的批准。"（第 26 条）

关于对决策的参与，地方自治法有如下规定：

a）NGO 或居民组织的代表在所有的议会、自治体联席会、委员会中应占有议员的席位；

b）对于自然资源利用和管理的有关计划必须基于当地居民的意愿而制定；（第 120 条）

c）由渔民筹划制定的，跨几个自治体的资源利用计划，需要通过小型行政区联席会来实施。（第 491 条）

5-3 执法上的问题

菲律宾制定了很多有关自然资源的法律，同时，相应地执行这些法律的机构也很多。这些行政机构的权限重叠现象在菲律宾很普遍。因此，很难从总体上对自然资源进行综合的系统性管理。例如环境自然资源部有保护红树林地域的义务，但另一方面，农业部渔业水产资源局又负责批准养殖场的建设（该项建设是破坏红树林的元凶）。

由于在行政上和组织上存在诸多问题，妨碍了行政机关的有效执法。主要问题有：很多机构之间合作体制不完善、对获取自然资源方面欠缺融通性、中央集权的管理体制、财力以及优秀的热心的人才等各种资源不足。表5和表6整理了法律在执行和裁决时出现的各类问题及其对策。

表5 环境相关的法律执法时出现的各类问题以及对策

问题点	考虑的对策
对于相关的环境法规理解不充分 对于逮捕违反环境法规者的正当程序以及诉讼程序理解不足	①对相关负责人进行继续教育； ②通过动员居民领袖或渔业水产资源管理委员会（FARMC）等居民组织，补充政府的执法力度
缺乏对裁决制度以外的有效应对方法的探索努力	地方自治体制定一些可进行行政处罚的相关法规
行政机构之间相互合作和协调能力较弱 很多行政机构的权力、义务都存在重叠现象	强化多元性机构，加强市民的监视作用 ①进行机构间的意见交流和协调； ②行政机构间交换详细的合作协议备忘录
预算资金不足	通过与省议会、镇议会或财团等的代表进行交涉，或者通过进行大厅活动，以确保支持执法活动的经费

摘自：Grizelda Mayo-Anda.

表6 关于起诉环境违法者时出现的各类问题与对策

问题点	考虑的对策
起诉手续延迟	设立从整理证据书面资料到起诉的专门负责人员或团队
缺乏法官（特别是孤岛地区） 除工资低之外，由于法院所在地距离市区较远，缺乏法官后继人员	①主要机构对于法官协会继续进行培训； ②采取措施在各城镇积极雇用法官

问题点	考虑的对策
因审理的长期化或害怕被骚扰等原因，使证人不愿意出庭作证	建立援助证人制度（保护证人计划）
法院的调查、分析、监视、评价不充分	建立监视评价体系
政府机构以及官员对于环境法认识不足	通过论坛、研讨会、会议等，对从事法院工作的人才进行继续教育和对话培养
法院对 NGO 专属律师应诉施加限制	关于环境犯罪的起诉，呼吁法院颁布通告承认民间律师的指定或代理

摘自：Grizelda Mayo-Anda.

地方自治法、菲律宾渔业法和新矿业法赋予地方自治体以很大的权利，在建立环境保护的共同管理体制的基础上，希望能取得积极效果。但是，实际情况并非如此。由于经费和优秀人才的缺乏、技术的落后、当地政治家的影响力等原因，对于有些案例，政府只能采取被动的应对。

另一方面，关于在自治体条例的制定和执法方面，也应该铭记，需要促进与 NGO 和当地居民的合作。在巴拉望岛的普林塞萨市，NGO 的"环境法咨询中心"（ELAC）参与了渔业条例的制定，还设置了为反映当地居民心声的居民咨询窗口。在普林塞萨市和巴拉望岛北边的科隆岛，当地渔民和少数民族部落也积极参与，对非法捕鱼、非法砍伐、非法采矿以及引起公害等环境违法行为进行监督活动。

5-4　小结

对于法律体系以及执法上出现的各类问题，需要对现行法律和政策重新审议，制定更加妥当、更加符合现状的政策。同时，当地居民要接受来自 NGO、官员和政府机构的援助，对环境保护进行重新审议，构筑可推进资源管理和可持续发展的合理机制。

关于政策立案和相关的环境法规的实施，NGO 应该通过评论相关事物的手段，引导地方自治体和居民，向有效的、可行的自然资源管理和监督方向发展。

6 结语

现在，菲律宾以成为新兴工业化经济体（NIEs）为目标，正在积极推进经济开发政策。许多人勤奋努力地进行着经济活动，并深信经济增长能使每个人都变得"富有"，能克服并解决贫困问题导致环境破坏等神话。近年来，总算摆脱了长年的萧条状态，经济在不断增长并趋于稳定发展。然而，如前所述，伴随着经济开发，菲律宾的自然环境迅速恶化。而且，环境破坏的受害者大部分集中在贫困阶层。实际上，贫困阶层是被排除在开发项目之外的。

另外，以宪法为主，相关的污染对策和环保法律制定并不逊于一些发达国家。但是，法制建设完备，并非意味着环境行政得到发展。在许多发展中国家存在类似状况，特别是在菲律宾，由于残存着大土地所有制等社会结构、政治、权力结构方面的半封建因素，这种趋势可以说更加明显。这些是现在不断讨论的环境技术对策无法解决的问题。

尽管如此，最近，NGO 和市民运动正在现实政治生活中缓缓地发挥着作用。在有限的各种环境法制建设的背景下，不可忽视这种动向的出现。总之，同问题直接相关的市民和居民的意见，在多大程度上能反映到政策实施过程中，这对于菲律宾今后的环境保护，是最重要的课题。此外，作为更为根本的问题是，需要重新审议迄今一直破坏环境的、侵犯人权的、所谓"开发"的内涵及其应有的状态。

（责任执笔：太田和宏，Grizelda Mayo-Anda，Geraldine Labradores）

第 2 章

越 南

Socialist Republic of Viet Nam

照片为越南北部山区地带，巨大的树木消失得无影无踪。现在，在越南，造成最大规模人员伤亡事故的环境问题是日益严重的森林破坏和洪水灾害。

照片提供：高桥佳子

1 引言——改革（Doi Moi）与环境问题

在越南国土上，经历过剧烈的震荡。从长达 30 年的战争、近 20 年的南北割据到战后的经济崩溃，之后又从社会主义的国家计划经济向市场经济转变。在这种历史进程中，对于越南来说，战争时期最重要的任务是国家独立与统一，而战后则是经济发展最优先。

因此，不得不说，环境保护常常要让位于经济发展。在越南，尽管自然破坏起始于殖民时代，但直到近年，"环境问题"才总算作为一个新产生的问题开始受到社会关注。

1986 年 12 月，越南共产党提出的改革（doi moi）路线，其主要思想为：1）民主化和公开化；2）对外开放；3）引进市场经济体制。这条路线对于国内的环境问题也造成了不小影响。

首先，通过对外开放，越南变成外国工业产品的市场。结果，越南由没有经历过工业化大量生产的阶段而一跃成为大量消费和大量废弃的国家。同时，越南共产党中央和政府不得不应对国外对于环境保护政策的批评和监视。

另外，市场经济路线下的"工业化和现代化"政策，也引发了越南未曾经历过的环境污染。在这个意义上，环境问题也得以"发展"，变得"现代化"了。相反，环境问题信息公开和公众参与环保活动等，在一定程度上受到了限制，致使民主化和公开化出现落后现象。

2 环境问题的历史背景

2-1 自然环境与近代开发的可能性

● 丰富的自然与资源

越南呈细长 S 型分布在印度支那半岛（中南半岛）东侧，国土面积约 330 363 km^2，相当于日本除九州岛以外的国土面积。农田面积约为 6 914 000 hm^2，占国土面积的 20.9%；森林面积约为 9 768 000 hm^2，占国土面积的 29.6%。越南地形复杂，几乎都是高地，其中，山岭与高地面积占国土面积的四分之三。

越南这种得天独厚的自然环境潜藏着现代化开发的可能性。首先，全长 3 260 km 的海岸线，赋予越南从事港口贸易的有利条件。而且，越南还拥有 2 个肥沃的耕地区域，分别在北部的红河三角洲（15 000 km^2）和在南部的湄公河三角洲（6 万 km^2），特别是湄公河三角洲，很少受到台风袭击，可进行三季耕作。此外，越南以虾为主的海产品、煤炭、铁矿石等矿产资源都很丰富；而且，东金湾（河内，Dong Kinh）、南海大陆架蕴藏着大量的石油等资源，这些有利于吸引外资的资源蕴藏都很丰富。

越南国土在南北方向上狭长，北部和南部之间的气候差异很大，有明显的雨季和旱季之分，年均降雨量为 1 500～2 500 mm，其中雨季降水量占 65%～80%。

表1 越南的土地利用结构（1991 年）

单位：10^{3}hm^2

国土面积	33 036.90	100%
农田	6 914.10	20.90%
内耕地	5 526.80	16.70%
旧耕地	860	2.60%
牧场	323.4	1.00%
水田	173.6	0.50%
森林	9 768.80	29.60%
天然森林	9 116.40	27.60%
造林用地	652.4	2.00%
特殊用地	1 659.10	5.00%
其他土地	14 694.80	44.50%

摘自：飞跃发展的越南——面向工业振兴与投资促进的合作，通产资料调查会，1993 年。

湄公河、红河和黑河，再加上中小规模的河流，河流总长度约为 41 000 km，河流面积达到 653 566 hm²。其中，长度 10 km 以上的河流有 2 860 条，流入全长 3 260 km 的海岸线。尽管可通航的河流不过 19 500 km，作为抗洪和防旱对策，已在湍流众多的河流建设了若干水库，这对电力开发和农业生产发展具有很大作用。

● 法国殖民时期的开发

19 世纪末，印度支那是法国的殖民地，法国最早注意到了越南近代开发的可能性，并推进了其基础设施建设。在总督 P·道莫尔（Paul Doumer）巩固了远东政策的财政基础后，法国把印度支那看作是政治上的"太平洋舞台"和经济上的"珍珠殖民地"，积极推进殖民地经营。

法国把越南分为北部东金（Tonkin）、中部安南（Annam）和南部交趾支那（Cochin Chine）3 部分，实施了铁道建设和道路建设规划等，还进行了大规模的土木工程，建起了现代化的城市和工厂。而且，为了开发资本主义农业，在南部和中部地区，法国铲平了森林，使其转变为种植橡胶、咖啡、茶叶等的种植园。进而，红盖（Hong Gai）煤炭等矿山也得到了开发，对于法国而言，越南作为重要的原料供给地显示了更高的价值。

然而，当法国关注越南水资源计划进行水电开发并着手调查的时候，第二次世界大战爆发了。之后，发生了第一次印度支那战争。这些情况导致法国殖民地政府设想的现代开发计划以失败而告终。

2-2 法国殖民时期的森林荒废与保护政策

● 法国的森林政策

殖民地时期，"森林"占越南面积的一大半。在所谓"森林"中，其实大部分并非树木，而是热带地区特有的高草草原或树木零星分布的稀树草原。由于原生林分布密集，很难进入里面，因而相对宽广、整齐繁茂、人迹可到的森林，便成了首先开发的对象。

尽管热带植物繁茂旺盛，种类丰富，但在殖民地经营下，最初的木材产量很低。原因是交通运输不便，砍伐搬运困难，以及法国人不熟悉越南居民、特别是山区少数民族的语言、风俗以及当地情况，这些都不利于开展交易。更重要的原因是法国人关注的是资本主义方式的农业经营和矿山开发，而并非热带雨林的现代化管理运营。

因此，林产业是由中国人和越南当地居民以小规模方式经营，砍伐方式也无任何改进，森林开发十分落后。此外，由于殖民地政府起先并没有采取任何森林管理政策，结果毫无限制的砍伐和少数民族的"火种"（烧田），导致一片片森林以惊人的速度消失了。

● 林务官制度与森林保护政策

1900 年，殖民地政府在越南设立了森林局，法国人担任林务官，主要负责监督砍伐和征收税金，取缔盗伐现象。此后，开始进行森林调查、绘制森林地图、计算森林面积、确定森林等级并划分林地和荒山。

但是，派往广袤森林地区的林务官数量是相当有限的，森林局也只是单纯发挥征税机构的功能。河流上设置的一些检查站，在对于上游飘流下来的木材征税过程中，贿赂等违法行为常有发生。

在交趾支那，地势较为平坦，木材砍伐和搬运都比较容易。由于开垦农田、森林火灾、乱砍滥伐等，导致森林荒废现象也很严重。为此，当局开始采取一系列控制措施，如限制砍伐、从柬埔寨和安南进口木材、派遣优秀的林务官、启动植树造林活动。最终，位于金瓯（Ca Mau）南部的红树林得到了有效保护。

在东金，因木材市场交易低效和浪费性的砍伐，导致木材变得极其缺乏。这是由于木材商缴纳砍伐税获得砍伐许可证后，雇佣当地居民进行砍伐，而伐木工人为了运输方便，不砍伐较重的成年树木，而选择中龄树木砍伐。此外，有时从伐倒的六七棵树木中，只取走两三块板材，剩余的都遗弃不管。这种浪费性砍伐现象十分普遍。

伐木工把砍下的树木做成圆木运到河流，再编成木筏漂送到下游，漂送过程中被拦截的树木则置之不管。另一种轻松的工作方法是放火烧林，收捡烧剩的木材，有些人每年都在不同的土地上重复这种作业。这完全不同于农业上为了维持一定休耕周期的流动性的火种法，这样的烧林严重破坏了森林。有的居民只砍伐最大直径10厘米左右的小树干作为薪材，这也是导致森林资源枯竭的原因之一。

表2　各地区森林比例的变化

| 地区 | 土地/ 10^3hm^2 （1991年） | 森林/% | | 每年森林破坏率/% | | | 不毛之地/% |
		1943年	1991年	1943—1973年	1973—1985年	1985—1991年	1993年
北部山区	7 645	95	17	2.40	3.90	(0.30)	60-65
河内-海防	3 982	55	29	1.00	4.50	(0.30)	27-33
红河三角洲	1 030	3	3	0.90	6.70	0.20	5-14
北部中央沿岸	4 002	66	35	0.70	2.30	(0.40)	40-44
南部中央沿岸	4 582	62	32	1.40	2.30	(0.10)	42-49
中部山区	5 557	93	60	1.40	0.10	0.30	25-32
胡志明市及其周边	2 348	54	24	0.40	3.70	1.40	23-34
湄公河三角洲	3 957	23	9	1.80	3.00	(0.10)	12-21
合计	33 104	67	29	1.60	2.50	0.00	35-42

注：农田-7008×10^3hm^2（21%），森林-9 617×10^3hm^2（29%），不毛之地-12 062×10^3hm^2（36%），其他-4 417×10^3hm^2（14%），均为1991年土地利用状况（单位：10^3hm^2）；（）内的数值为森林的比例。

摘自：Viet Nam：*Environmental Program and Policy Priorities for a Socialist Economy in Transition*，The World Bank，June 1995.

如此严重破坏森林的结果是，迫使需要大量木材的矿山和与水泥相关的地方企业不得不进行广泛的植树事业。自1908年以来，东金林业局一直在尝试植树造林。首先，在河江（Ha Giang）街道宣光（Tuyen Quang）的郊外，种植柚木树苗，在1923—1926年期间，以华平（Hoa Binh）为首，在大部分的森林站附近，分散地种植了树木。树龄约 60 年的柚树可以作为船木、建材以及精致家具用材，而树龄 12 年的树木可以用作矿坑支柱和房屋立柱。

广安（Quang Yen）地区的东金松，因政府限制了每年的砍伐量而得到保护。此外，林务局给在长势良好的松林地带采集树脂的工人提供技术指导。在富浪（Phu Lan Thuong）的松苗栽培地带，1932 年约有 100 万棵松树被保护下来。

林务官的录用方法也得到了改善，1930 年颁布了森林行政领域的基本法《林业法》。在殖民地政府的管理下，对森林进行了定级，确立了有计划的砍伐制度，森林资源的开发取得了显著进步。

然而，总算开始的森林保护和有计划开发，被后来的战火阻碍了发展。

2-3　战争的创伤

● 落叶剂及其受害者问题

越南战争期间，美军和南越军队为了扫荡开展游击战的解放力量，用飞机喷洒落叶剂，让作为解放力量活动与藏匿基地的浓密森林全部枯死。飞机喷洒的主要地区是中部山区和湄公河三角洲。在落叶剂喷洒地区，暴露于落叶剂下的居民和士兵，遭受癌症和各种后遗症之苦，即使在战后，也仍出现大量的畸形儿童（参见[专栏 1]）。

1980 年 10 月，越南政府针对落叶剂的危害问题，成立了"10-80 委员会"，专门负责调查研究。政府的工人残疾军人社会部（Ministry of Labour, Invalids and Social Affairs），于 1999 年 6 月，首次开展对于全国范围落叶剂危害的实况调查。在全国 55 个省和直辖市共 10 300 个地区，调查员进行了居民问卷调查。

在日本，一般人都认为越南受害者主要是落叶剂危害造成的，实际上受其他原因影响的也很多，如营养问题、卫生问题以及战争伤害和后文将述的战后残留地雷造成的伤害等等。在贫困家庭，由于母亲妊娠期间的营养不良和病患，以及因缺乏相关知识导致不当用药产生先天性畸形儿的事例也很多。而且，由于环境不卫生，有的孩子在成长过程中患上日本脑炎等遗传病，受到后天的伤害。现在的越南，受害者问题也同社会贫困导致的教育不足和环境、卫生问题等，有着密切的关系。

● **哑弹和地雷**

越战期间，整个越南共投下 1 300 万～1 400 万 t 炮弹和炸弹，造成弹坑多达 2 500 万个，表土流失高达 300 万 m^3。而且，为了建设军事设施等，很多森林和耕地都被军用推土机严重摧毁了。在当年的前线地带以及同老挝—柬埔寨接壤的国境线地区，曾经埋设过大量地雷，即使到现在，居民因残留地雷造成的死伤事件仍不绝于耳。在位于越南南北分界线北纬 17 度附近的广治（Quang Tri）省，估计至今仍有 15 000 颗以上的残留地雷。

此外，空袭时投掷的哑弹仍然遗弃在市区，威胁居民的正常生活，也妨碍城市建设。被遗弃在森林地区的哑弹有的会自然爆炸，引起森林火灾等事件。1998 年 7 月，在广治省，地下的凝固汽油哑弹，因酷暑而自然爆炸，烧毁森林 30 hm^2。在省会城市东河（Dong Ha）也发生过几次哑弹爆炸事件。自 1998 年初开始，该省接受德国援助，推进了清除哑弹和地雷工作。同年 9 月，越南在美国非政府组织的援助下，成立了第一个地雷受害防治中心，针对哑弹和地雷的危险性，开展宣传教育活动。

2-4　改革后的社会变化

● **经济结构的变化**

20 世纪 70 年代后半期，由于经济指导政策失败、与诸多邻邦纠纷以及外国援助停止等原因，越南面临严重的经济危机，特别是粮食匮乏危机。为此，政府采取了"新经济政策"，试图有效利用国内的资源和劳动力。对于劳动者，采取了物质刺激政策以提高生产力，如提高农产品的政府收购价格，承认所有产品可以自由销售的生产承包制等。

采取改革路线以后，越南谋求经济结构的根本性改革，除了继续认可以前的国营和集体经营之外，也开始允许私营企业的经营活动。1994年1月改革路线正式实行后，在越共全国代表大会上，确立了推进"工业化和现代化"的目标。此后，在国家计划中明确了一系列构想，如在北部、中部和南部分别建立重点经济开发区，通过 ODA（官方开发援助），进行基础设施建设，引进外资完善工业基础建设，以及开发观光资源等。

改革前，关于生产方式的所有制，只认可"全民所有"（国有）和"集体所有"。实行市场经济体制后，开始认可个人所有和外资所有等多种所有制经营模式。虽然土地为国家所有，但政府允许土地的长期使用权和转让权以及土地以外的生产方式。结果，又带来了新问题，即如何协调个人对于土地、生产设施、资材等财产权的保护同环境保护之间的关系。

● 物质生活的急剧变化

20世纪90年代上半期，经济改革的效果开始在国民生活中明显地表现出来。此前，人们的日常生活中，自发性地节约物资、有效利用和回收物资，这都是司空见惯的。例如对于圆珠笔和一次性打火机等，重新充填笔墨或燃料再反复使用，这属于理所当然之事。

后来，随着国民购买力的提高和物质生活的丰富，不可再生的以及不能生物降解的材料制成的生活日用品开始增多。同时，又出现了新问题，塑料日用品和合成洗涤剂等的普及，增加了废物产生量，污染了河流水质。

1996年，越南经济增长率超过9%，创造了GDP增长的新纪录，但经济增长的特征是外资依赖度过高，偏重于发展服务业，国民的生产力并未见有显著提高。市民生活中出现了一些新现象，如购买外国产品超出自己的需求、过度依赖电气设备、石油能源设备以及电子设备等。

3 环境破坏现状

3-1 农村和山区

● 森林破坏现状

据称，越南"在过去 25 年里，每年丧失 35 万 hm^2 的森林"。在二战之前，越南近一半的国土被森林覆盖，但到 1999 年，森林面积仅剩下 1 000 万 hm^2，覆盖率不到国土面积的 30%（见表 4）。

越战后森林面积锐减的原因有：1）随着人口增加，对燃料和木材的需求在增加；2）不充分采取休耕期的非传统"火种耕作"的扩大；3）从平原到山区的移民政策造成的无计划开拓；4）巨型木材和珍贵木材的乱砍滥伐；5）森林火灾；6）木材走私，等等（见表 3）。

表 3　年森林破坏的原因

单位：$10^3 hm^2$

	山火 1990 年	火种耕作 1991 年	薪材 1992 年	木材砍伐 1991 年	薪材外燃料
北部山区	0	35	115	17	52
河内-海防	0	10	11	23	33
红河三角洲	0	0	33	5	5
北部中央沿岸	1	7	96	4	12
南部中央沿岸	0	15	46	4	19
中央山区	4	95	69	8	107
胡志明市及其周边	2	15	78	4	21
湄公河三角洲	11	3	32	13	27
合计	18	180	480	78	276

摘自：同表 2。

表 4　森林状况的变化

单位：$10^3 hm^2$

	1991 年	1993 年	1997 年	1999 年
国土面积	33 036.90		33 111.60	
森林	9 768.80	9 641.2	9 302.20	10 582.5
天然林	9 116.40	8 841	8 252.50	8 892.5
人工林	652.4	799	1 049.70	1 690
比例	29.6%	29.10%	28.10%	31.90%

摘自：1993 年度：*Vietnam's Studies*，No.3，1998（129）.
1997 年度：Dr. Do Dinh Sam，*Forestry Policies of Vietnam and the Role of the People's participation in Forest Capital Protection and Development*，*Forest Science Institute of Vietnam*.
1999 年度：*Vietnam Investment Review*，1998. 11. 02-08. Bich Ngoc，《1999 年植树造林计划》。

1998 年，越南全国共发生 1 542 起森林火灾事件，丧失了 19 124 万 hm^2 的森林，规模是上年的 6 倍左右。1999 年 1—4 月，森林火灾事件 235 起，毁林面积 4 800 hm^2，火灾事件几乎都发生在北部和中部的山区。火灾原因有，大范围的农田"火种"耕作、气温上升、哑弹自然爆炸、人为放火等。此外，还同消防队的能力和消防设备不足、行政管理水平低下等因素有关。通过政府的行政措施，1999 年火灾次数在一定程度上得到控制，但也有些地方因降雨量减少，火灾规模反而扩大。

由于森林消失，导致土壤污染，同时，河流生态系统破坏加剧，生物多样性降低，这些都令人担忧。河流汇水区的红土遭到侵蚀，土壤中的有机质、氮、磷、钙、锰等养分流入河流。在水库和蓄水池，红土堆积，沉淀物增加，结果导致蓄水量减少，水库使用年限缩短，给治水和水力发电带来负面影响。

● 洪水灾害的扩大

从夏季到秋季，越南的北部和中部地区是台风的必经之路，由于森林面积逐年锐减，导致因台风引起的洪水灾害范围不断扩大。

1996—1999 年间，发生的水灾是历史上最为严重的。

台风袭击所造成的破坏规模很大。1996 年，造成 965 人死亡，885 人受伤，117 人下落不明；而 1997 年更是创下了历史纪录，造成 445 人死亡，857 人受伤，3 406 人下落不明。在 1998 年 11 月的台风中，以中南部为主，死亡 267 人，损坏房屋约 1 万户。在 1999 年的台风中，出现了过去 200 年记录中最大的降雨量。特大洪水席卷了中部地区，造成 600 多人死亡。

● 海洋污染

最大规模的海洋污染是因船舶事故造成的。特别是胡志明（Ho Chi Minh）市的河流污染事件高出全国平均水平约 30%之多。在 1994 年 5 月—1998 年 8 月期间，在胡志明湾（旧西贡湾）及其周边的运河，发生了 4 起由于运输原油船舶事故造成的原油污染事故。在 1998 年 8 月的事故中，溢出的原油污染了周边农村地区 1 000 hm^2 的水面和 1 200 hm^2 的水田，造成损失相当于 6 000 万日元左右。

河流航行船舶技术管理局对于船舶安全检查做得不充分，对 10 t 以下的船舶根本就不进行检查。在胡志明湾的部分地区，面积高达 65 000 hm^2 的湿地深深地嵌入陆地，原油污染造成了大规模的环境污染。

3-2　城市地区

● 城市人口增长

据 1996 年的统计，河内（Ha Noi）市的人口约为 227 万，胡志明市的人口约为 486 万。政府为了全国均衡发展，采取了防止城市人口集中的方针政策，规定了不得建设超过 1 000 万人城市。

但是，随着市场经济的进程，人口从农村向城市迁移不断增加。在胡志明市，为了寻求工作、教育和培训机会，人们从湄公河三角洲地区和中部地区大量涌入城市，到 1997 年，没有居住证的居民大约超过 50 万人。

在改革前的 1980—1985 年，城市人口占全国人口的比例为 19%，自改革以来，经济和社会生活显著改善，城市人口比例不断增加，1990 年为 20.3%，1992 年为 24.0%，2000 年为 26.0%。据预测，到 2005 年将增加到 36.0%。

● **汽车大众化与大气污染**

在 20 世纪 90 年代初之前，市内的主要交通工具是自行车和叫作三轮车（cyclo）的出租自行车。后来由于摩托车、私家车和出租车的急速增加，引起了严重的环境污染。1990 年，摩托车只有 60 万辆；而到 1997 年末，超过了 400 万辆。由于公共汽车和电车等公共交通工具不发达，在连接城市和郊区的道路上，每天上下班高峰期，摩托车引起的大气污染很严重。在河内市，可吸入颗粒物的浓度是环境标准的 3 倍，二氧化硫浓度是 1.5 倍，而在胡志明市也分别超标 4 倍和 1.2 倍。

由于排气量 50 cc 以下的摩托车不需要驾驶证，而且也没有规定必须佩戴头盔。对于汽车驾驶证的获取与更换程序并没有公正严格地执行，车检制度也不完善。此外，相对于车辆的急速增加，道路建设完全没有跟上，交通规则执行得也不彻底。所以，摩托车和汽车造成的事故在急剧增加。

由于工厂设备和生产工艺落后，造成的大气污染也很严重，特别是劳动卫生方面的问题很大。无论在河内市还是胡志明市，多数工厂均未安装废水处理设施和除尘设备。

● **垃圾问题**

据 1996 年统计，全国城市地区产生的固体废物为每天 16 237 t，而收运率不到 45%～55%。从 20 世纪 90 年代下半期起，大城市开始使用垃圾收集车收运垃圾，但垃圾的收集运输能力依然满足不了需求。

在胡志明市，包括建筑垃圾在内，每天收运的固体废物为 4 400～4 500 t，而据科技环境部（Ministry of Science，Technology and

Environment）的统计，在 1983—1999 年的 15 年里，垃圾的收运量增长了 6.5 倍。收运的垃圾直接运到垃圾堆放场倾倒，大部分固体废物均未进行处理。近年来，在城市近郊地区发展了一定规模的回收产业。

工厂和医院的垃圾也不进行分类，同城市生活垃圾混在一起处理。注射针头也被丢弃在城市垃圾中，甚至把一次性医疗器重复使用（参见［专栏 2]）。1996 年以后，行政当局才开始重视医疗垃圾，河内、海防、岘港（Da Nang）、顺化（Hue）等市，近年来总算开始着手对于医院设置焚烧炉项目进行了可行性研究。

● 河流污染

河流污染在一定程度上反映了工业化和公众消费水平，在河内市和胡志明市，河流污染最为严重，在开发落后的中部地区污染较轻。

即使在首都或其他大城市，也没有污水和废水处理设施，工业废水、生活有机污水和医院污水均未经处理即直接排入河流、水路和湖泊。市内河流和池塘，由于人口压力膨胀，加剧了有机污染和大肠杆菌污染，水质污浊发黑，飘溢着恶臭。近年来，塑料袋、塑料瓶、铝罐等不可降解垃圾也都被丢弃到水域中。

含有医院药品和病原体等有害物质的污水和垃圾，从河内市区流出后，流入连接红河的图利其（To Lich）河和基姆恩古（Kim Nguu）河。在下游，仅采用简单的堰，在一定程度上拦截了固体废物，而污水却直接用作农田灌溉。在下游种植饲料草的农村，约有 80% 的农民患上了眼疾、妇科病及其他疾病。

在胡志明市，每天约有高达 50 万 t 几乎未经任何处理的污水直接排入河流，BOD（生化需氧量）浓度极高，造成了有机污染。排入河流的固体废物每天多达 450 t。纺织、印染、造纸、化肥、杀虫剂等工厂产生的工业固体废物，含有大量有毒有害物质，均未经处理或不完全处理就直接排放，导致水质和土壤污染，严重影响了工人和居民的生命健康安全。

4 解决环境问题的障碍

4-1 环境意识落后

在越南社会，由于战争和政治影响，盛行着官僚主义和官贵民贱的陋习。因此，即使出现了公害病，一般居民往往得不到有关信息，也无有组织的诉讼手段。

公众缺乏对于疾病原因的认识和把污染视作社会问题的意识。在公共教育方面，也未针对环境问题的重要性开展适当的教育。城市居民，特别是肩负着新时代任务的青年们，对于农村、山区以及海洋的关心一般都很淡薄。

环境行政机构的意识也有一定的局限性，只认为工业废物和汽车尾气等引起的污染才是环境破坏。在科技环境部下属的各个地方机构，尽管森林破坏和洪水灾害已经很严重，但是有些官僚认为，当地尚未工业化，环境破坏还没出现。

科技环境部的任务，除了推进自然资源的有效利用外，还要负责对外宣传越南生物多样性和资源十分丰富等，以利于引进外国投资。在这个意义上，该部门同负责开发的政府部门的立场大体一致，环境主管部门和经济主管部门的利害关系对立尚不明显。

在受过专业培训的知识分子中，一些人意识到了环境破坏的严重性，有些学者在当地对于一些旨在保护与改善环境的实践活动进行指导，但由于这些活动都超越了他们所属的机构和地方框架，以及相关的社会环境尚不成熟等原因，他们现正处于孤军奋斗状态，其关注和行动也仅停留在个人层面上。

鉴于上述这些现状，可以说，在越南想要实现公众参与的环保活动大众化，现在还不太容易。

4-2 信息公开缺乏

民主化和公开化是改革路线的支柱之一。但是，关于国土自然环境，一般市民和外国人未必容易接触到反映真实情况的信息。在环境相关的政府机关和研究机构，已经收集积累的资料和数据的情况，也不完全明确。

越南的官僚们，为了得到自然保护方面的援助，有时也向外国宣传其自然环境的恶化情况。但是，对于外国专家的调查，官僚们往往只用一般性政策来解释问题，只开放环境保护成功的现场，而根本不开放真正有问题的地方。因此，以环保援助为目的的外国机构即使进行了现场调查，但对问题所在和对方希望的合作内容，有时也搞不明白。

在国内即使召开环境会议，有时也拒绝外国人参加。甚至有些外国专家认为，越南方面担心暴露真正的问题。今后，这种官僚主义和保密主义的体制，可以说是应予克服的重大课题。

公众媒体经常公开报道环境问题相关的新闻。对发生的问题、有关议论及必要对策时有报道，但对实际采取措施和随后结果，往往并没有后续跟踪报道。

即使颁布了环境保护方面的法律和行政命令，但很难获得实际实施情况及其效果等相关信息，有时也无法调查到这些问题究竟是否得到解决。

4-3 法制相关问题

在越南，因为长年战争，导致立法机关国会无法正常发挥作用，总统令凌驾于法令之上，通过颁布总统令实行统治。自独立以来，越南确立了共产党和国家一体化的"党治"体制。即使到现在，同国会通过的法律相比，"政治局决议"、"党中央委员会决议"、"国家主席令"、"政府决定"以及"总理指示"等，作为法律规范文件，更能在实际中发挥作用，一般都是上传下达式的行政与命令的统治形式。

这些决议和指示又频繁地被修订和更改，而且官僚们有时对各个法规随意进行解释和执行。在这种情况下，出现了不少渎职行为。因此，一般市民对法规的关注和信赖度很低，也缺乏向民众全面贯彻落实法规的手段。

4-4 大规模开发的方向

在以前的国家计划经济路线下，越南向往社会主义的工业化，学习前苏联，重视大规模开发。横跨首都河内的红河的升隆（Thang Long）大桥以及北部华平（Hoa Binh）省的华平水利发电站等，都是源自计划经济时期的代表性大型项目。在转入市场经济后，代表性大型项目有南北输电、中南部广义（Quang Ngai）省的敦夸特（Dung Quat）炼油厂建设等项目。政府还制订了远期目标，计划到 2015 年开始运营核电站。

然而，此类大型项目缺少有关建设质量、技术管理和对于社会自然环境影响等方面的信息。虽然越南一直在积极推进象征国家统一、彰显国力的这种大规模开发，但是全国的上下水道、城市铁路与公交系统、交通信号、急救车等社会资本方面的建设，同现代化国家相比，还有相当的差距。

5 环境保护对策

5-1 环境保护法与相关法规

● 环境保护法（1993 年）

在计划经济体制时代，国家财产的管理标准遵从国家机关的内部规定，认为没有必要制定有关环境标准的法律。在市场经济体制下，随着非社会主义经济实体（个人经营）的活动得到认可，越南开始认识到，在保障个人财产权不受侵犯的同时，还需要依法保障国民在环境保护方面的权利和义务。

现行的环境保护法是于 1993 年颁布的，该法规定了国家、集体、个人对于环境的作用和义务，确定了关于土地、森林、水源、矿物资源的开发保护管理、生产设备、有害物质和固体废物的管理以及环境污染防治等方面的规范。

个别的具体对策和暂行措施是依据总理以及政府的决定、科技环境部长的决定、科技环境部以及有关部门的通知和回复。依据环境保护法，这些文件规定了该法实施状况的定期监督检查、各个项目的环境影响评价、环境标准的制定、污染程度的检查、对环境有害的物质、产品、服务的管理与控制、对违法行为的处罚等。

● 自然保护以及与开发相关的法规文件

关于自然环境保护与开发的法规，越南制定了《人民健康保护法》（1989年）、《森林保护与开发法》（1991年）、《植物保护与检疫法令》（1993年）以及《水利开发与保护法令》（1996年）。《森林保护与开发法》中把森林分为3种：1）环境保护林（保护水资源与土壤资源、洪水对策、预防自然灾害、维持生态系统的森林）；2）保护林（保护森林生态系统、研究、保护文化遗产、观光的森林）；3）生产林（供木材利用的森林）。

关于资源利用与保护的法规有《水产资源保护与开发法令》（1989年）、《石油天然气法》（1992年）、《土地法》（1993年）、《矿物资源法》（1996年）以及《放射性物质法令》（1995年）。1992年的宪法承认土地使用权在个人间的转让行为，现行的土地法是根据宪法于1993年修订的，规定了具体的环境保护义务。关于建设以及灾害对策的法规有，《堤防建设法令》（1989年）和《洪水台风对策法令》（1993年）。

5-2 环境政策

● 环境行政机构

环境问题的主管部门是科技环境部。该部于1992年由国家科学技术委员会改组而成。但是，环境问题方面的任职人员仅配备了60名，处理全国环境问题的能力十分有限。

同环境有关的部门还有水产部、农业农村开发部和保健部。在河内、海防等中央直辖市，环境委员会负责环境标准与环境计划的制定、环境教育与指导、上下水道规划以及河流海洋污染防治对策等，环境公用事业公司负责污水废水处理、生活垃圾回收与处理等。

- **研究、教育、监测机构**

环境教育机构有 1985 年在河内国立大学（Ha Noi National University）内设立的资源环境中心，该中心除了研究制定环境标准，设置监测系统，研究监测项目之外，并从事山区少数民族文化与自然资源关系等人文方面的研究。1993 年，该校设置了环境科学系，硕士课程有环境保护、生物多样性、环境影响评价等内容。

在胡志明市国立大学（University of Ho Chi Minh City）于 1992 年成立了资源环境中心，该中心进行可持续发展、生物多样性、环境保护等研究和环境方面的教育培训。在湄公河三角洲地区，芹苴大学农学部（Can Tho University，College of Agriculture）已成为环境保护与开发研究教育的中心。

在胡志明市，在联合国开发署（UNDP）和世界卫生组织（WHO）的援助下，1984 年设立了环境保护中心。该中心的工作包括环境监测、环境影响评价、进修培训以及指南编制等。

1987 年，在水文气象协会设置了大气水质管理监测机构，负责越南全国的水质大气监测、编制指南、整理有关环境报告书等工作。1991 年设立的环境研究教育开发中心，负责监测气候变化和海面升高，对生物调整保护和能源问题等进行研究。

- **国家的环境政策**

在越战结束、南北统一后的政策，大致可分为如下几个阶段：1）优先恢复战争破坏时期（1975—1980 年）；2）社会经济发展所需的自然资源调查时期（1981—1990 年）；3）为实施可持续发展的资源开发与环境管理战略构筑时期（1990 年—　）。在 20 世纪 80 年代结束之前，战后的 15 年实质上是环境保护政策名存实亡的时期。

1991 年，在联合国开发署等机构的援助下，越南制定了《环境

与可持续发展国家计划（1991—2000）》。该计划目的在于：1）通过
自然资源的科学管理，满足国民的基本物质、精神、文化方面的需
求；2）为社会经济发展建立自然资源可持续利用的政策、行动计划
与组织。该计划主要内容有：1）维持生态学过程与生命支持系统；
2）维持动植物基因多样性；3）确保自然资源的可持续；4）维护人
类生存必需的环境；5）努力做到生活水平的提高同自然资源的可持
续相协调的人口水平与人口分配。

　　越南党的决策层和政府采取的方针是，争取全国均衡发展，特
别是向发展较为落后的北部山区和中部地区优先投入大量资金。这
也是出于对战争期间为革命力量做出贡献的这些地区人们报恩的政
治考虑。

● **森林保护与可持续发展**

　　为了保护森林，政府下令禁止原木出口，1993 年后，木材出口
量逐渐减少。木材砍伐量，1989 年为 880 万 m^3，1995 年为 444.5 万 m^3，
减少了近一半。为了减少燃料用木材的砍伐，作为国家计划的一部
分，推进建造燃料用森林、推广高效炉灶等措施。

　　针对山区少数民族进行的游动性"火种"耕作方式，从 1968 年
起实施定耕定居政策。主要内容为：1）转向定耕定居；2）提高生
活水平；3）防止火种引起森林破坏；4）创建居民参与森林保护与
开发的条件。结果是，游动性火种生活者 1981 年有 300 万人，其中
的 190 万人在 1998 年底前转向了定耕定居生活，但只有 66 万人过
上了安定生活。

　　对于森林火灾，各级行政机关都制定了消防规定，而且在各级
行政单位都设置了森林火灾消防指导委员会。为提高森林保护意识，
该委员会进行了宣传教育活动，并向农民传授森林保护技术。结果
是，1999 年上半年的森林火灾次数及毁林面积比上年同期减少了。

　　关于森林开发，国家环境政策的目标是短期集中的森林再生和
植树造林，其中也包括森林缓冲地带的划定和商业造林。据 1998 年
的《总理决定》，启动了建造森林地区工程，计划到 2010 年前，在

全国 500 万 hm^2 的未用土地上实施植树造林。其目标是，保护现有的森林，使森林面积恢复到占国土 43%的状况。计划要求，种植适合各地条件和气候的固有种混合林。

● 洪水对策

制定台风洪水灾害应急对策是十分必要的，根据党和行政机关的指示与通知，采取了相关措施。

针对 1996 年以来的严重洪水灾害，1997 年 5 月，颁布了总理决定，指示各部门和行政机构要做好应对雨季洪水的充分准备。政府还筹划强化《全国堤防保护规定》。同时，中央暴雨洪水对策委员会和农业农村开发部同地方政府合作，动员各地力量，降低洪水灾害程度。

针对洪水台风对策方面，根据 1998 年发布的中央政治局通知和总理指示，各地政府对台风洪水采取具体措施。台风来袭之际，各省向各地派遣行政指导员，疏散沿河和低洼地的居民，保护河流堤防和河堰等。作为城市建设计划的一环，另一项工程则是推进河流疏浚，以防雨季发生洪灾。

近年来以湄公河等大型河流为对象的水利政策，融入了与洪水共存的思想，即，方法不是去控制水流，而只要洪水严重地点的居民能够及时疏散就可度过洪灾。在这种情况下，必须分析评价洪水的危害程度，以此指导居民疏散，但这些措施目前尚未充分实施。

● 污染对策

关于公害，相对于难以管理的移动污染源，越南首先把重点放在固定污染源上，计划各个城市都要建设固体废物焚烧和填埋设施、废水处理设施，推进垃圾减量化、固体废物交换、再利用和再循环。

政府于 1996 年颁布了政令，鼓励工厂改进设备，对违反环境保护法的工厂处以罚款，命令不采取对策的工厂关停并搬迁。但是，事实上付不起污染清除费用的工厂也承担不起迁移费用，而且迁移后的污染对策仍是个问题。

河内市正在依据《2020 年总体规划》，推进现代化城市建设规划，还制定了河流和市内湖泊的净化计划。在该市南部近郊，在上述各条河流汇入红河之前，正在建设人工池塘，通过沉淀和自然净化来清洁河流。该规划还要求，对市内的湖泊进行疏浚；通过新技术，100%回收垃圾。为改善大气质量和减少交通事故，计划到 2010 年前，公共交通设施增加 30%，到 2020 年前，增加 50%。

为了河流航行安全和防治油污染事故，1998 年，胡志明市决定实施严格的事故预防措施。所有船长都必须取得船舶航行许可证，停止无许可证的码头业务，努力防止海洋污染。

作为教育和宣传活动，政府设立了"国家环境卫生周"，政府各部门以及地方行政机关等都要参加卫生周活动。

5-3 公众参与环境保护的可能性

越南社会由于行政性和命令性的做法，人们对法律的信任度很低，相比于通过法律程序的诉讼，向权力机关或向权力阶层的集体请愿或直接诉讼等手段，作用往往更为有效。特别是 1997 年在北部泰宾省（Thai Binh）省发生了大规模的抗议党员干部渎职的农民示威游行活动，党决策层和政府只好慎重地处理此次农民的呼声。

关于环境污染，村委会的不满一般也都是以诉状形式提交给行政机关。例如 1999 年 5 月，位于北部海阳（Hai Duong）省的帕莱（Pha Lai）火力发电厂造成的污染，周边各个村落将诉状寄送到所在各省的科技环境局。诉状陈述道，帕莱火电厂排出的烟气和固体废物污染了环境，严重损害了周边居民的健康，要求企业对于生产上和健康上的损失给予赔偿。对此，越南电力公司提出了通过无偿供电手段向周边村民进行补偿。该事例表明，当事者之间的直接谈判，对于解决问题具有实际效力。

在国家环境保护计划中，也制定了引导国民自觉致力于自然保护的政策。例如在森林保护项目中采取的方法是，地区居民同政府签订契约，保护天然林和人工林的人员可以领取补助款。在北部的潭道（Tam Dao）国家公园地区，每户家庭都同政府签订了契约，承包天然林保护和种植当地树种，补助款为每公顷每年 500 日元左右（相当于人民币 30 多元，审校者注），每户分担 50～60 hm²。而且，政府还给每户家庭、各行政单位和群众团体支付补贴，旨在取缔对森林的非法入侵与砍伐。

在城市周边，现在盛行着居民家庭进行的家庭式循环事业，但这并非基于环境意识，而完全是基于现金收入这一好处（参见［专栏 2］）。将来，为了继续推广循环事业，解决工业生产过程中产生的污染问题，还需要以补助金或低利融资等形式来激励居民。

表 5　土地使用的变化状况（1985—1991 年）

单位：10³hm²

	天然森林	植树地	不毛地	农地	四季农田利用
河内-海防	2	16	40	27	7
红河三角洲	5	4	8	60	6
北部中央沿岸	29	7	78	46	26
南部中央沿岸	25	36	7	30	26
中央山区	71	5	80	4	86
胡志明市及其周边	80	30	42	18	47
湄公河三角洲地区	3	5	116	164	75
	108	83	204	248	253

摘自：*Viet Nam: Environmental Program and Policy Priorities for a Socialist Economy in Transition*，The World Bank，June 1995.

6　结语

越南当前的环境破坏蔓延速度远远超过了"工业化和现代化"的发展速度。其环境破坏加剧的原因在于，战后在振兴与开发经济过程中，在环境方面没有相应的措施手段，以及官僚主义、官员的渎职、干部和市民缺乏危机意识等造成的，而且还同贫困与社会不公正等问题密切相关。

考虑到东亚地区迄今的经济增长与工业化模式，新兴国家不仅得益于发达国家有效的经济合作与技术转让，而且通过吸取发达国家"公害输入"的教训，理应能够在短时间内实现经济发展与环境保护的协调。但是，在越南，由于历史条件限制，未能享受到"新兴国家利益"，而且现在也很难说已经吸取了外国的诸多经验教训。

如本章开篇所述，环境问题对于行政当局来说是一个"新"问题，经济部门和环境部门的对立尚不明显。党决策层和行政部门现在开始重视环境问题，很大程度上可以说，主要是为了应对国际机构和外国的压力，以及为了引进环境保护援助项目。

越南今后将会面临如下挑战：1）环境信息公开化的扩大；2）环境相关法规的严格执行，特别要取缔渎职、走私等违法行为；3）通过公共教育和宣传，唤醒国民对环境的关心；4）提倡公众参加型环境保护活动。如果不能尽早解决环境问题，越南将来会为恢复环境付出惨重的代价。

（责任执笔：中野亚里，室井千晶）

专栏1 在越南喷洒落叶剂造成二噁英对人体健康的影响

在1961—1971年越战期间，共喷洒了7 200万L的落叶剂，其有效成分高达55 000 t，据估计，其中所含的二噁英有550 kg左右。而且喷洒落叶剂后，又用凝固汽油弹烧成灰烬，所以产生副产品二噁英的可能性很高。这同最近明确的"垃圾焚烧厂产生二噁英"问题是一样的。关于二噁英可能导致畸性这一事实，已通过动物实验等得到证实。此外，这种危害也波及人体健康，有报道称，在塞维索（Seveso）事件（1976年）、拉芙运河（Love Canal）事件（1977年）等发生地，出现了很多流产和先天畸形的案例。

在1988—1993年期间，我们在越南南部的图杜（Tu Du）医院、西宁（Tay Ninh）省医院、松北（Song Be）省医院以及喷洒二噁英的同塔（Dong Thap）省塔普莫（Tap Mo）县多平基乌（Doc Binh Kiue）

村和西宁（Tay Ninh）省谭平（Tan Binh）县清封（Than Phong）村等地进行了临床免疫学调查。

〈流产死胎〉

图杜（Tu Du）医院是越南最大的妇产科医院，每年接待 13 000 到 16 000 名妇女分娩。据该医院资料显示，在 1952 年，流产率为 0.45%，1953 年为 1.20%，而到了 1967 年增加为 14.76%，1976 年继续增加到 20.26%，自 1979 年前后有少许减少，但仍处于 10%～20% 之间。

至于死胎率，1952 年仅为 0.32%，而在喷洒落叶剂后的 1967 年，开始增加到 1.55%，1977 年达到 1.79% 的高峰后呈下降趋势。而据西宁省医院的资料显示，在 1979—1989 年期间，流产率从 15.4% 增加到 31.1% 之多。

据我们现场调查确认，流产率和死胎率在喷洒落叶剂之前为 3.3%，喷洒后达到 9.6%，增加了近 2 倍。此外，在越南医生们的调查中，也有很多此类相同的报道。

〈先天性畸形〉

在图杜（Tu Du）医院，出生了著名的联体双胞胎婴儿（Conjointed twins）拜特（Viet）和道克（Duc），此外，生存下来还有 3 对联体双胞胎婴儿，但有 24 对死亡。通常，联体双胞胎的发生率为每 10 万～20 万人中有 1 例，所以图杜医院的比例之高无疑是异常的。此外，每年无脑婴儿的发生比例也从 21 例增加到 26 例，水痘症婴儿从 5 例增加到 14 例，这些也都是异常高的比例。

在图杜医院，在 1952 年喷洒落叶剂之前，先天性畸形儿的出生率是每千人 2.32 人，即 2～3 人的水平，而喷洒落叶剂后则逐渐增加，1967 年为每千人 5.44 人，1979 年超过了 10 人，至今仍为增加趋势，这同喷洒停止后流产死胎就减少的情况不一样。

在西宁省医院，1979—1989年期间，每千人出生儿中有6.4～11.0名先天畸形婴儿。我们于1992年在松北省医院历时3个月，调查了所有的新生儿，共289例，发现8例（2.7%）为先天畸形儿，此外还包括2例（0.7%）是无脑儿，3例（1.0%）唇腭裂。包括无脑儿在内，出生不久即死亡的有9例。我们确认，直到现在越南还有先天畸形儿出生和重症儿早期死亡的现象。

另外，在3个村庄的母子检查中，先天性畸形最低为2.77%，最高达43.1%。在对残疾婴儿进行现场调查时，发现先天畸形的多样化和比例极为异常。我们还发现，在村里的普通学校，学童的先天性畸形比例也很高，为6.09%。

畸形的形态特征有很多种，包括：唇腭裂、高腭裂、头部与脸部异常、耳廓畸形、耳道阻塞、虹膜缺失、白内障、先天性耳聋、多趾症、合趾症、少指症、四肢畸形、内反足、胸郭畸形、唐氏综合症、性器官畸形、肛门闭锁、血管瘤、联体婴儿等，各种奇形怪状的疾患。

〈葡萄胎（hydatidiform mole）和绒癌（choriocarcinoma）〉

和先天性畸形的发生率一样，葡萄胎的发生率也在增加。在图杜医院发现，在1952年葡萄胎的发生率是每千人7.8人，在1967年喷洒落叶剂之后增加了1倍，为每千人14.3人，以后不断增加到40人，1986年竟达到51.11人的高峰。一般的发生率为每千人为1～2人，由此可知这是多么异常的高比率。

在西宁省医院，1979—1989年期间，葡萄胎的发生率每千人为8.2～20.0人，越南南部是北部的2倍，是日本的20倍。

在葡萄胎之后会有60%～70%出现绒癌，在图杜医院，绒癌的发生率也在急剧增加。

〈染色体异常〉

据以前的一些报道，在直接被照射者中间很多人出现染色体异常。具体事例有：姊妹染色分体交换率、倍增体细胞以及重复率为

4.02%±1.39%，结构异常为 6.00%±2.55%。这些数据都高于对照组。也有报道称，血液二噁英浓度越高，导致染色体异常越多。

〈甲状腺肿〉

在多平基乌（Doc Binh Kiue）村，我们发现了 111 例甲状腺肿患者，多发生在 15～39 岁的年轻女性中，占同龄人的 4.5%。在 5～14 岁的儿童中，也发现了 12 例，临床表现为单纯性甲状腺肿。在清封（Than Phong）村，我们也发现了 115 名甲状腺肿患者，几乎都是50 岁以下的妇女。

〈胎儿期经由母乳带入的污染〉

在图杜医院，对 1964—1970 年出生的 394 名女性（23～29 岁）所生的孩子和 1963 年以前出生的 2 281 名女性（30～55 岁）的孩子进行了比较研究。也就是说，前者为胎儿期或婴儿期经由母乳遭受二噁英暴露的孩子，即胎儿期或婴儿期经由母乳带入污染的孩子，后者是没有受到直接污染的孩子。结果显示，除了自然流产外，两者的疾患差别很大，前者和后者的疾患率，先天性畸形分别为 2.28%和 0.22%，葡萄胎分别为 1.02%和 0.04%，精神恍惚分别为 2.03%和0.13%，流产为 5.05%和 5.26%，死胎率为 3.04%和 0.35%，新生儿死亡率为 5.33%和 0.3%。这引起了人们的特别关注，因为这种结果说明，即使人们不直接接触污染，但通过母体途径带入的污染，也有可能对生殖期的儿童（直接受污染者的孙辈），造成一定的影响。

〈经由男性（归国士兵）的影响〉

众所周知，直接暴露在二噁英环境中会对健康造成各种各样的伤害。在美国，与落叶剂相关的疾病有，非霍金淋巴瘤（non-Hodgin's lymphoma）、软组织肉瘤（soft-tissue sarcomas）、皮肤疾病（skin disorders）和氯痤疮（chloracne）、肝伤害（包括肝性卟啉病 hepatic porphyria）、卟啉症（porphyria）、生殖与发育障碍（reproductive and developmental impairment）、神经障碍、霍金病（Hodgin's disease）等。从越南北部归国士兵中，通过比较受到落叶剂污染的和没受过落叶剂污染的士兵，发现了他们两者之间在感染率、神经病、皮肤病、消化异常和感染抵抗力方面均有很大差异。而且，在神经衰弱、大肠炎、肝硬变、肾不全、动脉硬化、白血病、喉癌、肝癌、肺癌、膀胱癌、肝癌等发病率上也存在很大差异。关于在韩国士兵和美国士兵中，也有类似报道。

另外也有报道称，在越南南部遭受落叶剂暴露后返回北部的士兵同没有遭受污染的北部的妇女结婚后所生出的孩子中，也出现了大量的畸形儿。暴露组和非暴露组（对照组），流产、死产、胞状胎等妊娠异常分别为 13.2% 和 8.4%，先天性异常分别为 2.32% 和 1.1%。还有其他的类似报道，暴露在二噁英环境下的男性和没有暴露的女性生出的孩子中，也发生流产、死产、葡萄胎以及先天性异常的现象。

有报道称，此类现象发生的原因，是由于归国的士兵的精子数量减少、形态发生异变、运动能力下降、异常精子数量增加等引起的。此外，归国士兵们发生染色体变异的概率也很高。此类现象也暗示了，二噁英引起了生殖毒性事件的发生。

但是，关于二噁英对人体的影响，在很多方面尚不明确。这已经过去很长一段时间了，至今还没有明确这样庞大的人体实验的结果。这种未能造福子孙后代的结果，说明了研究者们的敬业精神还不够。

以上报告是基于河内市召开的一次研讨会上的讲演稿——《Herbicides in war, the long term effects on man and nature》（1993年 11 月 15-18 日，河内市）。

（原田正纯）

专栏2　河内的回收再利用

在河内的住宅区,每天一清早就可以看见有人骑着自行车装载着物品在叫卖,也有一部分人什么物品也没带,这是专门回收废品的,他们在住宅区回收废纸、瓶子、易拉罐、塑料瓶、废金属等。另外,河内的街道每天都进行清扫并回收垃圾,也有人从这些已经收集起来的垃圾中捡拾废品,这些人所收集到的废品,可以卖给废品回收站。

走访街面上的废纸回收店铺,店铺里堆放着的废纸像座小山,一直顶到天花板,在短暂的走访时间里,有不少妇女接连运来成捆的废纸,在这里称量后回收。打听到她们一天大约能赚15 000盾(约150日元)。废纸回收店里共有2名女职员,1名负责称量后付钱,另一名负责将废纸分类。大致分为报纸、上等纸、纸屑等。在店铺的一角,堆放着厕所用纸,这里出售利用废纸制作的厕所用纸,同时经营原料和产品。在河内市区,有好几家这样的店铺,大部分是各个家庭或个人商店利用自行车或肩挑担子搬运,主要劳动力是妇女(年纪从女孩子到老太太)。人们收集了瓶子、易拉罐、塑料瓶等,也会卖给回收站。

另一方面,垃圾产量大的酒店一般都同垃圾回收公司签订合同,回收公司将可售物品分类之后卖掉。餐余饭菜或洗碗废水也是再利用的资源,可以卖给饲养家畜的农家。在河内,酒店的数量增加了不少,垃圾回收成了很不错的商机,竞争日趋激烈,听说有的酒店为了决定垃圾回收的签约公司,需要进行招标。

废品回收店或垃圾回收公司收集到的可以再利用的垃圾,会被运到河内市里的小工厂或河内近郊农村地带的"工艺村"。所谓工艺村,如陶器村、凉鞋村、盆景村等,全村都经营一项特定的行业。从河内市区回收的可以再利用的垃圾,把对其再利用作为全村职业的村子也叫工艺村。各个村子进行回收利用的物品都是固定的。每家每户都有个小规模的作坊,主要是手工作业。例如在回收利用铝制品的村子里,赤手光脚搬运熔化后稀软的铝溶液,倒进用泥土和木头制作的模具里。这里的收入可不算低，从越南的标准看，可以说是挺高的，可以建造漂亮的家居了。但是，大多数工艺村都更为注重经济效益，而忽略劳动环境安全与健康影响，以及对周围环境的影响等。

从物品再利用角度看，河内的回收再利用事业是繁荣昌盛的。各种电动摩托车、自行车等二手车市场也已完善。主要的商品供给源是日本，在日本仅被当作垃圾的对象，到这里却具有很不错的商品价值。复印机或打印机的墨盒也是，重新充填后的墨盒依然可以使用，仅从外观上很难分辨它们究竟是新制品还是充填品，购买时需要特别留意。

1991年1月，河内的医院发生了不该发生的"回收再利用"事件。已使用的医用手套竟被当作新品出售。当然，在越南也有关于医疗垃圾处理的相关规定，但该事件的发生暴露了在现实中并未按规定处理的事实。受到该事件的触发，众多报纸与电视台等对于医疗垃圾处理相关的议论变得白热化。

如上所述，虽然还存在着各种各样的问题，在民间水平上的所谓"回收再利用"得到了很大发展。如果由此认为越南人的回收再利用意识很先进，其实是错误的。一般人回收废报纸或打印机的墨盒、易拉罐等，并不是为了节约资源或为保护环境做贡献，仅仅是因为可以获得经济收入。这同利用废品进行生产或销售二手品的人们来说是同样的。因为"回收再利用"是以经济效益为理由的，所以在人们意识里根本就没有"节约资源"或"保护环境"等观念。而在政府行政级别上的、有组织的"回收再利用"，在越南尚未提到议程，现在仅仅是依赖民间经济活动下的回收再利用，今后能够发展到什么程度值得大家关注。

（折原浩一）

第 3 章

印 度

India

照片为位于博帕尔（Bhopal）市上湖（upper lake）的夕阳景象（摄于 2000 年 3 月）
照片提供：寺西俊一

照片为引起博帕尔事件的联合碳化物（印度）有限公司（Union Carbide）的工厂
旧址。受害者团体在此悬挂了"碳化物杀手"的抗议标语。（摄于 2000 年 3 月）
照片提供：寺西俊一

1 引言

《印度环境状况：市民报告》（State of India's Environment：The Citizens' Report）概括介绍了印度的诸多环境问题，该书从 1982 年至今（2000 年）已经出版了 5 卷。这套系列报告的主要编写单位是位于新德里的"印度科学与环境中心"（Centre for Science and Environment，CSE），该报告得到了以"甘地和平基金会"（Gandhi Peace Foundation）牵头的大量民间团体、科学家和记者的支持。

印度次大陆实际上是一个由多种多样自然和文化构成的集合体。该报告涵盖了印度广袤的诸多地区，通过列举大量实际案例，分析论述环境破坏对人们生活造成的各种影响。1983 年，针对该报告的第 1 卷，秋山纪子撰写了书评，将其介绍给日本公众[1]。

最新的第 5 版（1999 年版）由土地、河流、森林、水库、大气、人居、人类、健康、能源、生物资源、环境诉讼、渎职和环境管理等部分组成，共 12 个章。该书是一部巨著，加上统计资料附件，全书近 700 页（A4 纸双列排版）。

本章首先根据上述最新的第 5 版报告，概述了河流、水库、森林、大气、人居和人类获得等各章内容，然后简略介绍了印度的环境立法、环境行政管理以及环境诉讼相关案例等。此外，以印度最著名的草根环保活动——"抱树运动"（Chipko）为主，介绍了环境运动的主张和运动战略。

2 印度环境问题现状

2-1 河流和水库

印度历史长达数千年，一直把河流作为供奉对象，几乎所有河流都以神、女神或者圣人的名字而命名。可是，印度河流的水污染状况现在极其严重。在 20 世纪 90 年代，甚至还出现过至少 100 万名儿童死于痢疾和肠胃病的惨痛后果。自印度独立以来，对水质恶化问题一直放置不管，没有及时治理，导致多达 5 000 多万名儿童被夺去生命。

1985 年，《恒河行动计划》（Ganga Action Plan，GAP）开始实施。在河流净化计划中，除《恒河行动计划》外，还有《亚穆纳河行动计划》（Yamuna Action Plan，YAP）和《国家河流保护计划》（National River Conservation Plan，NRCP）等。流入河流的污染物有75%来自市镇村的排水沟，其余 25%来自工厂和其他方面，在上述各种行动计划中，主要处理方法是疏通排水沟，或将污水通过处理设施后返回河流。

位于毗邻恒河的北方邦（Uttar Pradesh）著名旅游古城瓦拉纳西（Varanasi），向恒河排放的污染物占污染物总量的 1/4。长达 400 km的排水系统从 1920 年起就开始堵塞，持续至今。此外，瓦拉纳西作为印度教（Hinduism）胜地，还有其特有问题：在被称作 "ghats"的河段，现在每天火葬尸体多达几百具，每月有 15 000 t 左右的骨灰流入恒河。因为教徒们都深信，在恒河河岸火葬死者，可以使其得到拯救。

尽管有报道称，通过《恒河行动计划》，河流的 BOD 值已经得到改善，但由于缺电，排水处理设施并不能正常运行。作为实际对策的 ghats 河段清理与改造工作，人们用肉眼也看不出水质究竟有多大改善。为此，政府于 1991 年公布了《恒河行动计划Ⅱ》，把治理对象扩大到了恒河的支流。但是，由于《恒河行动计划》一开始就缺乏公众参与，有人评价该计划 "已经完全瓦解"。

关于在河上建设水库方面，近 30 年里，印度各地都出现过反对建设水库的运动。而且，关于 "谁为水库开发付费" 的争论，也备受全球关注。表 1 整理了反对建设水库与水力发电站的各类运动。

表 1　印度反对水库以及水力发电站建设的运动及其影响

起始年	结束年	水库及水力发电项目的名称/位于/计划预定地河流	争论点	现状	移民相关	环境影响
1973		埃尔-卡河（）/位于埃尔河和卡罗罗河	1.原住民的疏散；2.森林和农田的消失	国家水力发电公司从该项目中撤出	移民涉及 16 350 户，1 256 个村庄	26 710 hm² 被淹没，其中 12 141hm² 为农田，其他为森林
1978		特赫里（Tehri）大坝/位于北方邦巴吉拉蒂（Bhagirathi）河	1.生态系统破坏；2.强制迁移；3.迁移中的渎职；4.地震时的安全问题	1.重新调查地震导致的影响；2.禁止翻斗车通行；3.向最高裁决机构起诉；4.反对运动进行中	1.水淹特赫里及附近村庄（23 个村全部被淹，93 个村部分被淹）；2.移民人数达 7 万人	1.水淹了 1 000 hm²农田，1 000hm² 森林，2 000hm² 放牧草地；2.上游雪溪地区的污泥比率很高，据估计大坝寿命比预计的100 年缩短的可能性很高
1978		苏伯尔讷雷卡多用途项目/位于比哈尔邦（Bihar）苏伯尔讷雷卡（Subarnarekha）河	1.移民、再定居；2.离开祖传的土地	1.建设继续中；2.反对运动进行中	1.比哈尔和奥里萨邦共 12 万人移民；2.水淹了 17 603 hm²，120 个村，6 773 人受影响	1.水淹了 4 047 hm²森林和 1 816 hm²农田

起始年	结束年	水库及水力发电项目的名称/计划预定地河流	争论点	现状	移民相关	环境影响
1979	1998	（Bedthi）/位于 Bedthi 河	1.对环境的负面影响；2.居民的迁移问题	计划取消	4 000 人原住民需迁移	包括 126 hm² 的森林，共 6 065 hm² 的土地被淹没
1982		维什纳普拉亚格水电站（Vishnuprayag）/位于阿勒格嫩达河（Alakananda）	1.对环境的负面影响；2.移民问题	重新考虑计划或要求提供信息	转移到 Joshimato 乡镇	项目危害花谷
1983	1983	Silent Valley 水力发电计划/位于 Silent Valley	对环境的负面影响	计划取消		国内极珍贵的热带原始森林遭到破坏
1983	1984	Bhopalpatnam-Inchampalli/位于马哈拉施特拉邦（Maharashtra）的因德拉沃蒂（Indravati）	1.迁移需要再定居；2.疏散，将面临生计与经济未来源被切断的问题；3.对环境的负面影响	计划取消	200 个村庄将遭破坏，贡德族 75 000 人需迁移	1.水淹面积官方数据为 14 万 hm²，非官方的为 17 万 hm²（包括 4 万 hm² 的原始森林）2.影响了国家公园的野生虎保护区

起始年	结束年	水库及水力发电项目的名称/计划预定地河流	争论点	现状	移民相关	环境影响
1985		sardar sarovar 大坝/位于古吉拉特（Gujarat）邦的讷尔默达（Narmada）河	迁移，需要再定居	1.大坝建设工程处于停工状态，但其他基础设施等仍在建设中；2.反对运动进行中	包括受该计划影响的所有人群，共移民40万人左右	水淹土地37 000 hm²,（其中大部分是农田，1/3 是森林），横跨古吉拉特邦、马哈拉施特拉邦、中央邦3个邦
1986	1994	Bodhghat/位于中央邦因德拉沃蒂（Indravati）河	对环境的负面影响	计划取消	迁移穆里亚斯（Murias）族、Madias族、Halbas族、Hill-Marias族，共计1万人	1.水淹1 380万hm²森林；2.植物基因资源丧失
1990		曼西-Wakal/位于拉贾斯坦（Rajasthan）邦曼西河和Wakal	1.迁移，需要再定居；2.不向居民提供信息；3.如何确保向下游居民供水	反对运动进行中	1.水淹23个村庄共计4 000 hm²土地，影响了77万人的生活；2.下游的地下水资源枯竭，影响了30个村庄	1.水淹25万棵树木；2.捕鱼量锐减
1992		梅哈什沃（Maheshwar）/位于中央邦的讷尔默达河马达河	迁移，需要再定居	1.警察开始监视工程进展情况；2.再次掀起拯救纳尔默达运动	500个村庄，共40万人受影响，13个村庄被水淹	水淹8万hm²土地

起始年	结束年	水库及水力发电项目的名称/计划预定地河流	争论点	现状	移民相关	环境影响
1993		Bisalpur 大坝/位于拉贾斯坦邦伯纳斯河和 Dai 斯河的交汇处	1.迁移，需要再定居；2. 关于森林砍伐没得到许可	1. 建设继续中；2. 反对运动进行中	科尔人（Keer）、Kewat、比尔人（Bhil）共计 7 万人迁移	波及 63 个集落，水淹土地 22 000 hm²，包括水田 8 000 hm² 以上。因伯纳斯河淤泥增加，大坝寿命计缩短至少 25 年
1994		巴吉（Bargi）坝/位于中央邦的讷尔默达河	迁移，需要再定居	1.在巴吉河的捕鱼权被剥夺；2.反对运动进行中	水淹 162 个村庄	水淹 8 万 hm² 以上的土地
1994—1995	1997	Rathong Chu/位于锡金（Sikkim）邦的 Rathong 河	大坝建设地是神灵宝地	计划取消	12 个家族需迁移，另外 12 个家族将受间接影响	水淹破坏了植物群落的多样性

摘自：Centre for Science and Environment, 1999, The Citizen's Fifth Report, State of India's Environment, 142-143.

2-2 森林

据环境森林部《森林报告书1997》（The State of Forest Report 1997）的数据显示，印度的森林覆盖面积为6 334万 hm²，相当于国土面积的19%。其中，树冠占40%以上的"密林"有3 673万 hm²，对比1995年的报道，面积减少了77万 hm²。森林破坏的原因有森林火灾、刀耕农作、森林退化未及时更新造林等。

而据1990年联合国粮农组织（FAO）的调查，得出的结果不同于森林环境部。据FAO的调查结果，印度的森林覆盖面积约7 063万 hm²，其中，自然林为5 173万 hm²，人工林1 890万 hm²。1980年的森林覆盖面积为6041万 hm²（其中自然林5 723万 hm²，人工林318万 hm²），在20世纪80年代森林覆盖面积增加了10%以上（年均增加100万 hm²）。

据科学与环境中心（CSE）的调查，1980—1988年期间，印度植树造林180亿棵，其中100亿棵种植在农田上。科学与环境中心建议，森林环境部可以通过卫星摄影、现场调查等手段，提高数据的精确度，同时详细划定和分析森林覆盖情况。

另外也有人指出，印度的生态系统安全管理很落后。1899年发现的刺角沟额天牛（Hoplocerambyx spinicornis），使中央邦大约1/6的婆罗双树林遭到破坏。而在1995年之后，这种害虫造成的破坏急剧增加，导致中央邦政府于1997年不得不砍伐了全部树木50万棵。

在泰米尔纳德邦（Tamil Nadu）和卡纳塔克邦（Karnataka），檀香树林正在迅速消失。山贼维拉潘（Veerappan）即因走私檀香树而臭名昭著。檀香树或以圆木形式走私到东南亚或中东，或为制造香料而运往欧洲。至今，在80万 hm²檀香树保护林地带，维拉潘杀害了32名警察、10名森林官员、77名当地居民以及2 000头大象。他被认为是"民众最大的敌人"，但也有警察保护着他这个"魔鬼"。维拉潘自幼生活在森林里，他对森林内部情况远比警察熟悉。维拉潘的出现缩小了檀香树林同当地居民间的距离。

迄今，一旦檀香树林被指定为保护林，就不允许当地居民占有和利用，结果却导致企图走私檀香树的山贼的出现。山林局的一些官员也在呼吁适当进行政策调整，开放檀香林，鼓励当地居民植树造林和封山育林。

2-3 大气

1990 年，据世界卫生组织（WHO）和联合国环境署（UNEP）发表的《全球污染最严重的特大城市排行榜》，其中最差的 20 个城市中，印度占 3 座，即加尔各答（Kolkata）、德里（Delhi）、孟买（Mumbai）。地方城市中也有发生类似的甚至更严重的大气污染。

据中央污染控制局发表的1993—1994 年德里市大气污染数据显示，90%以上的碳氢化合物和 80%以上的一氧化碳均来自运输交通部门。悬浮颗粒物，来自运输交通部门的比例为 10%左右，而当局实际上并未监测微细的可吸入颗粒物。据有关部门在德里市的 10 所学校所调查的数据显示，11.9%的学生患有哮喘病，另有 3.4%的学生出现哮喘症状。据认为其主要原因是大气污染所致。

2-4 人类与人居环境

印度的城市环境几近崩溃。在所有的城市，几乎都存在危险废物、河流和地下水污染、饮用水缺乏等共同问题。其中，近年备受关注的是塑料垃圾袋问题。塑料袋被任意丢弃在街道的各个角落。不断有新闻报道说，动物园的鹿或大象因吞食塑料袋而窒息死亡。针对这个问题，1995 年，喜马偕尔（Himachal Pradesh）邦制定法律，禁止使用产生不可生物降解固体废物的物品。据此，该邦禁止丢弃塑料袋，而且还特别建立了塑料袋回收制度。随后，哈里亚纳邦（Haryana）、锡金邦（Sikkim）和泰米尔纳德（Tamil Nadu）邦等，也都制定了类似法律。

在印度，每年生产塑料袋 23 万 t，再循环利用 70 万 t 左右。实际上，印度从国外进口大量废塑料，在国内进行再循环利用。这种办法降低了塑料袋成本，也成了塑料袋遍布街道各个角落的原因之一。除了禁止之外，也许还有其他更有效的措施，但尚处于努力尝试阶段。

在印度，据说有接近 2 亿妇女不识字，没有接受教育的女性其生育率为受过高等教育女性的 2 倍以上。特别是如能对农村地区的女性进行教育，这对控制人口具有重要意义。导致女性远离学校的原因，既有文化原因，也有经济原因。而且，这同自然生态系统恶化而使得女性劳动繁重的现状也很有关系，而这一点却不太为人所知。

据科学与环境中心在北方邦（Uttar Pradesh）马德拉斯镇（Syuta）实施调查的资料显示，女性的实际工作量是男性的 2 倍以上（见表 2）。而且，男性的工作量甚至比儿童都少。在马德拉斯镇，10 岁左右的儿童几乎都上学，但是很多女童从 15 岁开始就因为要帮母亲工作而辍学。如果印度的土地可以再生，薪材、饲料和水等资源都不那么难以获得，女性的劳动负担就可以减轻，识字率也就可以提高了。

表 2　马德拉斯镇居民的年均工作时间

	女人	男人	儿童（10~15 岁）
饲养家畜	547.5	—	—
农业	1 450	1 372	—
收集薪材	302	—	405
收集饲料叶	1 270	—	351
放牧	—	—	730
杂用	155	30	—
做家务	640.5	202.5	727.5
购物	—	192	672
房屋修理	—	20	—
合计	4 365	1 816.5	2 885.5

摘自：Centre for Science and Environment，1999，*The Citizens' Fifth Report: State of India's Report*，277.

3 环境方面的立法、行政管理和司法

3-1 环境法制

印度环境法制的变革可追溯到 19 世纪后半叶英国殖民地时代。当时，由于污水、固体废物引起的水污染以及噪声等问题，都是依据《刑法》或《警察法》处理解决的。之后，随着各类产业相继兴旺，开始需要地区层面上的公害对策。例如旨在防治加尔各答大气污染而制定的《东洋天然气公司条例》（Oriental Gas Company Act，1857 年），以及为防止噪声而制定的《马德拉斯防止损害法》（Madras Town Nuisance Act，1869 年）等，都是污染控制对策法规的先驱典范。

印度自 1947 年从殖民统治下独立以来，20 世纪 50 年代相继出台了《工厂法》、《产业发展与监管法》、《河流保护法》等。进而，在 1972 年以联合国人类环境会议（斯德哥尔摩会议）为契机，制定了《水污染防治法》（1974 年）、《水污染防治税法》（1977 年）以及《大气污染防治法》（1981 年）等法律法规。此外，在 1976 年第 42 次《宪法》修订中，在第 48 条 A 款，增加了"国家应致力于环境保护和改善，以及国内森林和野生生物的保护"的条款。

鉴于 1984 年在博帕尔发生的联合碳化物（印度）有限公司毒气泄漏事件（参见［专栏 1]）的教训，印度在 1986 年制定了《环境保护法》，在 1991 年制定了《公害损害赔偿责任法》，旨在救济因有害化学物质事故的受害者。《环境保护法》是环保领域的综合性框架法律，其最大特色是中央政府集权[2]。具体明确规定中央政府拥有的权限是：制定环境标准、制定环境污染物排放标准、制定特定区域内产业布局与运行禁令及控制、制定为了防止环境污染事故的程序与安全指南以及事故发生时的应急措施等。

关于大气污染防治方面的法律，其控制对象仅是产业和发电厂等固定污染源，而对于像交通运输部门等移动污染源的控制是比较滞后的。根据1981年颁布的《大气法》和1986年颁布的《环境保护法》，对汽车尾气做出了限制规定，其监管工作委任给联邦政府的陆上交通部和各邦政府的交通委员会。到了1989年，《中央汽车法》得到了50年来的第一次修订，首次规定在1991年要对汽车生产厂家进行尾气排放控制。表3所示为1996年前的标准和将来到2000年的目标标准。燃料质量并不属于限制对象，但从2000年下半年开始将对其进行控制（关于大气污染控制，参见[专栏2]）。

表3 印度汽车尾气排放标准（1991—2000年）

车型及排放源	1991年	1996年	2000年
汽油车：两轮车			
一氧化碳/（g/km）	15～35	4.5	2.4
碳氢化合物/（g/km）	10～12	—	—
碳氢化合物+氮氧化物/（g/km）	—	3.6	2.4
汽油车：三轮车			
一氧化碳/（g/km）	40	6.8	4.8
碳氢化合物/（g/km）	15	—	—
碳氢化合物+氮氧化物/（g/km）	—	5.40	2.4
汽油车：四轮车			
一氧化碳/（g/km）	14.3～27.1	8.68～12.40	3.16
碳氢化合物/（g/km）	2.0～2.9	—	—
碳氢化合物+氮氧化物/（g/km）	—	3.00～4.36	1.13
柴油车（重量3.5t以下）			
一氧化碳/（g/km）	14.0	11.2	4.5
碳氢化合物/（g/km）	3.5	2.4	1.1
碳氢化合物+氮氧化物/（g/km）	18.0	14.4	8.0
颗粒物/（g/kWh）	—	—	0.36
颗粒物/（g/kWh）	—	—	0.61
柴油车（重量3.5t以上）			
一氧化碳/（g/km）	14.0	11.2	4.5
碳氢化合物/（g/km）	3.5	2.4	1.1

车型及排放源	1991 年	1996 年	2000 年
碳氢化合物+氮氧化物/（g/km）	18.0	14.4	8.0
颗粒物/（g/kWh）：引擎输出功率 85kW 以下	—	—	0.36
颗粒物/（g/kWh）：引擎输出功率 85kW 以上	—	—	0.61

摘自：Anon，1997，"Steps Taken to Reduce Vehicular Pollution"，*Parivesh Newsletter*，Centre Pollution Control Board，Delhi，Vol.4（III），December：13.

Ministry of Surface Transport，Government of India，1998，*The Central Motor Vehicles Rule*.

3-2 环境行政管理

印度环境局在 1980 年建立了中央政府的环境行政管理，在 1986 年改组为由环境森林部负责环境行政管理。环境森林部由森林保护、野生生物保护、绿色技术、环境信息、环境教育、规划调查等 24 个厅局组成。

在 1997 年，印度建有 80 个国家公园（共 347 万 hm²）和 441 个野生生物保护区（共 1 141 万 hm²），占国土面积的 4.3%[3]。1991 年修订了在 1972 年制定的《野生生物（保护）法》，该法全面禁止利用国家公园内的资源和在公园内居住；除了部分与保护区相关人员的活动外，原则上限制人们在保护区内活动。

在 1997 年，印度划定了 9 个联合国教科文组织（UNESCO）倡导的生物圈保护区（Biosphere Reserve），除了为保障动植物、微生物等物种多样性的必要活动之外，还完善了研究、教育、培训等设施。此外，从 1973 年以来，中央政府和各邦政府合作，实施了保护老虎项目，在全国共划定了 23 个老虎保护区，总面积达 330 万 hm²。

印度是联邦制国家，25 个邦政府都分别设立了自己的环境森林局或森林环境局。对于环境污染控制方面，在邦级层面上还设置了污染控制委员会，独立于环境森林部的中央污染控制委员会。

3-3 环境诉讼

下面列举最高法院从博帕尔事件后的一些案例[4]，反映出印度国内环境意识的提高。

◆ 1985 年 12 月 4 日，总部位于德里的施拉姆（Shriram）食品肥料公司的工厂，泄漏出内含硫酸气体（浓缩硫酸）的剧毒烟气。以 M.C.Metha 律师为代表的原告团，将该企业和政府告上了法庭。该诉讼案的结果是，最高法院命令中央政府重新调整化学企业的相关布局政策，采取有效措施确保工厂远离人口密集区，同时命令企业支付总额 1 万卢比的损害补偿费用。

◆ 1987 年，位于坎普尔（Kanpur）近郊的 Jajimau 皮革厂，废水造成了恒河的水污染。最高法院判决认为，该事故责任在企业，企业未对废水进行恰当处理，就直接把废水排入了河流。

◆ 1991 年，在拉贾斯坦邦（Rajastan）萨里斯卡（Sariska）老虎保护区，大规模的矿山开发造成了环境破坏。在第二年，调查团被派遣到事故地区，最高法院的判决结果是，禁止在该保护区矿山开发。

◆ 1996 年，最高法院裁决，中央政府需设置新的负责部门，保护生态脆弱地区，特别针对沿海岸地区，保护其免受养虾造成的破坏。此外，针对印度 6 000 km 海岸带，最高法院裁决要求在 1997 年 3 月底前，关闭距离海岸线 500 m 以内的所有养殖场。

4 传统的环境运动

4-1 抱树运动（Chipko，也译作契普克运动）的发起

抱树运动是印度最著名的"草根"形式的群众性环境保护运动，

发源于印度北部喜马拉雅山一带的嘎瓦尔（Garhwal）地区。抱树运动"不仅如实地反映了印度环境保护运动的状况，而且也尖锐地质问全球环境破坏背后所存在的根本问题"。[5]

"契普克"在印度文（Hindi）里是"拥抱"的含义，该词来源于1973 年在嘎瓦尔的一个小村庄，反对商业砍伐的当地居民（尤其是妇女），通过抱住树木来阻止砍伐，守护森林。后来，在嘎瓦尔各地都发起了抱树运动，而且还培育出保护森林的潮流，结果在 1980 年，印度总理英迪拉·甘地承诺，在北方邦喜马拉雅山地区，15 年内禁止商业砍伐。进而，抱树运动的思想和战略不仅随着国内外森林保护运动而不断发展，还被应用到后来的反对矿山开发和特里大坝（Tehri dam）建设等运动中。

抱树运动这种抵抗形式的最大特征是沿用了"非暴力思想"，具体说就是，妇女们不怕死亡守护树木的行为；抗议不当行政决策而进行的无期限绝食行为；祈奉树木和河流免受危害的非暴力抵抗行为。

4-2　抱树运动的理论与运动战略

下面，以通俗形式阐述抱树运动的一般理论基础及其运动战略。

首先，抱树运动展现了人们正当地保护环境的行动同其具体的自然生存条件之间的关系。抱树运动的口号也明确表明，人类生存乃至生命的基础都同自然之间有着密切的联系。"森林生产些什么？是土壤、是水、是清洁的空气"、"树木即水，水即粮食，粮食即生命"、"保护环境就是可持续发展的经济"。

第二，抱树运动是以当地的社会结构和意识结构为基础的。对于把森林看成"自己的家园"或"大家将来的财富"，或感到"愉悦或骄傲"或感到"精神安慰"的人们来说，森林不仅是单纯为了日常利用的需要，而且在社会方面和精神方面都是必不可少的。

第三，抱树运动的宗旨在于女性自立和地区自立。可带来收益的树木被称作"雄树"，保障自立生存的树木称作"雌树"，因此环境保护与保护女性利益是一致的。而且，契普克的女性参与斗争的目的，不仅为了"女性自立"，而且还为了"地区自立"。所以，孕育生命且维持生命的"女性原理"，提供了在今天如何回避环境危机的途径。

第四，消息传递的多样化手法。抱树运动并未停留在嘎瓦尔地区。抱树运动的相关信息，通过有名的著作、演讲以及各种媒体，向居住在城市的居民甚至海外传播。为了把信息传送到识字率低的山区和丘陵地区，必须创造出其他传播方法。抱树运动的成员们创造出了各种各样的新方法，如徒步行进、民众诗歌、印度森林文化传承、环境开发野营活动等。很多表现人与自然之间关系的语言和方法，并不受限于国家、民族、经济贫富、教育程度等差异，而都成为传递抱树运动信息的有力手段。此外，通过宣传未来破坏状况的一些预言，唤起人们的想象力，使人们更加意识到自然同人类的关系。

第五，向领导层呼吁。嘎瓦尔地区具有长期的农民运动历史，人们继承了抵抗的做法，如不合作、徒步行进、直接向国王越级上诉等。在抱树运动中，不仅采取不合作和徒步行进方法，也采取直接或间接向邦长、环境大臣、甚至印度总理提出诉讼的方法。

最后，抱树运动立足于从全球范围来解决问题。抱树运动不仅单纯地反对破坏自然环境，而且对森林的商业砍伐甚至其背后的开发帝国主义思想也提出尖锐质疑。在这个意义上说，这种从地区出发的草根环境运动的行动原理是提倡"全球策划，全球行动"（Think Globally，Act Globally）这一观点。

在赋予抱树运动以"抵抗"的特质与力量背后，是地区社会结构或精神结构的力量积累。这些积累是在抱树运动之前的农民运动的伦理文化，是孕育生命、维持生命的"女性原理"，是敬畏自然的印度教（the Hindu）思想，是自己甘愿受苦的甘地非暴力传统。此外，抱树运动拥有大量骨干，他们自愿承受严酷的痛苦，通过传统乃至经验，掌握转化成为战斗性非暴力运动的能力与方法[6]。

4-3 苏霍玛吉里村事例

在哈里亚纳邦（Haryana）的苏霍玛吉里（Sukhomajiri）村，20世纪70年代初以前土地就开始退化，植被变得稀疏。以土壤学家米什拉（P. R. Mishra）为中心的调查组在该村开始了"土地再生"的尝试。米什拉提出"社会圈地"（social fencing）的概念，呼吁人们开挖雨水蓄水池，在水域地带不进行无序放牧。他还巡回演讲，建议大家在丘陵地区也要有节制地放牧。

结果，从1972年到1992年期间，苏霍玛吉里实现了草木增长，每公顷土地拥有的树木量从13棵增加到1 272棵，产草量从40kg增加到3 000 kg。传统上用于编绳的一种野草（Bhabbar）也逐渐变成了造纸原料。

生态系统的再生带来了农业和家畜生产能力的提高，每户家庭的年收入也从1979年的1万卢比增加到1984年的15 000卢比（见表4）。在1989年，对于再生森林的收入开始征税。但是，苏霍玛吉里村在经济方面收益丰润后，政府官员也加强了介入。在野草（Bhabbar）销售的收入中，村的收入分配被控制在34%，政府征税占43%，剩余的23%为共同管理部分。

表4　苏霍玛吉里村生态系统管理的经济效益

物品	村民们的收益
木材	每年1 500万卢比
牛奶	每年35万卢比
纸浆	每年95 000卢比以上
家庭收入增加	从1979年1万卢比增加到1984年15 000卢比

摘自：Madhu Sarin，1996，*Joint Forest Management：The Haryana Experience*，Centre for Environment Education，Ahmendabad.

与苏霍玛吉里村同样的尝试扩大到哈里亚纳邦的80个村、旁遮普邦（Punjab）的60个村、喜马偕尔邦（Himachal）的5个村以及比哈尔邦（Bihar）的30个村。然而，由于很多村庄只关注苏霍玛吉里村的技术方面的东西，忽视了领导关系和男女平等的参与以及社会方面和制度方面的东西，导致各地成效不一。

5　结语

关于印度环境的现在和将来，可以归纳为以下两点：

1）抱树运动开展之后，印度各地努力开展基于地区自身社会自然的环境管理，如果将这些努力应用到其他地区，许多农村都很有可能脱离经济贫困。

2）另一方面，在印度的城市地区，由于污染严重、交通堵塞和固体废物等问题，生活环境已经让人难以忍受。如何改善城市环境问题，尚未出现可寄予希望的、划时代的解决方案。

在对于未来的期待与担心的相互交错下，印度环境方面的相关法规制度慢慢地建立起来了。在印度，法律的限制一般都很严，罚则规定也很重，但实际执法情况同亚洲其他各国一样，也存在很大问题。居民发起的环境运动，是迫使国家和各邦政府制定和实施更为有效的环境政策的原动力。1998 年，印度的民间环境团体数量超过 1 400 个，农村开发相关的民间团体也接近 2 000 个[6]。

在《印度的环境现状：市民报告》最新版的结束语部分，为了使印度在 21 世纪努力建成更加 "以人为本" 的国家，实现社会与经济的协调发展，提出如下价值观和理念[7]。下面，列出这 5 个价值观和理念作为本章的结尾。

◆　敬畏自然；
◆　尊重文化多样性；
◆　尊重贫困阶层及其知识、对逆境的应对能力；
◆　重视社会、文化、经济以及性别间的平等；
◆　尊重民主主义和参与的权利。

专栏 1 世界上最严重的一次化工灾难——博帕尔事件及其发生之后

1984 年 12 月 2 日深夜,位于印度博帕尔市的美国联合碳化物（印度）有限公司农药厂泄漏出剧毒物质异氰酸甲酯 MIC（methy isocyanate）气体,袭击了整个博帕尔市,造成 2 500 人死亡和 50 万人受害（据当时推测）,是化工历史上最为严重的悲剧事件。博帕尔是位于印度中部的玛迪亚邦（Madhya Pradesh）的行政中心,当时人口 70 万人,分为老城区和新城区,老城区分布着火车站、公交车站和鳞次栉比的店铺,新城区有高级住宅区、政府机关、大学等,博帕尔还有上湖和下湖等人工湖泊。

联合碳化物（印度）有限公司位于老城区的北侧,1969 年开始运行,工厂主要生产杀虫剂,自 1979 年起,为了生产棉花消毒剂,开始生产造成本次事故的异氰酸甲酯。该产品原在美国联合碳化物有限公司本部所在地弗吉尼亚州（Virginia）生产,为了降低运输成本,改在就地生产。在产地转移时,技术转让不很充分,这是造成事故的重要原因。而且,在 1984 年 11 月,即事故发生的前 1 个月,工厂改变了经营方针,为了削减成本,采取裁员对策,解雇了有经验的工人,并降低了安全标准,这些也是发生事故的隐患。

12 月 2 日晚上,40 t 的异氰酸甲酯储罐里混入了大量的清洗用水,引起剧烈的化学反应,罐内温度上升到 500℃ 以上。晚上 11 点 30 分,剧毒气体因为高压开始泄漏,到第二天凌晨 1 点 30 分,气体向外扩散了近 2 个小时。防止事故的安全装置因故障而没有启动,气体向毫无防备的街道蔓延开来。

处于工厂周边的贫民住宅区,熟睡中的居民感觉到犹如烧烤辣椒似的刺激气味。身体强壮的人们得以逃脱,而以老人和儿童为主的 4 000 名居民中,近 1 000 人死亡,酿成了惨剧。剧毒气体从北向南乘风而动,向市中心、车站和居民区扩散。博帕尔人在深夜落荒而逃,造成了严重的混乱。

　　此后几个月，无论是政府还是民间，印度各地都开展了各种各样的援助和调查。1985 年 3 月，印度政府制定了《博帕尔毒气泄漏灾害条例》，确定印度政府为受害者的唯一代表，对联合碳化物（印度）有限公司提起诉讼。1989 年 1 月，最高法院提议庭外和解，联合碳化物（印度）有限公司支付 4.7 亿美元（约 600 亿日元）的赔偿，要求印度政府免除诉讼。受害者方面坚决反对庭外和解，1991 年，最高法院同意赔偿金额但取消了免除诉讼。在 1993 年，联合碳化物（印度）有限公司开始对受害者赔偿支付，死者每人获 9 万卢比（约 30 万日元）赔偿金，32 万幸存者每人获 25 000 卢比（约 8 万日元）。但是，10 万名没有医疗记录的受害者的要求遭到拒绝。1994 年，印度医学研究理事会（ICMR）等印度政府公布了灾害影响调查研究结果。

　　针对这次事件，受害者团体和世界各地的援助组织成立了"博帕尔国际医学委员会"，由 11 个国家 14 名流行病学和临床医学等专家、法律专家组成。1994 年 1 月在现场实施了流行病学、临床、健康管理、药品使用、法律等的调查，在 1996 年 12 月发表了《最终报告书》。该报告书称，包括 10 万儿童在内的约 50 万人暴露在异氰酸甲酯以及其他已知或未知的剧毒气体中，在最初的 1 个星期里，约 3 500 人和几千头动物死亡。关于长期影响方面的数据五花八门，相对比较可靠的是：4 000 人受到严重伤害，5 万人丧失劳动力，至少有 4 000 人死亡。事故以来，46% 的居民离开了受害登记的地区。灾难之后，政府规划了印刷、焊接、裁缝等 50 个职业训练所，只开设了 30 家左右，到了 1988 年，只剩 11 家，1992 年只剩下唯一的 1 家文具作业所。事故后的环境污染也很严重，地表、住宅、井水等都遭到有害化学物质的污染，需要进行解析和长期监测。对儿童今后的健康影响也令人堪忧。据印度医学研究理事会的研究，灾害导致当地流产率为全国统计平均值的 3 倍，新生儿的死亡率为 2 倍，在 2 566 件妊娠当中，确认 33 名新生儿为先天性畸形。此外，对染色体的影响也使人担忧。精神疾患的频率在增高，发烧性疾患、呼吸道感染症、肠胃感染、皮肤、眼睛、耳朵的表性感染频率也在增高，许多儿童出现哮喘、咳嗽、胸痛、食欲不振等症状。

该报告书建议：1）作为环境修复，要确保安全饮用水，要改善厕所卫生条件，为呼吸道疾病患者减轻汽车和取暖炉引起的大气污染等；2）作为社会及社区修复，要为劳动能力下降的人们实施持久性的职业训练，开设支援居民自救的协助组织、社会中心和作业所等，尽快决定受害者的赔偿并完善基础社会保障，援助重症患者的生活，为孤寡人们提供集体居所，对女性团体参与社区活动给予奖励；3）作为医疗修复，要进行含有营养的基础健康管理和治疗、疾病预防、加强健康，构筑以社区为基础的健康管理系统，提供障碍和治疗法的信息，继续受害调查研究和对医疗机构的检查，提供治疗信息和指南的编写；4）要求追究联合碳化物（印度）有限公司的刑事和民事责任。

此外，在受害者团体和各地援助组织的相互合作下，1997 年 9 月设立了桑巴布纳博帕尔民众健康诊疗所（Sambhavna（印度语意指可能性）Trust Bhopal Peoples Health and Documentation Clinic），在当地进行医疗活动的同时，继续努力对受害者的实际情况等进行长期调查。另外，博帕尔组织了以女性为主的受害者团体，每星期六集结几百人，继续对政府和联合碳化物有限公司开展抗议活动。在美国，于 1999 年 11 月，对联合碳化物有限公司的责任提起诉讼，但在 2000 年 8 月，遭到的裁决是"拒绝请求"，问题的解决面临重重困难。在沙林（sarin 学名甲氟膦酸异丙酯）和二噁英等农药或化学物质的危害重新遭到质疑中，博帕尔事件作为跨国企业的犯罪行为是绝不可忘记的。

（谷洋一）

专栏 2　印度的大气污染何时能改善？

今后，印度城市的大气污染还会进一步恶化。究竟何时能改善呢？据笔者的预测，到 21 世纪上半叶结束之前是不可能的。

在 1997 年，印度中央污染控制局（CPCB）公布了 70 个城市的大气污染数据。据此可知，在除了位于山区（Shillong）以外的 69 个城市，全年都发生悬浮颗粒物引起的大气污染。德里位列世界污染最严重的城市之首，在印度国内很多数人也都这么认为，但这未必正确。虽然德里是世界卫生组织观测的世界 20 余个城市中最糟糕的，但根据 CPCB 的监测数据，德里却并未进入最糟糕城市之列。

这个问题同极为薄弱的污染监测的质量问题有关。首先，在瓦拉纳西（Varanasi）和斯瑞纳噶（Srinagar）这些城市，并没有进行污染状况监测；其次，即使在一些城市进行监测，但监测点位也很少；第三，许多重要的污染物并未被列为监测对象。

最大的大气污染源是发电站、工业和交通运输部门，特别是来自交通运输部门的污染在急速增加。在 1975—1995 年期间，印度的 GDP（国内生产总值）增加了 1.5 倍，而交通运输部门的污染物实际上增加了 7 倍。印度正处于工业化、机动化和城市化的转换期，污染总量还将继续增加，污染将更严重。

现在，印度的大气污染处于与 20 世纪 60 年代的西欧各国大致相同的水平。那么，在西欧实施的对策能否在印度很快实行呢？不得不说是相当困难的。理由整理如下，即印度同西欧各国的一些异同点：

1）印度的政治家们在此之前完全不关心污染控制，污染控制也未曾成为选举的争论点。政治家也没有要去劝说主要污染者企业部门的想法。政府管辖的公司和发电站都是巨大的污染源。政治家也担心失去小污染源——中小企业主、出租车车主和机动三轮车车主这些重要的选票源，故而对污染控制闭口不提。因此，印度的选举民主主义对于污染问题的控制甚是脆弱。尽管印度颁布了《污染控制法》，但形同虚设。在不远的将来，这种状况改变的可能性也很小。

2）污染控制需要规则和限制。由于政治家和官僚的渎职，《污染控制法》在所有层面上都不太可能有效地实施。

3）污染控制需要一定的投资。现在，印度的人均收入远不如西欧各国 20 世纪 50 年代的水平，实施投资的可能性也很小。政府必须采取严厉的预防措施，这远低于对策疗法所需的巨额费用。此外，企业不论规模大小，必须遵守最低限度的环境标准，否则应给予严厉的处罚。然而，无论是政治家还是官僚，都不知道如何实施才好。负责污染控制的官僚机构今天甚至对已经造成的悲剧都束手无策。污染者—政治家—官僚的关系链极强，所以政府也不想做什么。

大气污染不论对富人还是穷人，其影响都是一样的。但是，如果是有钱人，就能够负担起哮喘或癌症的治疗费，但穷人在经济上却无法承受。换言之，印度的财富是建立在牺牲穷人、老人、孩子以及遗传上易受影响的这些人健康之上的。

克服污染的斗争如果想要取得成功，只有国内所有城镇的人们都站出来，把力量集结在一起，开展民众运动。但是，这并非易事。重要信息都掌握在政府官员和科学工作者手中，一般民众仅能得到一些杂乱无章的信息。为了同环境污染作斗争，需要科学知识。除非民间社会本身掌握科学知识，或者找到愿意合作的科学工作者，否则，要实现环境与发展的协调，就是一个可望而不可即的目标。

被污染的 21 世纪正在恭候大家。

（Anil Agarwal）

第 4 章

7 个国家（地区）的续篇

照片为宁越水库的建设预留地东江。此处栖息着大量的生物，而且也是阿里郎文化的重要文化遗产。

照片提供：郑成春

照片为有关水库建设的讨论会：宁越郡长正在对水库建设表明反对意见。

照片提供：郑成春

日本 Japan

这几年来，日本在环境方面采取了以下几项大动作。第一，环境厅从 2001 年 1 月起升格为环境省，环境行政管理的范围和权限发生了变化；第二，为应对新出现的环境问题，日本制定了一些相应的环境法律，环境行政朝着新方向展开；第三，以推进解决道路公害政策的出台为前提，一些大规模的大气污染诉讼达成了和解。

1 环境厅升格为环境省

日本政府在桥本内阁时代（1996 年 1 月—1998 年 7 月），作为行政改革内容，对中央省厅（日本的"省厅"相当于中国的"部委局"——审校者注）进行了改组，并着手推进了地方分权。1997 年 12 月，行政改革委员会提交了《行政改革会议报告》，基于该报告，1998 年 6 月制定了对于中央省厅等的《改革基本法》，决定从原有的 1 府 12 省（另有设置大臣职位的 10 个厅及委员会）改组和整合成 1 府 10 省（另有设置大臣职位的 2 个厅及委员会）。紧接着，1999 年 7 月，制定了《省厅改组相关法》，同时还通过了《地方分权法》。随后，从 2001 年起，环境厅升格为环境省，作为中央政府的一个部，负责环境行政工作。无疑，环境省可望确保环境行政的独立性，推进同其他行政领域的综合调整。但是值得担心的问题是，新成立的环境省的任务范围及其权限。根据 1999 年 7 月通过的《环境省设置法》，环境省的任务范围是保护地球环境、防治污染、保护与改善自然环境、其他环境保护任务（包括创建良好的环境）等，掌管的事务有，环境保护基本政策的规划和制定、有关环保方面的环境行政机构的事务协调等。作为具体管辖范围，环境省与以前的环境行政（环境厅）的最大不同是，固体废物行政划归环境省管辖（此外，在细节上也有相应的变化）。特别是对于有争论的固体废物循环和林野厅管辖的森林等方面的行政管理，现在加上了环境省参与共同管理，但在整体上仍维持从前的行政管辖，看来是把问题留给了将来。在权限方面，在同其他相关行政机构的关系上，环境省可以对环境保护基本政策的重要事项提出建议，并且可以要求其他行政机构报告他们对于环境省建议所采取的相应措施。从这一点来看，环境行政管理的权限比以前加强了，在力争环境行政同其他相关行政管理力求整合的意义上，是一项重大进步。但是，想通过设置环境省来实现环境行政管理的综合化，这才是刚刚开始。

2 新的环境法与环境政策

2-1 全球变暖对策

在全球变暖问题、固体废物问题、化学物质引起的环境风险问题这 3 个领域，日本的环境法制方面出现了重大动向。

首先关于全球变暖问题，日本政府于 1997 年 12 月在京都召开的联合国气候变化框架公约（1992 年 5 月通过，1994 年 3 月生效）第 3 次缔约国会议上（COP3），签署的《京都议定书》上承诺，在第一阶段约束期的 2008—2012 年之间，相比 1990 年二氧化碳排放水平，日本每年削减 6%（共计削减 30%）。然而，日本政府如何履行该项承诺，则是个大问题。下面，简要总结一下日本政府出台的相应对策：1）对于二氧化碳、甲烷、一氧化氮这 3 种气体，主要采用节能对策（控制二氧化碳排放，换算成碳大约需要削减 5 650 万 t）和新扩建核电站（相当于新建 20 座），预计达到削减 2.5% 的目的；同时，随着氟利昂替代品等其他 3 种气体的使用会增加 2%，预计通过植树造林削减 0.3%；通过计算带来净减少 0.8%；2）通过新的国际谈判，努力确保追加森林吸收部分（2010 年日本所有森林的净吸收量估计为 3.7%）；3）通过灵活应用"京都机制"[排污权交易、联合履约、清洁发展机制（CDM）]努力确保剩余部分的削减（削减 1.5%）（以上摘自 1998 年 6 月日本内阁地球变暖对策会议上的《推进全球变暖对策大纲》）。但是，通过上述多种对策的组合，可以说还是难以完成削减 6%的义务（实际上由于化石燃料的使用自 1990 年以后增加了，必须削减 10%以上）。主要理由是：1）在日本推进超越现有能力的核能发电是不现实的（自 1999 年 11 月东海村临界事故发生后，在日本推进核电的选址是越来越难了）；2）追加森林吸收比例的谈判同以减少温室气体总量为目的的全球变暖对策相互矛盾；3）大幅度采用作为辅助措施的"京都机制"这些手段是同《京都议定书》的宗旨背道而驰的。

日本在 1998 年 6 月修订了《有关能源利用合理化法》（以下简称《节能法》），以及同年 9 月制定的了《全球变暖对策推进法》（以下简称《变暖对策法》），作为实施全球变暖防治对策的法律。在《节能法》中，采用所谓的"上限方式"（在现已商品化的产品中，采用能源利用效率最高的机器的性能水平作为标准），改善了汽车、电器等机械的能效，同时，也强化了工厂和事业单位的能源管理水平，提高了能效。确实，现在很需要实施《节能法》规定的节能对策，作为手段之一的"上限方式"，作为推广市场最高能源性能的手段，实际上也是非常有效的。同时，也需要强化工厂等场所的能源管理水平。但是，日本的能源对策几乎已经全面推进了，今后单靠节能对策是很难完成上述国际承诺的。而且，还需要考虑到必将到来的"第 2 阶段约束期"（2012 年以后）的中长期政策。从这点看，仅靠节能对策是非常不够的，对于造成环境负荷的整个社会系统，必须加快调整，为了将社会转变成为环境负荷最小的社会结构和社会系统，必须制定政策。本来，《变暖对策法》就是为了实现这一目标而制定的，但是该法由于省厅之间的对立，几乎没有什么实际效果。在现阶段，该法在削减温室气体方面并不是一部有实效性的法律。例如政府制定的有效的应对变暖对策的《基本计划》，是不是应该包括"基本方针"？是不是应该有具体的政策清单和具体的目标值？国家必须强化在推进政策时关注控制温室气体排放等方面的规定，在颁布实施全球变暖相关政策时，要强化实施"政策评价"的规定；或者如果能够在对环境行政机构要求环境厅长官给予合作时，强化上述这些规定，通过环境厅长官的"建议形式"改变上述情形，是否多少会有实际的效果？现行的《变暖对策法》作为批准的《京都议定书》的前提，需要尽快修订。

2-2 固体废物对策和再循环的制度化

从20世纪80年代中期开始，日本的一般固体废物和工业固体废物都显著增加了，进入20世纪90年代，为了降低环境负荷和资源浪费，关于"再循环必要性"的呼声空前高涨。为了推进再循环利用，1991年制定了《再生资源利用促进法》（即所谓《再循环法》），尽管再循环的流向尚未达到制度化，也没有产生出实际效果，但这毕竟是指导再循环和建议的基础。因此，为了针对不同种类的产品，将再循环实行法制化，在1995年6月颁布了《促进容器包装分类回收与再商品化相关法》（以下简称《容器包装循环法》）、1998年6月颁布了《特定家用电器再商品化法》（以下简称《家电循环法》），在2000年6月颁布了包括这些法律内容在内的《推进循环型社会形成基本法》。

其中，《容器包装循环法》（自2000年4月无论在对象企业方面还是在对象种类方面都不断扩大适用范围，全面推行），各市、町、村按照分类收集计划的规定，要求消费者将容器和包装分类，市町村组织有关部门对其进行分类收集，之后，企业（特定容器利用企业、特定容器生产企业、特定包装利用企业）对其进行循环再利用。但是，这种机制是在市町村承担进行分类收集容器和包装费用的前提下，企业承担对其再利用的义务，这点不同于德国或法国的方式，特别是市町村的分类收集费用，最终是纳税者负担的，其恰当性遭到质疑。

2-3 对于化学物质引起的环境风险的对策

近来，在日本各地都已明了，日常的固体废物（以及其他物质）焚烧过程中会产生二噁英，它具有极强的急性毒性，即使微量也具有致癌性，需要采取紧急的和根本性的解决对策。此外，成为全球性问题的还有环境激素类的化学物质的大量使用，它们对人体可能造成的影响也成了颇受关注的问题。政府对此采取了新对策。其中关于二噁英问题，在 1999 年 7 月颁布了《二噁英类物质对策特别措置法》（以下简称《二噁英对策法》）；关于一般化学物质，也在同样的 1999 年 7 月颁布了《关于掌握特定化学物质向环境的排放量以及促进管理改善的相关法律》（以下简称《PRTR 法》）。

《二噁英对策法》规定了每人每天可耐受的摄入量（TDI），结合现在大气、水、土壤等的环境标准，并导入迄今许多已用于处理污染的公害防治对策，包括：排放标准和追加标准、指定区域污染物总量控制（具有居民提出意见的制度）和污染物总量控制标准以及总量削减计划、指定区域二噁英类物质污染土壤对策的制定与对策计划以及处罚（直接处罚）规定等。但是，关于 TDI，WHO 规定的是 $1\sim4pg/kg$（$1pg=10^{-12}g$），最大值取 4pg，所以实际规定的环境标准值是不是合适呢？另外，关于设定食品安全标准、控制小型焚烧炉的使用、控制含有可能形成污染物质的原材料等方面的问题，这些都是今后研究课题的方向。

《PRTR 法》，以人们对大量使用的化学物质给人体和生态系统造成的影响尚无足够认识为理由，避开了严格的法律监管，从化学物质风险管理的观点看，PRTR（Pollutant Release and Transfer Register）是将登记与公布有害化学物质向环境的排放量以及固体废物里含有的转移量这项机制实行制度化。总之，这项制度是企业将需掌握的、指定的、可能损害健康的化学物质向环境的排放量以及在固体废物中的转移量，每年经由都道府县知事向主管大臣上报，主管大臣再通知环境厅长官以及通产大臣（相当于外经贸部长），两大臣把其记录在计算机备份到文件中，把每种物质按种类和地区进行统计，然后再把统计结果通知主管大臣以及都道府县知事，同时对外公布。在公布时，任何人都可以向主管大臣请求公示各个相关企业的信息。此外，被指定的企业在处理和转移指定的化学物质时，必须提供这些化学物质信息的文字版或电子版清单（化学物质安全性资料单）。这样，该项制度通过收集和公布（风险公示）化学物质信息的方法，来管理化学物质引起的环境风险，也可以说是解决环境问题的新手法（无疑，荷兰、美国等欧美各国早就引进了该项机制）。

另外，这种风险管理手法，是力求通过公开信息达到促使企业自主努力来降低其风险，但也有人指出它有很多问题，例如关于日本的制度体系，还不能充分保障当地居民的知情权（尚停留在通过申请公示，逐个进行公示申请，需要相当的费用）、保护商业秘密很过度，而对违反义务等的违章罚款（20 万日元）则过低。

3 公害和环境裁决迎来的新阶段以及今后的发展方向

在《亚洲环境情况报告》创刊号（1997/98 版）中已经介绍过西淀川公害诉讼案、川崎公害诉讼案、仓敷公害诉讼案等大规模的大气污染诉讼案，在 1996 年年底前，法院判决受害者胜诉，通过被告企业支付一笔和解金（其中包括为受害地区恢复再生所需资金在内）而达成和解。而在西淀川公害诉讼案和川崎公害诉讼案中，关于对道路管理者国家和相关道路集团公司的诉讼仍持续了一段时间。后来，分别于 1998 年 7 月和 1999 年 5 月在得到国家和各个道路集团公司承诺采取汽车公害防治对策之后而和解结案。

此外，在邻接大阪市西淀川区的尼崎市发生的尼崎公害诉讼案，同西淀川公害诉讼案、川崎公害诉讼案一样，都是大规模的大气污染诉讼案，该诉讼案在从同被告单位的关系上看，在 1999 年 2 月 17 日，没等到一审判决，企业通过支付包括公害地区再生费用在内的和解金而以和解告结，但是对国家和阪神高速公路的诉讼还在继续。在之后的 2000 年 1 月 31 日，神户地方法院裁定，通过尼崎市内 43 号国道以及阪神高速公路沿路的 50 米范围内的汽车尾气——特别是悬浮颗粒物形成的大气污染——同当地居民的呼吸道系统疾病之间存在一定的因果关系，据此颁布禁令，要求国家和道路集团公司承担共同非法行为责任（损害赔偿），并要求悬浮颗粒物不得超过一定浓度（日均值 0.15mg/m^3）。国家和道路集团公司不服该判决，提出上诉，大阪高级法院曾劝告当事人和解，但国家方面拒绝，该诉讼案正处于二审阶段。

尼崎判决，在真正的大规模的公害事件上作为承认许可的公害请求禁止事件是具有重要意义的。在该判决案中，认定了悬浮颗粒物，特别是柴油车尾气对健康的影响，正视严重的汽车公害问题，而且还对在东京都等地方自治体发生同样大规模的大气污染诉讼案中出现的汽车公害对策产生深远影响。东京都已经开始计划制定控制柴油车尾气排放对策、道路使用收费案，以及在东京使用汽车的规则等，国家也开始制定主要针对柴油车的新的汽车公害对策（参看［专栏1］）。

（责任执笔：淡路刚久）

专栏1　东京都的道路收费政策

近年来，在日本出现了赋予各地方自治体独自征收环境税和附加税权力的动向。其中，在东京都讨论实施的《汽车交通需求管理政策》，特别是作为政策重要一环的道路收费制度、对象的规模、影响的大小程度等都是今后备受关注的地方。

在东京都，汽车引起的大气污染状况非常严重。这种污染状况在这几年里几乎没有得到任何改善，特别是对呼吸道有恶劣影响的氮氧化物、悬浮颗粒物（SPM），能达到环境标准的监测点位极少。在这种背景下，虽然在逐年严格限制汽车尾气的排放量，但汽车本身数量在急剧增加。在东京都，从汽车的种类分析，轿车和普通货车的数量不断增加，汽车的大量增加成了交通堵塞和引起大气污染的主要原因。针对这种状况，东京都自 1997 年开始，研究制定交通需求管理（TDM）政策，在 1999 年 11 月编制了《东京都 TDM 行动方案》。该方案向市民公布，通过广泛征集市民意见等方式，在 2002 年 2 月制定了包括道路收费提案等在内的《TDM 东京行动计划》。

所谓《交通需求管理》，是通过提高汽车的有效利用和转向利用公共交通等手段，力争实现抑制交通量的增加，均衡交通集中状况等"交通需求均衡化"，通过这些来缓和城市或者地区层面上的道路交通混杂状况。此外，所谓"道路收费政策"是指用以控制交通量的一种经济性刺激手段，即在急剧混杂的地区及其周边，通过对将要进入该地区的汽车征收费用。东京都的目标是，在2003年以后引进这项制度。再者，为有效削减汽车交通量，需要尽量降低伴随产生的污染削减成本，即边际污染削减成本。在东京都作为补充完善汽车交通量削减政策的政策是，通过组合包括进一步完善自行车在内的公共交通系统、进行路面停车限制、高效地促进物流、制定停泊—转乘计划等各种政策，实现更有效的综合性实施政策。此外，与《交通需要管理政策》同等重要，在尾气引发的问题中特别令人担心的是对人体健康的影响，针对肉眼可以看到的可吸入颗粒物引起的污染，正在推进"柴油车NO作战"计划。具体说，考虑对未安装柴油颗粒物净化装置（DPF）的柴油车禁止其在市内通行，也开始关注至今迟迟未能推进的"日本汽车尾气污染对策"是否需要推进的问题。

但是，针对道路收费政策的具体实施，在技术、法律、社会影响、政策整合等方面还存在一些需要研究讨论的问题。例如，在技术问题方面，需要对征收范围［边界线收费（在地区交界线对内外交通、途经交通进行收费）、区域收费（对在区域内的交通也进行收费）等方法］的研究、征收方法（stickers、收费站等）的研究、时间段、收费区域、对象以及防止逃费对策等，进行具体研究。此外，在法律上还需要作些调整，包括，同以前的"道路免费开放原则"之间的关系以及地方自治体的税收权等方面。例如日本的《道路法》规定，除高速公路等以外，基于道路用于一般交通之用的定义，公路是免费开放的，但由于道路收费政策对一般公路利用者也进行收费，违反了该原则，恐怕需要修订新的法律。此外，在日本，地方自治体可独立收费，存在法律规定之外普通税以及法定外目的税的制度，特别是作为后者的法定外目的税，是否可以引进以汽车交通需求管理为目的的道路收费制度，也将成为重要的讨论要点之一。而关于社会影响方面，也存在很多问题，如在某些特定地区，由汽车交通费用上升引起业务和物流费用上升、汽车利用限制带来方便性的下降，仅负担起高收费的人群可在对象区域内利用汽车的不公平性以及这些问题造成意向形成的困难性等问题，而且还需要对征收费用的用途以及替代交通机制的设备完善问题等进行综合性研究讨论。

　　如上所述，东京都的道路收费政策仍存在许多值得研究的问题，但是地方自治体可以通过制定符合各地实情的独自政策，采取最为详细的对策，希望今后实施这些政策的地方自治体通过进行环境税和道路收费制度，使得各个地区各具特色的环境问题得到更有效的解决。

（镇目志保子）

韩国　Republic of Korea

1　20 世纪 90 年代下半期环境政策的主要内容

为了掌握韩国中央政府（环境部）环境政策的主要内容，首先需要考察中央政府编制的环境规划。这些环境规划多种多样，其中作为规定环境政策的方向性而特别重要的有，基于《环境政策基本法》第 12 条的《环境保护长期综合规划》（10 年规划），以及为实施长期规划的《环境改善中期综合规划》（5 年规划）。后者的中期规划，基于《环境改善费用负担法》第 5 条。而且，还有依据单项法的各种领域的规划。

为了全面了解 20 世纪 90 年代下半期的韩国环境政策，必须考察《环境保护长期综合规划》。在 1996 年，韩国政府发表了长期综合规划《21 世纪环境展望》，该规划确定了 1996—2005 年的 10 年间环境政策的基本方向。在该规划中，明确制定了 5 项原则，即：预防原则、开发和环境协调发展原则、污染者付费原则、活用经济手段原则以及信息公开原则。依据这 5 项原则，对各领域的具体政策内容进行细化。政策中最重要的内容是关于水质改善与大气污染防治以及固体废物处理等问题。这些都是同人们基本生活条件有直接关系的问题。韩国政府现在把环境保护相关预算的一大半用于水质净化、降低大气污染、固体废物减量化以及削减处理成本等方面。总之，为了实现上述政策目标的主要方法是，利用公共投资，建设环境基础设施。在韩国，供水设施、排水设施、净水设备等的普及较晚。在固体废物管理方面，最终处置场的建设和管理也很落后，而且中间处理设施也十分不完善。基于这些认识，韩国政府（特别是环境部）认为，利用公共投资来完善处理设施，是最有效的应对环境问题的措施。关于这一点，在《第二次环境改善中期综合规划》（1997

—2001 年）中有所反映。表 1 是关于该规划的主要投资明细表，从 1997 年到 2011 年的 5 年间，共投资了大约 32 万亿韩元，建设环境基础设施是韩国环境政策的主要支柱。总额 32 万亿韩元中，公共投资占 22 万亿韩元，其余 10 万亿韩元是民间投资。同第 1 次的《中期综合规划》相比，投资金额大幅度增加。即第 1 次规划支出的投资金额（基于实际的支出）是 15 万亿韩元（其中 9 万亿来源于公共投资），第 2 次规划增加了 1 倍多。而且，从详细的明细表看，大部分投资金额都集中在水质、大气、固体废物领域，例如投资于自然环境保护方面的金额不足 2.4%（7854 亿韩元）。韩国现在环境政策的重点，相比自然环境保护和市容保护，更多地放在解决环境污染问题（公害问题）上。

表 1 《第二次环境改善中期综合规划》的投资明细表

单位：韩元

领域	合计	1997 年	1998～2001 年
合计	326 108	58 749	267 359
大气保护	102 041	20 330	81 711
水质保护	132 999	26 341	106 658
供水与排水管理	33 692	4 928	28 764
固体废弃物管理	49 522	6 116	43 406
保护自然环境	7 854	1 034	6 820

摘自：韩国《环境白皮书》1998 年。

2 地方自治体的作用和责任不断提高

韩国环保 20 世纪 90 年代后半期动向的另一特点是，开始关注地方自治体在各种环境问题的解决方面应当发挥的作用和责任。从 1995 年起推行的民选地方自治体，得到的评价是，在信息公开、居民参与等方面向民主化方向推进了。但从环境政策方面看，相反几乎都是开发志向较强的地方自治体。韩国环境部为了明确地方自治体的作用和责任，指导制定了《21 世纪地方环境规划》，虽然一些地方自治体制定了《地方环境规划》，但是，这些规划基本上未见实际效果，均被束之高阁。

　　另外，市民方面对于环境保护的呼声越来越高。而且，这样的要求通过地方选举不断加强，但并没有演变成日本"改革自治体"那时出现的情况。韩国现在的地方自治体形态是，对于来自于上面的指导（《21 世纪地方环境规划》）和来自于下面市民的要求（通过选举和裁判表达的政治要求）都还未必达到成熟的状况，但是地方自治体的开发志向是越来越强了。

3　开发还是环境？/3 个课题

　　在此期间的韩国，环境政策在某些方面遇上了很大困难。特别是在 1997 年 11 月，韩国经济卷入了严重的通货膨胀危机，这对韩国的财政政策、民间企业的投资方向、一般市民的环境意识等都有很大冲击，对环境部的中长期环境政策动向也造成了影响。在此阶段，韩国政府实施的重点政策放在了对濒临破产的经济进行改革和重建方面，环境部的志向满满的规划后来遭到了斥责。下面介绍一下，韩国在此阶段围绕"开发还是环境"出现大争论时形成的 3 个重要课题。

3-1　世界最大规模的围填海工程

　　第一个课题是，推进极大规模的开垦项目。正如人所熟知的那样，韩国在始华地区的围填海工程是一个无视环境问题（特别是水污染和生态破坏）的、失败的公共项目。不仅如此，另一个巨大的围填海工程，在韩国西海岸地区的新万金围填海工程，还在有条不紊地推进中，该项目恐怕堪称世界最大规模。

　　该项目是由韩国农林水产部制定计划，由农渔村振兴公社（在 2011 年 1 月 1 日由农业基础公社扩充、改编而成）具体组织实施。该项围填海工程实际计划面积达到 4 010 hm^2（但这仅是一期工程的计划面积）。此外，防波堤长 33 km，体积约为 7 300 万 m³，计划的淡水湖面积是 11 800 hm²，从这些数据看，可以称之为世界最大规模的围填海工程。该工程投入预算为 22 300 亿韩元，工期从 1991 年起到 2011 年共计 21 年。项目的主要目的是为了确保足够的农耕地，以提高粮食产量。韩国农耕地近年来迅速消失，南北会谈在此期间取得了历史性成功，借此机会有可能实现南北再统一的新局面，在此背景下，要确保今后南北朝鲜的粮食供给，是个很大的课题。所以，通过围填海工程，增加耕地面积，以确保未来的粮食安全供给，这就给推进该项工程冠上了很大的名义。

但是反过来想，如果主要目的是为了确保足够的耕地面积，内陆地区就应该优先考虑采取措施，保护那些容易丧失的耕地。但结果却是在这方面根本不采取任何措施，反而是将大量资金投入到新的围填海项目中以获得新开拓的耕地，这样的政策必然无法说是合理的。另外，如前所述，有在始华地区围填海工程的惨痛失败先例，如果借鉴之前的经验教训，应该担心新建淡水湖的污染问题。关于这点，事业当局制定了若干对策计划，如配置排水管道设施、建造人工湿地、确保水量等，但是，实施这些对策必定会给当地的地方自治体增加财政负担。不能不担心，这样有可能导致地方财政恶化并引起其他问题。今后，如果推进如此巨大的围填海工程时，需要同日本的大规模围填海工程方面的失败事例加以比较与验证，进行更为慎重的研讨。

3-2 被强制停止的宁越大坝工程建设

在此期间另一个备受人们关注的课题是，作为韩国的又一动向是宁越大坝建设工程被强制停止事件。该工程是由建设交通部的下属机构"韩国水资源公社"负责推进的，该项目的主要目的是，保证首尔首都圈的饮用水供给和预防洪水。下面，简要回顾将该项目的基本情况，归纳如下。

1990 年，南汉江流域确立了长久对策。1997 年，完成了宁越大坝的基本设计。之后，共举行了 4 次环境影响评价的协商会议（环境部和建设交通部之间的会议）。1997 年 9 月，公示了大坝的建设预定地，这标志着大坝建设行动正式开始。而另一方面，由当地的地方自治体或环境 NGO 组织的强大的反对运动高涨起来了。1999 年 4 月，金大中总统命令相关部门对此项建设工程重新进行调查。结果是，1999 年 7 月，该大坝建设的决定权由建设交通部移交给了总理室，一直到项目确定中止。

针对这次大坝建设的较大争论点是，围绕大坝建设预定地的自然环境的价值问题。反对大坝建设的环境 NGO，主张保护大坝建设预定地的丰富自然价值。在该地区，流经有自然资源丰富的东江河流，那里栖息着非常丰富的生物。环境 NGO 和支持 NGO 主张的市民们提出，该地区具有很高的自然价值，大坝建设会破坏该地的自然环境，它是否具有经济合理性是值得商榷的。而且，当地地方自治体也因为担心伴随着大坝建设的财政负担以及造成观光资源的消失等，从而明确表示反对该项目建设的实施，可以说，这对决定中止宁越大坝建设有着不可忽视的影响。

3-3 取消限制发展区域（绿化带）政策

韩国在此期间不可忽视的另一项重要课题是改革针对城市周边的《限制发展区域政策》（又名绿化带政策）。该项政策是根据 1971 年修订的《城市规划法》而导入的政策，指定了包括全国 14 个大都市圈的环境地域为限制发展区域，对于这些区域，通过严格限制开发行为来防止城市扩张以达到保护自然环境的目的。但是，近年来，特别是生活在指定限制发展区域内的居民和土地所有者，对于该项政策导致的各种制约和负担越来越不满。因此，在不能无视这种不满的背景下，加上对地方上的土地利用者的管理本应是地方自治体的责任，因此以这些为理由根据对政策进行了改革，1999 年 10 月，全面取消了 7 个都市圈的开发限制区域，对于剩下的 7 个，按照广域都市规划，取消了部分限制。

但是，缓和土地利用限制的措施，随后给韩国带来了各种各样问题。如前所述，包括大都市在内，在韩国的地方自治体中，依然可以看到很强的开发意向。此外，这些开发方向几乎都没有设置从环境角度出发的政治制度机构等，这些就是韩国的现状。确实，从理念上讲，是应该将管理土地利用的权力移交给地方自治体，也可以支持以地方自治为基础的居民与地方自治体管理地域，推进各种各样的城市建设。但是，韩国的情况是，居民参与制度和地方自治体的环境管理能力都还不成熟，把土地利用管理权一律移交给地方自治体，这样的改革，有人批评说犹如授予猫以管理鱼的权力。人们的担心，特别是对于都市周边地区的乱开发，正在不断增加。

（责任执笔：郑成春）

泰国 Kingdom of Thailand

1992年，泰国全面修订了之前的《环境保护法》，制定了《国家环境质量提高与保护法》(Enhancement and Conservation of National Environmental Quality Act B E.2535)，新设了科学技术环境省 (Ministry of Science, Technology and Environment)，扩充了环境行政的执行机关。同时增加了中央政府有关环境的预算。之前分散地分配在各省厅的有关环境的预算，经历了一番迂回曲折之后，最终集中到环境政策立案局等环境担当部门。这件事促进了在环境污染显著地区实施环境保护措施。

环境财政制度得到了扩充，例如在水污染方面，修建了排水管网、对商业设施等的排污口进行了实地调查、采样调查等。在大气污染方面，为了改善大气污染现状，采取了多种措施，如建设高架铁路和地下铁路、改善交通管理、含铅汽油无铅化、取缔设备不全的车辆上路行驶等。但是，对于工厂等排出的污染物，即使造成了很严重的污染，既不罚款，也没有赋予解决问题的义务。这是因为在现行法律里，没有对于工厂造成污染应负责任方面的规定。而且，在通过信息公开、公众参与、表达意愿等手段以取得社会理解方面，也没人做这方面努力。这些工作，本应该是在实施新开发项目时，或在发展环境政策或环境法规时提出并予以解决的。这些工作缺位的结果是，政府在实施新的开发项目或导入新的政策时，大规模的反对运动此起彼伏。

以下，特别列举从1998年到1999年发生的2次反对运动，阐述1992年的《国家环境质量提高与保护法》在环保方面发挥的作用。接着简单介绍为了解决上述问题，通过研究，对于《国家环境质量提高与保护法》进行修正的动向。

1 持续对立的燃煤火电厂建设（巴蜀府）

在巴蜀府（Prachuap Khiri Khan），为了发展泰国南部的工业和满足工业发展电力需求的扩大，不断地推进燃煤火电厂的建设。发电行业的特点是，泰国电力局（Electricity Generating Authority of Thailand）拥有自己的发电厂，但不是由自己来建设运营，而是通过民间合资方式来进行。也就是说，泰国电力局的作用仅仅是同民间企业签订购电合同（take-or-pay contract），以购入电力。对于发电厂的所有事物，从资金调配到建设、运营、维护管理，几乎全由民间企业来承担。能否进入发电行业是通过竞标形式决定的。招标从 1992 年开始，1996 年举行了招标。中标的民间企业要遵守泰国法律进行环境影响评价。1998 年 4 月，中央政府环境政策立案局审批通过了提交的环境影响报告书，因为该报告书符合包括环境法律法规在内的所有规则和条件。得到批准的民间企业着手购入发电厂用地、签订燃料配送合同和资金调配合同等，同年 12 月，同泰国电力局签订了卖电合同，2002 年起进入运营工作的准备阶段。

但是，发电厂周边的居民在得知卖电合同签订后，开始担心从火电厂排出的污染、煤炭运输港的建设等造成当地环境破坏问题，以及这些环境破坏对于人体健康的影响等。在签订卖电合同前，有关发电厂建设的几乎所有信息从未向当地居民公开过。而且，即使在实施环境影响评价程序、中央政府的批准过程中，居民都没有得到任何信息，也没有表明意见的任何机会。因此，1998 年 12 月，当地居民为了阻止发电厂建设用材搬入而封锁了道路，后来甚至发展到同警方的冲突事件。1999 年 3 月，坦博自治体（Tambol administration organization）的执行长官，在未同居民协商的情况下，擅自"作为居民代表"同意该电厂建设工程，居民对此发起抗议活动，包围了区政府。

实际上，发生这次抗议活动的另一个背景是，在莫河（Mae Moh）火电站周边的居民，身体健康依然遭受危害，但却没有充分构建任何防护系统。这一点在《亚洲环境情况报告书》第 1 卷（1997/1998）里曾经提到过。1992 年 12 月，从莫河火电站排出大量硫化物造成了很大伤害，超过 1 000 名当地居民患了呼吸系统疾病。据分析，造成该次伤害的原因有：使用了燃烧效率不高但含硫很多的褐煤、不考虑环境布局问题、在 1 个地区建设了 13 座火电厂等。该事故发生后，泰国电力局为了避免此类事故的再次发生，采取了一些措施，自主设定了排放标准、在临近超标时设置运行控制、把燃料从褐煤换成进口的重油等。同时，申请利用国外资金援助，推进安装脱硫设施。结果，泰国电力局认真关注二氧化硫排放问题，旱季受害状况减轻了。

但是，虽然安装了烟气脱硫装置，泰国针对污染防治单靠设备来保护当地环境，却并未构筑配套的相关社会体系。也就是说，本应该站在主导地位的中央政府环境管理局（Pollution Control Department）或地方自治体，别说进行现场调查，就连对于改善命令或停止操作命令等也没有发出。而且，从来没有规定过违反环境标准或排放标准时应受的惩罚。甚至有关排放标准归根到底还是由泰国电力局自主设定的，该标准必然不可能是基于当地居民的财物与身体健康受损情况的实情调查、受害情况与二氧化硫排出量的科学调查所设定的。健康受损情况的实情调查，是由泰国电力局主导进行的，由于不能保证调查的客观性而得不到当地居民的协助，可以说并未进行彻底的调查。

由于以上这些情况，在雨季，硫化物随雨水降落形成酸雨，对农作物和周边居民的健康造成伤害。而且，1998 年 8 月，因大量硫化物排出严重超标、造成大约 1 000 名当地居民因呼吸道疾病而住院的事件。但是，即使是发生了这样的事情，中央政府仅仅是督促发电厂安装烟气脱硫装置，并未采取任何措施去解决当地居民对于火电厂运营的不安等。此外，也不批准居民们关于火电厂迁移的要求。

如上所述，对于莫河火电厂，泰国政府和电力局都没有充分建立污染防治制度，无视受害居民的意见。事后，这些都是在巴蜀府等地新建火力发电厂时引起居民不安与担心的重要原因。而且，在决定实施类似项目之前，不向居民公开相关信息，不听取居民的意见，这些都更进一步地激化了居民的反对运动。

1996 年，泰国制定了关于公开听证会的相关制度，而且在 1997年修订的《宪法》中也规定，在实施对环境造成影响的项目时，要召开公开听证会，公开听证会逐渐开始制度化。但是，公开听证会实际上是在完成了环境影响评价、项目得到批准之后进行的。在巴蜀府的火力发电厂建设事件中，在项目决定后 4 年，即 1999 年 9 月和 2000 年 2 月，才召开公开听证会。专家在公开听证会上指出，在项目的环境影响评价报告书里，没有涉及对于周边海洋生态系统，特别是对珊瑚礁的环境影响。由于是对报告书的科学性质疑，这本来是一个可以追加环境影响评价的契机。但是，因为反对建设发电厂的居民们怀疑这次公开听证会不能保证其中立性，担心即使召开了公开听证会，也只是得出实施项目建设的结论，所以拒绝出席公开听证会，并在会场附近聚集，反对政府召开公开听证会。

2 内陆地区养虾（Inland Prawn Farming）禁止措施

在泰国，因为养虾可以带来丰厚收入和获得外汇，所以特别是在南部沿海地区为中心的地区很盛行。但是，为了建设养虾池，砍伐了很多红树林，结果导致海岸侵蚀不断扩大、洪水灾害频繁发生。同时，从养虾池里排出混有盐分和化学品的废水，严重破坏了周边的水田、果园等，也造成海水水质恶化。因此，在 1991 年以后，对禁止在红树林内养虾建立了规章制度，开始加强执行力度。

但在此后，在被称为"粮仓地带"的泰国中部地区，在其苦咸水水域或淡水水域，开始将水田和果园转换成为养虾池。这是因为，由于技术革新，即使是在盐分浓度较低的养殖池也可以养虾，而且能用大型油罐车把大量的海水运送到陆地。另外，同种植水稻相比，养虾的单位面积收入较高，而 1998 年经济危机之后，大米生产过剩、售价过低等因素，导致养虾的吸引力大增，甚至还通过向许多农民提供贷款来吸引其养虾。但是，另一方面，在转换成养虾池的地方或是水田、果园等地，在开始养虾数年后，土壤因盐分和化学物质引起污染的事例频繁发生。因此，种植水稻和栽培果树的农民或环境团体，越来越担心养虾池排水导致的污染是否最终会导致泰国的"粮仓地带"和南部沿海地区消失。出于这些担心，国家环境委员会（National Environmental Board），1992 年的《国家保护法》里，将内陆地区的养虾定义为"潜在导致污染发生和扩散的有害于环境的活动"（activity which is potentially harmful to the environment），并在 1998 年 7 月对泰国中部 10 个省的淡水水域养虾活动，采取先给 120 天的宽限期，最后实行全面禁止。但是，在宽限期过后的 12 月份，养虾业主们对此禁令开始发起强烈的抗议活动。其中还有一些为偿还贷款、明知违法依然进行养殖的业主。

　　引起如此强烈抗议活动的原因有以下三点。第一，是政府的政策转变较突然。拥有养虾限制权限的农业部，最初是竭力推广在苦咸水水域或淡水水域养虾的。而科技环境部很担心农业省的这个做法，遂通过国家环境委员会实行了政策的全面转变。而且，该项禁止措施不仅适用于新业主，也同样适用于老业主。因而特别是老业主们遭受了明显的利益损害。第二，做出禁止养虾的决定过于仓促，在淡水水域养虾对其他农作物和环境的影响所作的调查不够充分。科技环境部在做出禁止养殖决定后，并未进行再调查以确认禁止措施是否得当。第三，对于老业主没有提供替代性的技术或维持生计的手段。很多养殖业主为了管理排水，采用了封闭系统养殖，但在尚未调查过封闭系统养殖池对环境有何影响的情况下，就一律命令禁止养殖。而且对于停止养殖造成的损失也没有给予补偿。因此，农业部作为禁止措施的执行机构，对禁止命令也不太合作，而策划与推进执行计划的省知事对执行也表现出消极态度。最终，采用封闭系统养殖的养殖池不适用该次禁止措施。但是，鉴于如此强烈的抗议运动的发生，在实施禁止措施之前，就应该对环境影响和替代措施进行充分的调查与研讨。

3 关于《国家环境保护法》修订的动向

可以说，发生上述两次反对运动的原因是，1992 年修订的《国家环境保护法》或是基于该法构建的制度在环境保护和社会协调发展等方面没有充分发挥其应有的功能。因此，从 1999 年起，开始探讨《国家环境保护法》再次修订事宜。具体针对以下 4 点进行修订：①把信息公开和在开发项目的提案阶段及环境影响报告书批复之前召开公开听证会作为法定义务。②把在设定环境保护地区之前，在对象地区召开公开听证会作为法定义务。③强化各省的公害防治管理者的控制权限。④环境破坏因果关系的取证责任落在污染者身上。其中，不难看出，①是围绕火电厂建设的纷争；②是留心记住围绕内陆地区养虾禁令造成的混乱。

到 2000 年 8 月，修订法案当然尚未及在议会通过。修订方向方面难免有一种衰弱的感觉。但是，不管法律如何修订，十分重要的是，实施开发项目也好，实施环保措施也好，都必须构筑相关主体之间容易达成共识的制度。如果不能做到这一点，那么今后越来越会出现经济开发和环境保护不能同步向前发展的状况。

专栏 2 批判多国间重现的融资动向

"从西雅图到华盛顿"，这个在 1999 年末世界贸易组织会议期间因反对推进自由贸易政策而暴起的非政府组织，在 2000 年 4 月的国际货币基金组织（IMF）和世界银行的联合年会时，列举了反对贸易自由化、批判因开发融资导致的环境破坏、列举对发展中国家的债务削减等，再次试图引起轰动。其余波甚至影响到了次月在泰国清迈召开的亚洲开发银行的年会。其批判对象是，泰国北揽（Samut Prakarn）县为建设下水管道的融资。因为该建设项目在并未调查从污水处理设施流出的水对环境造成影响的情况下继续进行建设活动，污水处理厂周边的居民对此非常担心。因此，在亚行年会召开之际，人们蜂拥而至会场外，以求打破投向排水工程的融资计划。

　　另外，针对由世界银行融资在泰国乌汶府（Ubon Ratchathani）县建设的 Pak Moon 大坝的反对运动，1999 年底以后再次变得激烈。月亮河（Moon River）周边的居民担心大坝蓄水时来不及进行转移，大坝还会严重改变河流的生态系统，因此从规划初期就激烈反对该工程的建设。但是，1991 年得到世界银行融资，大坝于 1994 年竣工。而反对运动并未结束，随着月亮河捕鱼量的减少，要求大坝开门的呼声也增高了。因此，政府设置了专门委员会（panel），研讨对策。但在专门委员会作出结论前，要求开门的团体直接要求见首相，打算非法进入首相官邸，最后导致发生 200 人被逮捕的事态。

（森晶 寿）

马来西亚 Malaysia

1 马来半岛的新动向

从 20 世纪 70 年代起，马来西亚（特别是马来半岛）开始实行工业化，加快了城市化进程。但是，随着城市化的迅速发展，基础设施建设与行政服务，这些作为地方政府[1]的主要任务，并没有得到相应扩充，而城市卫生恶化、传染病蔓延和环境污染的危险却加剧了。其间，为了减轻公共部门背负的财政赤字负担、为了管理城市卫生和降低环境污染，从 20 世纪 90 年代起，联邦政府把城市卫生服务相继委托给民营企业。据《马来西亚第七个五年计划》（1996—2000）第 5 章的"地区开发"，通过城市服务的民营化，试图减轻地方行政的财政负担，使之能够专心致力于城市管理与监督的职责[2]。到后来，马来西亚政府不断研究，想把民营企业提供的城市卫生服务改成有收益性的行业运营。包括民营化在内的一系列行政财政改革，无疑会对马来西亚今后的城市卫生和环境问题状况产生重要影响，因而该项改革的动向备受关注。城市卫生服务的民营化，不仅是在马来半岛，而且包括沙巴州（Sabah）和沙捞越州（Sarawak）在内的整个马来西亚，正在不断推广开来，但这两个州的历史背景不同于马来半岛，不宜采取同样做法，民营化实际上几乎没有多大进展。

以下将介绍马来半岛的城市环境问题，特别是污水处理业和垃圾处理业的民营化动向及其实际状况。

1-1 污水处理行业的民营化

在马来西亚，"污水（sewage）"是指从办公室、商店和家庭排放出来的粪便和生活污水，不同于流入排水沟渠的雨水之类的排水

（drainage）。污水处理由地方政府负责，但在 20 世纪 70 年代后的城市化进程中，处理设施建设未能跟上，且 60%的处理设施处于故障状态。因此，联邦政府决定，不再依靠缺乏行政财政能力的地方政府，而通过污水处理行业的民营化，来改善污水处理状况。1993 年 8 月，马来西亚通过了《污水事业法》（The Sewerage Service Act 1993）。据此，在联邦政府的住房与地方政府部（Ministry of Housing and Local Government）[3]新设立了污水事业局，负责整个马来西亚的民间污水处理的管理与监督工作。

1994 年 4 月起，马来西亚的污水处理工作由印度水业联合公司（Indah Water Konsortium，以下简称 IWK）独家承担。该公司负责污水系统的管理与运营、新污水处理设施的建设以及现有设施的改造与维修等工作，签订了 28 年合同。马来西亚的污水管道普及率，包括污水厂集中处理方式和地下净化槽方式在内，1990 年为 42%左右，通过印度水业联合公司的努力，想在 2000 年可能提高到 79%。在民营化开始之际，联邦议会同意由联邦政府提供 4.75 亿马来西亚元(约 142.5 亿日元）的软贷款。IWK 以从服务对象（当地居民和企事业单位）收费作为重要的收入来源[4]。但是，由于反对污水处理收费的舆论和污水收费滞纳者的大量出现，IWK 的资金运转出现了恶化。1996 年 11 月，重新修订了设施建设资金筹措等事业计划，内阁会议同意再追加 4.5 亿马来西亚元的软贷款。尽管采取了这样的临时措施，但到 1997 年度，征收金额不到预算收入的 20%，IWK 再度陷入营业艰难的境地。此外，在运营之初，曾发生过污水直接放流的事件，居民开始不信任 IWK。为了应对居民不满收费过高的怨声，收费标准反复下调，公司收益没有得到改善。1998 年 6 月，内阁会议批准了第 3 次 5 亿马来西亚元的软贷款。然而，随后的经营困难状况仍未解决，接着到 2000 年 3 月，联邦政府用 1.92 亿马来西亚元，收购了该企业全部股份，污水处理业从此由联邦政府管理，污水处理设施也在建设之中，今后仍要继续完善污水处理服务设备。但受到亚洲金融危机的影响，联邦财政也不富余。马来西亚不得不继续探索"不依靠公共基金的有收益性的民营化方法"，需要从 IWK 的失败事例中吸取教训，构筑起愿意支付服务费用的居民同地方政府之间的合作关系。

1-2 垃圾处理业的民营化改革

马来西亚的垃圾处理曾是地方政府的主要业务，费用占地方政府财政支出的 20%～80%。由于地方政府财政上的制约，垃圾收集不彻底，垃圾最终处置场几乎都属于露天堆放场类型。这样的垃圾处理方式导致很多环境污染和健康损害问题，如居住环境周围的卫生问题、最终处置场渗滤液造成的地表水与地下水严重污染问题、垃圾露天焚烧引起的大气污染等。

1994 年，联邦政府决定将垃圾处理业实行民营化，将垃圾的收集运输、最终处置以及道路、排水沟的清理疏通等所有业务，都委托给民间企业。采取的形式是，将马来西亚的国土分为 4 个大区域，在各个大区域分别选定 1 家企业，由其负责垃圾处理工作[5]。马来西亚的意图是，民营化可以利用大量资本投资和先进技术，使垃圾能进行大区域处理，实现有效的垃圾收集、运输和卫生填埋场的建设与管理。

承担垃圾处理的企业，靠向居民收费来运营。鉴于污水处理民营化的教训，对垃圾处理收费方法进行了慎重讨论。1997 年 1 月后，垃圾处理业务从地方政府移交给民营企业。移交期间，各地政府将预算中的垃圾处理费支付给垃圾处理企业。实际移交工作是地方政府同各大区域的垃圾处理企业之间通过协议进行的，但有部分地方政府反对民营化，除了首都吉隆坡及其周边地区外，移交工作都进展得不太顺利。《垃圾处理法案》及提交内阁的计划，也被迫延期（2001 年 7 月）。在吉隆坡周边，垃圾的急剧增加造成处置场匮乏。大区域的垃圾处理民营化在某种程度上能够解决缺乏处置场的问题，但是，包括吉隆坡在内的垃圾处理大区，也涵盖了经济落后的马来西亚半岛东海岸的城市，极有可能会引起在环境问题上区域性的不公平甚至发生区域之间的纠纷。

马来西亚在 20 世纪 90 年代推进的、以城市卫生服务民营化为主的一系列改革，尽管在污水处理设施和垃圾填埋场等基础设施建设方面取得了一定成果，但是作为经营核心的"费用征收"依然不确定，今后动向仍需要关注。

（责任执笔：青木裕子）

2 沙巴州和沙捞越州的动向

2-1 原生林的消失

以前，热带地区的森林开发，是反复采取"砍完就走"法，即在一个地区，把森林砍伐殆尽后，再转移到别的地区去寻找新的森林疆域（frontier）。[6]东南亚热带木材的主要出口国，在 20 世纪 60 年代是菲律宾，在 70 年代是印度尼西亚。但是，由于这两国相继都推出了限制和禁止原木出口政策，出口需求随后转向了马来西亚东部的两个州，即沙巴州和沙捞越州。日本是全球最大的热带木材原木进口国，1998 年的进口量为 198 万 m^3，其中 60% 以上依靠沙捞越州。但是，沙捞越州的原木出口最高峰是在 1990 年初，除了国家公园等保护区外，可提供原木的原生林几乎都没有了。

热带雨林减少，作为全球环境问题而备受关注，其原因不仅在于观测技术的进展，不可忽视的还有沙捞越原住民于 80 年代后半期之后开展的抵抗运动。为了阻止商业砍伐，以狩猎与采集为生的普南族人（Penan）不断封锁道路等，此类新闻曾被国际媒体大量报道。不仅如此，原生林依然面临砍伐殆尽的局面，而砍伐后的次生林地带近年来正在迅速推广下文所述的单品种种植园。

2-2 急速扩大的油棕种植园

全世界的油棕栽培面积约为 496 万 hm^2，这 10 年来，栽培面积倍增的马来西亚占其中的一半。由于马来半岛地区的种植开发已经处于饱和状态，近年来在马来西亚东部的沙巴州和沙捞越州，种植开发正在快速推进。沙巴州在 1997 年就已经大大超过了半岛地区的新山州（Johore，栽培面积约 58 万 hm²）和彭亨州（Pahang，约 54 万 hm²），成为国内拥有最大栽培面积的州，约 71 万 hm²[7]。

原产于西非的油棕，需要平均日照时间 5 小时以上的高温多湿生长条件。油棕全年都可以连续收获果实。因此，从油棕采集的棕油，产量远远高于其他油料作物。每公顷油棕的年产油量为 40～60 t，相当于大豆的 15 倍左右[8]。1997 年，世界的棕油出口量为 1 189 万 t，其中，马来西亚占 63%，印度尼西亚占 24%。同年，棕油进口国的进口量为：欧盟 200 万 t，中国 183 万 t，印度 145 万 t，巴基斯坦 117 万 t，日本 38 万 t。日本的棕油进口量在这 10 年翻了一番，主要用于制造冷冻食品、人造黄油、塑料、化妆品、香皂、洗衣粉等产品。

推进油棕种植园开发的政府和企业宣称，种植开发有利于当地的社会与环境改善，如减少了烧荒农耕的山林火灾与烟害，创造了就业机会，提高了居民收入等。油棕在切开果实 24 小时内，如不榨油就会被氧化，所以榨油厂都邻近种植园。一座榨油厂如果没有至少 3 000 hm² 的收获，经济上不合算。因此，一旦制定了开发计划，就要砍伐次生林和灌木丛，出现广阔的、单品种的种植园。此外，喷洒农药和化肥也会污染周边河流。依赖森林资源多样性的原住民不得不放弃经济来源。在沙捞越州，以种植园开发企业侵入原住民居住地为发端，有的村庄甚至发生警察卷入的死伤事件。在这种状况下，开发现场的紧张关系越发严峻。

另外，油棕种植园的工人因常年接触尖锐的棕叶，手脚多处受伤。然而，尽管工作繁重，工资却很低，劳动力几乎都是合法或非法的印度尼西亚或菲律宾的外出务工者。

2-3　巴昆水库建设的后遗症

建设巴昆水库（Bakun dam）源于 20 世纪 80 年代的宏大构想，预计总耗资 150 亿林吉特（RM），发电量为 240MW，还要铺设海底电缆，从沙捞越州向马来半岛送电。该水库规模在东南亚最大，需要迁移上万名原住民。对于水库建设的必要性，传说马哈蒂尔

（Mahathir）总理和 1998 年被其解职的前副总理安瓦尔（Anwar）之间意见相左，建设计划进展一波三折。其间，受到 1997 年金融危机的影响，马哈蒂尔总理表明自己的意向是，把总费用降低到数 10 亿林吉特、发电规模缩小到 50MW 之后再建设[9]。可见，巴昆水库计划今后的进展在很大程度上将取决于马来西亚国内的政治经济动向。

（责任执笔：金泽谦太郎）

印度尼西亚 Indonesia

1998 年 2 月，笔者之一的井上真重访位于东加里曼丹州（East Kalimantan）三马林达市（Samarinda）近郊的 K 村，再次同肯尼亚族（Kenyah）的友人们会面。但是，人们都处于苦难的漩涡中。由于干旱的影响，大米紧缺，水井干涸，人们都饮用积存很少的浊水。尽管想买食物，但因物价上涨而买不起。更为不幸的是，附近大规模油棕种植园的飞火，烧掉了村民们的胡椒田和果树园，断了人们的现金收入来源。那天，笔者去帮忙灭火，眼见人们长达近 20 年的努力结晶毁于一旦，切身痛感人类的无力，败北之感涌上心头。但是，仔细思考一番后，判断这无疑是人为之祸。实际上，笔者对此也仅有愤懑而已。

经济危机和森林火灾这双重打击，对生活在加里曼丹等森林地区的人来说，意味着空前的危机[1]。

1 大规模森林火灾的起因和烧毁面积[1]

1-1 森林火灾的原因

在考虑火灾原因时，应注意以下几点。

首先，应该区分发生火灾的地方是何种土地类型，究竟是森林还是农田用地，抑或是移民用地等，不同的土地类型，火灾原因是不一样的。

其次，要考虑火的来源，是源于企业的火，还是居民的火，抑或飞火引起的，火灾的性质不同。前两者是有意行为，具有开拓目的，而后者没有目的，是火的移动燃烧。但是，现实并非如此简单。即使有企业点火的情况，实际上更多的火是当地居民点的。企业向居民支付每公顷土地 20 万~25 万卢比（rupias，当时汇率为 1 美元约为

10 000～13 000 卢比），承担产业造林（纸浆用材等工业用的大规模造林）用地、油棕农田用地以及移民用地的点火责任[2]。在开发移民用地时是禁止点火的，而且尽管要求企业为产业造林而砍伐树木时尽可能不烧，树木可作筷子用材等，但企业还是选择廉价的点火方式。

再一个需考虑的要点是，森林专家所说的"森林火灾"中并不包括点火。"森林火灾"这个专业术语指的是"在划定为森林的土地上，植被因飞火燃烧而引起的火灾"。因此，产业造林的点火也好，油棕农田用地的点火也好，都不属于"森林火灾"。需要注意对术语的使用。

那么，哪些因素是经济活动中的火灾原因呢？政府和 NGO 双方都列举出原因，第一是油棕等农园开发，第二是产业造林，另外还有地区居民的烧荒农田及其引起的飞火、移民事业的开拓、中加里曼丹州 100 万 hm^2 水田开发事业的开拓等。

1-2 森林火灾的面积

精确推算火灾面积是比较困难的，但中央政府、印度尼西亚环境论坛（WALHI）、世界自然基金（WWF）等机构，利用气象卫星（美国国家海洋气象局，NOAA）和地理信息系统（GIS），发布了 1997 年底的推算值。

林业部推算，因飞火引起的"森林火灾"面积约 17 万 hm^2，而农业部推算的农园火灾面积约 12 万 hm^2。印度尼西亚环境论坛推算，包括产业造林点火在内的森林火灾面积约 62 万 hm^2，油棕等农园火灾面积约 80 万 hm^2，以中加里曼丹州泥炭层为对象的水田开发点火面积为 26 万 hm^2 等，合计火灾面积约 170 万 hm^2。世界自然基金推算的是，包括 10 万 hm^2 原生林在内的全部火灾面积为 200 万 hm^2。

笔者对这些推算方法进行了比较研究，尝试着推算了 1997 年底火灾面积的最小值。把 1997 年度产业造林用地上新开发的面积加到印度尼西亚政府的推算值上，生产林的火灾面积约 23 万 hm^2；防护林和国家公园的森林火灾面积，基于政府的推算为 4 万 hm^2 左右；居民烧荒引起的火灾面积为印度尼西亚环境论坛的推算值

3 000 hm²；农园用地火灾面积，加上已开发的农园飞火引起的火灾面积和油棕农园的新开拓面积约 28 万 hm²；移民地的火灾面积，1997年度的新开拓面积约 26 万 hm²；中加里曼丹州的 100 万 hm² 水田开发计划在 1997 年度新开拓面积约为 10 万 hm²。上述数据合计，1997年的火灾面积至少也有 91 万 hm² 左右。

在 1998 年 1 月到 4 月，东加里曼丹州依然可见火灾不断发生。据政府推算，火灾面积为 50 万 hm²。但是，据德国技术合作公司（GTZ：Gesellschaft für Technische Zusammenarbeit）的森林火灾管理计划推算，包括东加里曼丹的所有植被在内，火灾面积约为 400 万 hm²。[3]

2 森林火灾的严重影响

关于森林火灾的影响，通常从生态和经济两方面来分析。前者有植被烧失与退化，土壤侵蚀，对水流与分布的负面影响以及气候变化等；后者有木材与非木材林产品（NTFP）的丧失，因对交通、工业、观光等造成混乱带来的财政损失。但是，最容易被忽视的是，包括人们日常生活质量下降等在内的社会文化影响。

下面，把焦点集中在主要依靠森林为生的人们身上，探讨森林火灾造成的影响。在有关森林的各种问题的讨论方面，本应作为主角登场的人们实际上几乎被忽视了。基于这种认识，笔者还是继续采取现场实地研究。

2-1 东加里曼丹案例

从 1997 年末到 1998 年 9 月，笔者之一的马尔蒂努斯·纳南（Martinus Nanang）几度访问了马哈卡姆河（Mahakam）中游地区的村庄。在 J 区（sub-disctric），沿着为油棕园开发所建的道路，燃烧痕迹看不到尽头。当地人的果树园、藤园以及叫做"稻药（doyo，Curculigo spp.）"的植物也遭受了巨大打击。稻药是居住在该地区的布努雅人（Suku Benuaq）用于编织传统编织物（ulap doyo）的重要原料。火灾之后，在整个东加里曼丹滋生了大量蝗虫。据报纸报道[4]，由于蝗虫大量发生，导致很多地方火烧田的旱稻生产受到重创。

在 B 区，沿着马哈卡姆河以及林道、农园等道路所经之处，到处都燃烧着火焰，到处都笼罩着浓烟，能见度不到 50 m。想从烟雾中逃走，简直毫无可能，笔者尽管只停留了 3 天，但却痛苦难耐。当地许多人都患有呼吸器官疾病。

在 L 区的 M 村，村里 1/3 的土地被烧掉了。村民们（即巴哈人，Suku Bahau）因火灾而失去了果树园、可可田、咖啡田、胡椒田以及南洋楹（Paraserianthes falcataria）的造林地。其他损失是，作为日常的重要现金收入来源的长着野藤的天然林也烧失殆尽。而且，旱田的稻谷也遭到害虫、野猪和猴子的严重侵害。河水变得污浊，很多鱼类死亡。一名老妇人在灭火时因陷入烟火包围中而丧生。另外，在雨季来临的 5 月前后，很多村民因腹泻和高烧而痛苦不堪。

2-2 经济损失推算

想通过把当地的推算累计起来以推断整个国家的经济损失，这是不可能的，如前所述，森林火灾的影响多样，且因地而异。

尽管存在很多个推算值，下面介绍一下印度尼西亚、马来西亚和柬埔寨归总出来的 1997 年度的经济损失总额[5]，即：非木材森林产品损失 7 500 万美元，木材损失 49 300 万美元，农业损失 47 000 万美元，碳排放（对全球变化的负面影响）27 200 万美元，生物多样性损失 3 000 万美元，灭火费用 1 300 万美元，间接的森林利益（涵养水土等）损失 110 万美元，综上合计，损失总额高达 198 500 万美元。

2-3 长期影响

考虑到对于干旱和经济危机的一系列影响，可以说，森林火灾的长期影响是出人预料地大。鉴于当地水平，若要恢复人们生活中不可缺少的森林产品，将需要几十年时间。仅恢复水果（红毛丹、芒果、榴莲等）的生产，也需要 10～15 年的时间。作为替代出路，人们只好依靠淘金等其他生计手段。火灾受害者面临着许多严峻问题，如生活方式的急剧转变、当地文化的丧失以及洪水频发等。

从国家层面来看，据推算，类似胶合板厂或木材加工厂，至少在 5 年内都将面临缺乏 1 500 万 m³ 原木的窘境。另外，恢复森林覆盖是需要大量资金的。据林业部称，仅仅恢复库泰国家公园（Kutai National Park）和苏哈托山森林公园等自然保护区，就需要花费 14 万亿卢比。

3 今后动向

1998 年 5 月上旬，暴雨开始降临，火灾总算得到控制，但煤炭层和泥炭层依然继续崩塌。实际上，尽管政府和 NGO 进行了各种各样的努力，但至少在笔者们看来，在东加里曼丹的村一级层面上，收效甚微。

政府为了灭火，在国外援助下，大量使用昂贵的先进技术灭火，包括飞机、直升飞机、人工降雨、消防车等。但是不要忘记，这些先进技术的实效也是有限的。从我们经历过的火灾现场情况看，如果利用投入到先进技术的一部分费用，改在所有存在火灾危险的村落，配置相应的便携式灭火器（手动泵式），这种方式对保护人们的生活可能会更有效。

此外，如何处理火灾遗迹，全世界人们都应给予监视。例如为了经济利益而把火灾遗址转变成油棕农园，对生态系统的负面影响无疑会进一步激化。如果不能得到受灾地区人们的理解与合作，就拙劣地推进农园事业或产业造林事业，这会掠夺人们的土地，造成进一步的社会动荡。

之后，在 1998 年，印度尼西亚的斯哈鲁特（Suharto）政权下台，森林政策得到了大幅度修订。其中，当地居民被放到了森林管理的主体（责任人）位置上。受到 1999 年 6 月实施的初次民主化选举结果的影响，这一动向将进一步得到推进。把森林火灾和经济危机这些灾难转变成人们的福音的过程，将随着政府把森林管理权大幅度移交给地区居民而开始。

（责任执笔：井上真，Martinus Nanang）

中国 The People's Republic of China

1 接连的强制措施和期求的社会合作

中国在 1998 年进行的政府机构改革过程中，整合、扩充和强化了以前由国务院环境保护委员会和国家环境保护局承担的国家环境行政职能，改成了新的"国家环境保护总局"。这几年来，中央政府巩固和强化了环境行政机构，并对全国各地的环境污染事件和生态系统破坏事件采取强制措施，其中之一是强化对工业污染源的对策。在水污染事故频发的淮河流域，或是取缔、停产、关闭了小造纸厂，以此开始，在全国范围内共有 15 种小规模的污染企业受到同样处理。在淮河流域，命令所有的大小工厂，以 1997 年 12 月 31 日为限期，必须遵守《工业废水排放标准》，未能达标排放的工厂将强制停产或关闭。之后，在太湖、滇池、巢湖等地，也采取了同样措施，这种措施在水质改善方面收到了一定成效。此外，进一步目标是，在 2000 年底以前，全国所有的工业污染源必须做到达标排放，重点城市必须达到城市有关大气和水质环境标准。

另一个动向是加强生态环境保护，该行动的契机是 1998 年夏天发生在长江流域和嫩江—松花江流域的特大洪水。从过去的降水量和水位资料数据来分析，降水量方面，造成高水位的持续时间变长，这是由于上游地区的森林滥砍乱伐和水土流失，导致保水能力下降，以及填埋湖泊湿地，引起调蓄功能下降。在洪水期间，中国政府发出了"立即停止一切森林烧荒和开垦行为"的紧急命令，并相继采取了多项措施，如取缔上游地区的森林乱砍滥伐、整顿木材市场、恢复湖泊湿地面积以及迁移居民等。

进一步在法律方面，1997 年对《中华人民共和国刑法》进行了修订，新增了一项"破坏环境保护与资源保护罪"。不久就发生了几起违反《中华人民共和国刑法》的环境犯罪事件。例如在《中华人民共和国刑法》修订实施后不久，山西省 1 家造纸厂发生了水污染事件，该厂厂长被捕，第二年法院作出有罪判决。而且，只是采取立法措施是不够的，政府还通过中央和地方政府的有关部门以及全国人民代表大会设立了专门的委员会来检查执法状况。

但是，这一系列的强制措施，在各地引起了各种各样的摩擦。例如在环保部门对污染工厂进行现场调查中时，经常发生检查人员遭到殴打的事件。在河北省安平县，一家违法的镀锌厂的厂长殴打了环保执法监察员和县环保局副局长等，之后被依法判刑。此外，偷排废水的工厂和偷伐树木的人仍不绝于后，甚至还出现有的地方干部 "保护" 这些违法行为的事件。

为了控制这种局面，不仅要依靠中央政府和全国人民代表大会的执法和监督，而且报纸、电视等媒体的检举揭发，也开始发挥重要的作用。为了取得公众对于环境保护的理解和支持，媒体频繁进行宣传活动。近年来，对于健康影响的警告和违法行为的揭发也比以前更加突出。而且，民众获得环境信息的渠道也增多了，如可以通过主要城市的空气质量周报和日报，重点水域水质月报等。

而且，基于"促进公众与非政府组织的参与"作为国家环境保护总局的职责之一的前提，北京市已经开始以举办各种交流会等形式进行积极的尝试。中国的环境对策可以说仍然只是以"政府主导"，还不能说是已经完全走向"社会合作"的程度。

2　追求环保的人们所面临的挑战

在中国政府加强环境对策的同时，寻求环境保护的人们也开始了主体性的行动。诗人身份的作家徐刚，在 1987 年曾发表过《伐木者，醒来！》，之后又出版了代表作《守望家园》（1997 年）等作品，以文学形式揭发中国各地环境破坏的现状，呼吁人们要同自然和谐共存。1992 年，环境文学专门杂志《绿叶》创刊，确立了环境文学题材的地位。在 1997 年开始评选的鲁迅文学奖的第一届获奖作品集

《报告文学》中，收录了陈桂棣的作品《淮河的警告》，从地区观点出发尖锐地批判了淮河流域的水污染问题。而且，环境NGO在最近1～2年里增加了存在感，在党和政府组织之外，成立了面向环境保护的有志向的团体"自然之友"（Friends of Nature，1994年设立）和"地球村"（正式名称：北京地球环境文化中心，Global Village of Beijing，1996年设立）等。

"自然之友"组织会员进行鸟类观察、植树、环境教育讲座等活动，此外还像媒体和政府那样，开展报告各地环境污染和生态系统破坏实情的活动。而且，以1995年中国发行的70种主要报纸为对象，定量或定性地分析了它们在1年间关于环境的报道，按报道数量进行排名，并发表了"整体上看是对于模范的正面报道多，批判性的负面报道少"这一批评性评论等。在2000年，中国环境NGO先驱的活动受到好评，获得了号称"亚洲诺贝尔奖"的菲律宾麦格赛赛（Magsaysay）奖。

"地球村"的工作重点是鼓励市民参与环境教育和环境保护活动，编制环境教育节目，向儿童和市民编制和分发环境保护手册，开展社区垃圾分类投弃收集试验等。在2000年的"地球日"活动时，中国首次由民间团体主导，"地球村"在其中发挥了中心作用，起到了构筑国内参加团体的网络作用。

此外，还有以媒体工作人员为中心的"绿色家园"和以西安等地方城市为基地开展活动的环境NGO。世界自然基金会（WWF）等国际环境NGO也在中国开始活动。1998年10月，在中国政法大学设立了"环境资源法律研究服务中心（公害受害者法律援助中心）"，该校专心致力于环境污染受害者司法救助的环境法专家王灿发教授在其中发挥了主要作用。同期，在清华大学设立了"NGO研究中心"，一开始主要致力于收集以环境保护领域的国内外NGO活动和信息研究等方面的工作。

中国的社会团体管理体制相当严格，个人或团体独立于党和政府的活动是有困难的。但新的社会环境有利于环境NGO开展活动，如政府强化环保政策、部分地方政府对民间组织活动的理解、市民环境意识的提高以及海外财团的资金援助等。在此过程中，中国的环境 NGO 正在探索着进一步向前发展。

3 中日环境合作迎来新局面

全球对日本在环保国际合作方面的作用寄予厚望。实际上，这方面的合作在日本外交中的重要性（如政府开发援助：占整个 ODA 预算的环境 ODA 的比例）也日趋增加。现在，作为亚洲地区国际环境合作的具体框架，启动了 2 项行动，即"中日环境合作示范城市项目构想"（以下简称"示范城市构想"）和"东亚地区酸沉降监测网络"（以下简称"监测网"）。

"示范城市构想"是在 1997 年 9 月中日首脑会谈中首次提出的。之后，两国就优先集中实施大气污染对策达成一致，把重庆、贵阳、大连 3 座城市确定为示范城市。项目的筛选标准是：（1）优先集中实施大气污染对策；（2）形成循环型产业和社会系统；（3）重视温室气体减排等；（4）污染的排放源对策；（5）强化环境管理能力等。在"示范城市构想"的背后，也有人对国际合作以及开发援助的低效率提出了批评。即，"示范城市构想"的产生思想是，缩小受援地区范围，在大气污染对策的改善效果短期内容易评价的领域首先投入资金和人力。

"监测网"实际上是根据 1997 年 2 月在日本广岛举办的各国（日本、韩国、中国、印度尼西亚、马来西亚、蒙古、菲律宾、俄罗斯、泰国、越南共 10 国）专家会议上达成的一致意向而启动的，目的在于定量查明东亚地区酸雨的实际状况、酸雨发生和影响机理，建立基于科学见解的地区酸雨共同对策框架（办公室设在日本的新潟市）。这就是有关亚洲环境保护最早的具体框架，可以说有可能发展成为政治上更高的环境安全保障系统（如《污染物减排协定》）。

这些具体框架目前尚处于刚刚搭起框架阶段，尚难进行评价。但是，"监测网"今后无疑可能面临以下问题：

首先，需要建立起参加机制以及互信关系。在全球环境问题尤其是在酸雨和气候变化问题上，"加害受害关系"错综复杂，不应停留在"口水之战"上，要建立各国均可积极参与的制度。第二，调整好各领域之间的平衡。具体说，在"示范城市构想"合作中，对于重视大气污染和气候变化对策的方针，中国方面有些"不同意见"（参考专栏）。因此，在制定短期项目对策的同时，希望尽早表明包括其他领域对策在内的长期展望。第三，彻底向国内外说明责任。特别是由于全球变暖问题直接同经济问题有关，以前容易受到"不透明"和"企业利益优先"之类的批评。可以说，人们期待着改善纵向的行政、进一步的信息公开以及扩大环境 NGO 和研究人员对决策过程的参与等。

（责任执笔：明日香寿川，大冢健司，相川泰）

专栏3　韩国感觉到的中国环境问题

在 1999 年 5 月，韩国媒体报道了韩国海洋研究所的研究报告。该报告说的是中国以前的核试验，其中的放射性性物质（钚）同黄沙一道飞到韩国，造成土壤污染。为此，许多韩国人在怀着"恐慌心理"的同时，重新认识到包括酸雨的成因物质、重金属污染在内的黄沙的越境转移、黄海污染以及其他源于邻国——中国的问题，也是韩国环境问题的一部分。实际上，随着中国荒漠化面积的不断扩大，韩国沙尘暴发生的频率也在增加（20 世纪 60 年代约为 17 次/年，现在约为 30 次/年）。每年一到春天，韩国的眼病和呼吸器官疾病患者都在不断增加，微细颗粒和降尘给精密机械产业的生产和农作物的生长造成了很大影响。在 1994 年，中韩两国共同设立了"中韩环境合作共同委员会"作为中韩间国际合作的通道，推进了以海洋污染和大气污染为主的合作计划。在海洋污染领域，已经进行了 2 次黄海环境共同调查，合作基础不断巩固。但是，在大气污染方面，特别是围绕酸雨的合作上，处于同中国之间全面外交关系的考虑，尚未取得大的进展。

（秋　长珉）

专栏4　中国的环保产业与环境外交

中国的环保产业，在 1998 年共有企业约 7 000 家，从业人员约 1 000 万人，年产值高达 300 亿美元，并有继续增长趋势。但是，中国对外国企业的市场准入方面设置了障碍，中国企业自身在产品质量、经营资质等方面又存在不少问题。政府的产业扶持政策也因资金不足等原因而并未取得显著效果，处于保护国内产业和引进外资的两难境地。

现在同日本的官方和民间进行环境合作，重点放在大气污染方面，特别是酸雨控制和荒漠绿化上，而水污染控制和水资源管理因为关系到粮食问题也都是紧急课题。关键是需要日本向中国转让水问题对策领域的先进技术和介绍经验教训。但是，日本企业的经营判断一般都比较缓慢，同欧美国家相比，日本政府的企业支援被认为缺乏热情。

在中国，环境方面的制度确实存在不严格等根本性问题。尽管可能带来高失业率，中国也在最大限度地关闭污染企业。如果没有伴随资金和技术转让的国际合作，中国环境产业就不会成长壮大，中国的环境问题只会不断恶化。

（金淞）

中国台湾　Taiwan

1 浮出水面的危险废物处理问题

　　1998 年 12 月 16 日，在柬埔寨发生一起未经处理被放置的水银污染物引起中毒事件，这件造成死伤事故的新闻传到了中国台湾。对于这一新闻，不仅台湾岛内，而且国际媒体和绿色和平组织等国际环保组织都给予极大关注。实际上，水银污染物的发生源是台湾最大的民营企业——台湾塑胶股份有限公司（Formosa Plastic Corporation）。以此为契机，台湾的危险废物处理问题，一跃成为社会问题的热点。

　　在中国台湾，每年产生工业固体废物约 1 800 万 t，其中约 147万 t（占 8%）是危险废物。约 65%的工业固体废物未经处理或不妥善处理就被运送到工业固体废物处置场，或同一般生活垃圾混在一起填埋在垃圾场，或非法倾倒[1]。在台湾，危险废物管理比较严格，但尽管规定危险废物必须在政府批准的工业固体废物处置场进行处理，但未经处理就非法倾倒的事例随处可见。据台湾环保当局的调查，1998 年末在整个台湾岛内，非法的工业固体废物倾倒场有 139处，污染地区多达 60 个乡镇，工业固体废物引起的污染，以加快工业化与城市化进程的台湾西部平原地区为中心，而且还在不断蔓延。特别是北部的桃源县、中部的彰化县以及南部的屏东县等 3 个县面临着最严重的状况[2]。

　　中国台湾从 1993 年就开始出口危险废物，截至 1999 年，约出口了高达 4 万 t 的危险废物。在其背后有如下一些原因：

　　首先，是社会原因。随着台湾民众环境意识的提高，各地对生活垃圾和工业固体废物的处置场的布局问题发生了社会纠纷，在行政机构没有任何解决对策的情况下，工业固体废物处理问题越发严峻。

其次，是技术原因。台湾的工业技术至今无法充分处理的危险废物和高水平放射性废物等危险性高且容易引发问题的废物，需要出口到工业发达国家，委托对方利用成熟的技术进行处理。

最后，还有经济上的问题。近年来，由于台湾岛内的处理费用不断升高，因此台湾倾向于出口到处理费用较低的发展中国家。

针对危险废物越境转移问题，联合国环境署（UNEP）在 1989年通过了《巴塞尔公约》，确立了国际规则，自 1992 年 5 月生效以来，已有 121 个国家签署[3]。《巴塞尔公约》明确表述了危险废物的定义及其有关处理的国际规定，规定固体废物产生源承担第一责任的义务，工业发达国家（地区）不许向发展中国家出口危险废物等。从这次中毒事件来看，引发问题的水银污染物是以"混凝土碎块"名义出口到柬埔寨的，这说明，台湾的危险废物出口管理是非常不健全的。

危险废物处理首先需要在减量和提取有害物质的中间处理之后，再搬运到封闭式填埋场，进行最终处置。但由于在台湾封闭式填埋场的处理费用相对较高，即使有先进的处理技术，主要还是采用处理费用相对低廉的开放式填埋。除填埋处置外，还有利用焚烧炉高温分解有害物质、实现减量化的方法，但焚烧过程产生的二噁英以及含剧毒的残渣的处理依然是个有待解决的重大问题。

在高雄县的大发工业园区，1999 年 3 月 1 日，台湾第一座危险废物焚烧炉开始运行，除了自 20 世纪 70 年代到 80 年代该工业园区遗留的报废电气产品等需要焚烧外，废油、废溶剂等危险废物的处理也依靠该焚烧炉。总体上，台湾的生活垃圾以及工业固体废物的处理正在从填埋方式转向焚烧方式。

以这次中毒事件为契机，台湾环保当局立即决定关闭非法的工业固体废物堆放场、将污染地区分为甲、乙、丙、丁 4 个档次，规定了从甲级污染地区开始、按顺序进行净化恢复的指导方针。但据估算，如果靠现在的工作人员和预算，执行该行政命令，大概需要花费 100 年以上的时间[4]。

关于台湾工业固体废物的现状，可归纳为如下几点：

首先，是缺乏工业固体废物的最终处置场。第二次世界大战后，台湾的产业政策是优先追赶开发，在社会资本构建这一点上，产业基础优先而忽视生活基础设施，工业固体废物的处理等几乎没有得到重视。在1993年，管理台湾工业政策的工业局终于公布了《第一期工业固体废物5年处理计划》，计划从1993年到1998年的5年间，在台湾的北部、中部和南部的工业园区，分别设立"工业固体废物处理中心"。然而，由于资金和征地等问题没有取得上层领导的支持，结果一个也没建成。台湾最早的工业固体废物处理政策终究未能成功。结果导致工业固体废物被搬入一般生活垃圾处置场的事件也就不可避免了。

第二，是工业固体废物处理企业的道德问题。在台湾，正式注册的工业固体废物处理企业为58家，清扫企业1 000多家。其中，只有6家管理公司拥有政府批准的工业固体废物处置场，如前所述，在整个岛内非法的工业固体废物倾倒场多达139处，非法倾倒问题极其严重。而且，具有讽刺意味的是，引起柬埔寨中毒事件的水银污染物的处理企业就是具有政府批准的6家处置场之一。由于政府批准的工业固体废物处置场已接近饱和状态，许多处理企业和焚烧企业不进行处理就非法倾倒的可能性很高。

第三，是行政管理上的问题。上述的管理危险废物出口的海关另当别论，据管理台湾岛内工业固体废物的环保当局编制的管理规定，要求处理企业和清扫企业在进行工业固体废物清扫和处理时，必须在管理表中详细记录排放源、处理机构、中间处理机构以及最终处理机构各自的工业固体废物的数量、内容以及处理方法等[5]。但执行管理业务的地方环保部门的相关负责人员懈怠管理责任，实际上是不进行监督，无法充分掌握处理状况。鉴于这种现状，非法倾倒企业省去了所有的处理过程，在管理表中填写虚假处理信息，不经处理就运到非法的工业固体废物倾倒场[6]。因此，台湾的工业固体废物法律管理体系，尽管在某种程度上是存在的，但实际上并没有贯彻执行。

第四，是排放源的处理方针问题。台湾岛内有1 000多家工业固体废物处理企业和清扫企业，可大致分成 2 类：其一为"少数类"，是具有大量环境科学与工程、化学等环保领域的技术人员的"环保工程公司"，业务主要是从事危险废物处理、污水管道、垃圾焚烧炉等环境基础设施的设计与施工、运营咨询、环境影响评价等"技术集约型"工作；另一类为"多数类"，是台湾地方自治制度孕育的"地方派别"主导的"工业固体废物焚烧公司"和"保洁公司"。这些公司主要从事各地政府管理的一般生活垃圾以及工业固体废物的处理等"劳动密集型"业务，但在公共事业投标制度下，其资格与"环保工程公司"是一样的，也可以竞标危险废物处理、环境基础设施、评价等公共项目[7]。特别是在危险废物处理领域，"多数类"采取"价格竞争"的经营战略，不断扩大业务。然而，由于这类企业许多都没有足够的处理技术和设备，所以不经处理就直接运入非法工业固体废物倾倒场的事件随处可见。另一方面，"少数类"的企业，不少因"价格竞争"而败北，陷入业务不振、经营困难的境地。结果，不仅排放源的社会责任没有明确，而且给这些领域的学习效果和技术发展造成恶劣影响，可以说，这种状况极其难以解决。

2 水库建设受到质疑和反对运动不断高涨

为了缓和工业征地问题，强化所有产业的国际竞争力，台湾的经济主管部门填埋了台湾西南沿海地区的滩涂和湿地，规划了"台南滨南工业区"、"屏东 8 轻计划"以及"嘉义境外营运中心"等大型开发项目，但供水问题仍未解决[8]。因此，为了解决这一问题，1992 年，经济主管部门的水资源管理部门开始在高雄县美浓镇的东北部规划蓄水坝（美浓水库）建设工程。从那以后，拥有田园风光的恬静的乡间城镇的居民开始大范围地开展反对水库建设运动。

1999 年 5 月 28 日，100 多名美浓居民赶赴台北市，在立法院前静坐，对于美浓水库建设的预算决案进行抗议请愿运动。他们宣誓"坚决反对水库建设"，把反对美浓水库建设运动的大本营从台北迁往美浓，加强了同行政部门之间的对峙态势。另一方面，行政部门通过了预算案，但考虑到 2000 年 3 月要举行所谓的"总统"选举，公布把该计划的实施推迟到 2001 年。美浓居民发起的大坝建设反对运动引起了重大反响。

美浓水库的建设预定地点位于美浓镇东北部的双溪溪谷，因有地质断层通过，地质特性松软，岩石也易崩裂，作为建设场所绝非理想之处。高 147m 全长 220m 的巨型大坝的建设，不仅将全部淹没该地区特有的热带原始林、黄碟栖息地、锺理和纪念馆（台湾文学作家）等生态系统和文化遗产，而且还无法保障居民安全，因此遭到居民的强烈反对[9]。居民方面主张的另一个反对理由是，如果确实对台湾西南部的地下水进行补充，并对高屏溪（严重污染的一级河流）的污染进行治理等环境改善作业，就应该能够解决新开发项目工业用水的供给问题。尽管如此，水资源部门还是执意要建设美浓水库。其主要理由如下：第一，对以前的产业政策进行特别调整，同时引导扶持最尖端的通信、信息、原料等行业，力争调整新的产业结构，为了保证这些项目的成功，就需要大量的洁净水资源；第二，在优先产业基础而忽视生活基础的产业政策指导下，台湾西部特别是西南部的水污染已极为严重，短期内不可能改善，所以需要进行新的水资源开发。而且，还需要指出的一点是，水资局高估了当前的土木技术，过于自信地认为，能够克服双溪溪谷的地理性制约。

但是，美浓居民的水库建设反对运动得到了台湾南部居民特别是高雄和屏东六堆地区客家人的大力支持，组织起"反水库阵营"，建立同行政部门誓死对决的架势，对台湾岛内今后的水资源政策造成了巨大冲击。

3 高雄的"绿色革命"动向

高雄是台湾南部的一座大城市。从日本殖民地时代起，这里就聚集着大量的钢铁厂以及石油冶炼厂等重化工企业。太平洋战争爆发时，日本政府进一步把高雄作为南进基地，建造了各种各样的军事设施。因此，高雄作为工业和军事之地而繁荣起来。二战以后，台湾当局以高雄为基础，推进了工业化进程。自 20 世纪 70 年代，台湾通过建设基础设施，进行设备投资，建设了电力、石油联合企业、大型钢铁厂以及造船厂等大规模开发项目，推进了快速的工业化。然而，工业化加大了环境负荷，高雄成了台湾岛内各种环境问题最为严重的城市。结果，高雄也是自力救助事件以及公害纠纷等居民运动发生率最高的地区。在考察台湾的民主化和环保运动发展过程中，高雄具有不可忽视的重要性。

在高雄市内，绿地面积因开发的快速推进而急剧缩小。在 1990 年前后，高雄市的绿地面积占全市面积的 5%左右，人均绿地面积仅为 1.2m²，远远低于伦敦的 22.8m²、纽约的 19.2m² 以及台北市的 3.0m²。不仅是环境污染，恶劣的居住环境也威胁着高雄市民的健康。市民认识到这些问题，在高雄市开展了要求新的绿地的市民运动，其中"卫武营公园促进会"以及"柴山自然公园促进会"发挥了最重要的作用。

"卫武营会"原是台湾的军事训练中心，在 1979 年召开的军事会议上，由于军方高层判断此地不宜作为军事用地，遂提出了迁移的计划。该处占地位于横跨高雄县和高雄市的地区，约 67 hm²，堪称是黄金土地。

当初，台湾当局曾计划在这块土地上建设居民区，但由于高雄县当局、地方议员以及学者提出了各自的意见，其中包括从居住商业用地转为世界贸易中心、市政府住宅、大学用地等各种开发方案。因此，尽管争论反复进行了几年之久，但尚未得出统一结论，直到一名医生提出高雄市绿地面积太少，应把卫武营做成自然公园来改善居住环境，之后成立了"卫武营公园促进会"。该"促进会"为了向市民宣传自然公园的重要性，频繁开展活动，取得了广大市民支持，最终公园计划被采用。

另一个实例是"柴山"。"柴山"位于高雄市的东北部，面积有 1 000 hm²。在二战以前，"柴山"曾经是全面禁止砍伐、狩猎、开发等经济行为的防护林。战后不久，由于军事管理，"柴山"躲避了开发的风波，是高雄生态系统保持自然状况的唯一绿色地带。1989

年，高雄市把海拔 250m 的地区作为公园对外开放，大量游客涌向柴山观光。然而，缺乏环保意识和知识的观光客蜂拥而至，不仅丢下了大量的垃圾，而且登山之路也被拓宽，台湾猿（Formosan Macaque，Macaca cyclopis）等珍稀野生动植物成了偷猎和捕获的对象，柴山的自然环境迅速恶化。为了守护这一重要的生态系统，1992 年"卫武营公园促进会"的成员成立了"柴山自然公园促进会"。在得到高雄野鸟学会等自然保护团体的专家的协助下，"柴山自然公园促进会"设置了自然公园解说员培训课程，接着进一步组织受过培训的解说员，一面向游客说明柴山的生态系统，一面宣传保护自然环境的重要性。结果，柴山的生态系统逐渐恢复，"柴山自然公园促进会"还以各种活动经验为基础，出版了《南台湾绿色革命》和《柴山主义》等书籍，专注于环境教育和宣传工作。

　　自然生态系统和居民环境的长期恶化，也造就了高雄市环保运动的蓬勃发展。与略带暴力色彩的早期的环保运动不同，"卫武营公园促进会"和"柴山自然公园促进会"的主要成员包括专业知识丰富、热情而有组织能力的，致力于绿色革命采用比较和平且理性手段约束的市民，还有开始行动的军事部门、市长、县长以及地方议员等。20 世纪 90 年代初，尽管台湾社会已加快了民主化进程，但覆盖公共事业，特别是同军事有关的一般市民的参与以及政府计划几乎都不可能。然而，当时的"卫武营公园促进会"以及"柴山自然公园促进会"举办的活动，在今后台湾地方自治和环保运动乃至城市发展的历史上，有可能创造出极其重要的新转机[10]。

（责任执笔：陈礼俊，植田和弘）

专栏 5 濒危的黑脸琵鹭

黑脸琵鹭（Black-faced Spoonbill, Platelea minor）属于朱鹮科，共有 28 种，其中有 4 种生息在台湾。1998 年，全世界仅剩下 600 只左右，是濒临灭绝的国际保护鸟类。1863 年，印度人 Robert Swinhoe 在台北的淡水海域观察到一对黑脸琵鹭。1893 年，英国人 John David Digues 在台南的安平也观察到黑脸琵鹭，确认了它们栖息在台湾南部。自那时以来，观察到黑脸琵鹭每年都飞往台南，主要是沿海地区，其数量在逐渐增加。1996 年 12 月 31 日，在台湾越冬的黑脸琵鹭创下了 315 只的数量纪录，台南沿海地区的七股滩涂和湿地，也正在成为黑脸琵鹭越冬的大本营。

1992 年 11 月 25 日，在推进"台南滨南工业区"的平整土地作业过程中，发生了 2 只黑脸琵鹭遭到枪伤并于 28 日死亡的事件。同年 12 月 1 日，由于黑脸琵鹭的枪伤事件再次发生，负责野生动物保护政策的农业委员会（农委会）在搜查犯人的同时，公布了黑脸琵鹭的临时保护区。12 月 7—11 日，国际鸟类保护理事会（ICBP）的亚洲大会在韩国首尔召开。会后共同声明，高度评价了台湾的黑脸琵鹭临时保护区划定措施，要求设置黑脸琵鹭永久保护区，终止台南滨南工业区的开发。但在 1993 年左右，台湾的大型钢铁企业烨隆集团公司以及大型化学原料企业东帝士集团公司分别提出申请，计划在台南滨南工业区建设钢铁联合厂以及第七轻油提炼厂，建设预定地点位于曾文溪（一级河流）的河口地带，邻近七股滩涂和湿地地带（约 200 hm^2）。那里栖息着多种生物，特别是黑脸琵鹭每年都有约 320 只飞来过冬，因此是非常重要的生态系统保护区，也是极为珍贵的生态研究资料库。如果建设钢铁联合厂和轻油提炼厂，该河口地带以及滩涂湿地地带都将被填埋，将会对黑脸琵鹭和其他生态系统造成致命打击。尽管如此，经济部门还是批准了钢铁联合厂和轻油提炼厂的建设申请。为了阻止这 2 个建设项目，1998 年 3 月，国际鸟类保护理事会组织野鸟与环境保育专家到台湾，目的是为了救援珍贵的黑脸琵鹭的栖息地，举办了"台南滨南工业区环境影响评价"国际听证会，要求台湾当局保护黑脸琵鹭和湿地生态系统，遵守《气候变化框架公约》（UNFCCC）以及《生物多样性公约》。在这次国际听证会上，专家们指出，台湾环保当局认同的《台南滨南工业区开发环境影响报告书》完全忽视了对"保育"和"生态系统"，特别是对黑脸琵鹭的影响，并提出警告：计划将建设的钢铁联合厂以及轻油提炼厂都是高能耗产业，二氧化碳排放量每年高达 2 781 万 t 左右，在 1990 年占整个台湾排放量的 30%左右，这样根本无法完成《京都议定书》（COP3）规定的削减水平。

黑脸琵鹭的保护问题，不仅对台湾的生态保护，而且对其产业政策也都具有非常重要的意义。首先，在国际社会和台湾社会的环保意识提高的过程中，没有必要再发展钢铁联合厂以及轻油提炼厂那样的高能耗产业。第二，经历过自我救助和公害纠纷等社会运动，台湾社会逐渐成熟，已经开始认识到经济增长最优先的产业政策的扭曲性，无疑要反对高能耗型和环境污染型的产业，并认为需要构筑新的产业政策。第三，第六轻油提炼厂曾是 20 世纪 80 年代的自我救助事件的重要对象，已完成建设工程，第一座工厂自 1999 年 2 月开始生产，迅速提高了以前曾依赖从日本和韩国进口的聚乙烯等化学原材料的自给率。如果再建设第七轻油提炼厂，可能会引起台湾岛内化学原材料的供过于求。第四，经济部门以台湾的"投资环境恶化"为由，提出了"振兴经济方案"（景气对策），通过工业用地低廉化、行政手续简单化以及大量的补助金等经济刺激（economic incentive）诱导大型开发进入，但高能耗型和环境污染型产业的进一步发展，长期无疑会成为台湾经济和社会的负担。台湾应融入京都会议（COP3）把二氧化碳减排目标纳入今后的产业政策中，努力扶持和发展节能产业。

（陈礼俊）

专栏6 尼泊尔首都加德满都的大气污染

尼泊尔的国情

尼泊尔（王国）是一个像三明治那样、由北面的中国和南面的印度这两个世界大国夹着的国家。中国人口有13亿左右，印度人口为10亿左右，它们都是超级人口大国，而且两国的政治和经济都面临不少问题。中国，西面是同尼泊尔渊源最深的西藏（尼泊尔有许多西藏血统的人），东面正在探索至今世界上史无前例的社会主义市场经济发展道路。而印度具有4000年的历史，同尼泊尔长期保持友好关系，但同巴基斯坦的关系紧张。这两个国家的紧张态势影响着尼泊尔。特别是在尼泊尔的北部，生活水平低下，贫困人口多，共产主义毛泽东派（NCP-M）在那里根深蒂固，1999年5月上台的克里希纳·巴特拉伊（Krishna Bhattarai）总理不理会他人的反复呼吁，开展了强大的游击战，据说同印度、秘鲁、菲律宾等国的过激派联合在一起。

尼泊尔的国土面积有14.8万 km^2，为日本的2/5，因长期的闭关锁国状态，已远离国际社会。北面有8 000m级的世界最高山峰群，南面有海拔100m的平原，可耕地面积占国土的17%，国民（人口2430万人）大部分（81%）从事农业活动，经济作物为黄麻、大米、砂糖、小麦等，很多地方发展旅游业。尼泊尔国土，如上所述，高低起伏，交通设施特别是铁路迄今相对落后（铁路总长100km），人们通过专门的家畜或是徒步走过山川陡峭的斜坡和小桥来旅行。国土东西长度约为1 000km，相当于日本新干线"希望号"的4个半小时行程（东京—小仓），而在尼泊尔，根据不同情况，有时却需要1个月左右。从20世纪50年代起，在加德满都、宝塔拉、塔拉伊之间铺设了道路，在主要城市建设了飞机场（共计24个），加快了汽车（公交汽车）和飞机的利用。

加德满都盆地的迅速增长

同世界各国一样，经济越发展，越推进现代化发展，人口向城市的集中度就越高。加德满都市区的人口从 1971 年的 353 759 人增加到 1996 年的 816 930 人，25 年间增加 1.3 倍之多。而且，周边城市人口也明显膨胀，邻接的巴克塔普尔（Bhaktapur）地区在同期从 110 157 人增加到 196 231 人，勒利德布尔（Lalitpur）地区从 154 998 人增加到 296 467 人，分别增加了 80%和 90%（参见 The World Almanac 各年版等）。

加德满都市和上述 2 个地区并在一起被称作"加德满都盆地圈"，面积达 351km² （相当于日本东京 23 区面积的一半），同期人口从 618 912 人增长到 1 309 598 人，增长了 1.1 倍。全国一多半人口集中在这一地区。工业活动也集中在首都圈，制造业工厂在 1993 年就多达 2 173 个（多数为纤维行业）。如上所述，由于公共运输手段（铁路）还未发展，所以，随着二战后的现代化进程，以大城市为中心的地区正在不断普及汽车（长距离的为飞机）。这可说是发展中国家的共同现象。

汽车的普及与大气污染

加德满都盆地的汽车登录数目，在 1997 年，家庭用车（吉普车、小型面包车）29 445 辆，公交车 1 409 辆，小型公交车 1 587 辆，出租车 65 587 辆，合计为 109 613 辆，而 1991 年的汽车保有量合计为 58 608 辆，可以说整整翻了 1 倍。汽车保有量的增加及其行驶距离的增加，导致了燃料消费量的迅速增加。尼泊尔的液体燃料消费量（该国不生产石油，全部依赖进口），从 1976 年到 1998 年间，汽油从 10.5 kL（千升）增到 44.71 kL，轻油从 30.8 kL 增加 257.91 kL，灯油从 32.2 kL 增加到 243.81 kL，航空汽油从 11.2 kL 增加到 47.86 kL，液化石油气从 0.6t 增加到 21.82t。在这些消费量中，加德满都盆地消费了汽油的 79%和轻油的 27%。

加德满都周边地区，正如其名，构成盆地的高度约 1 300～1 350 m，四面包围在 2 500m 级的群山之中，由于汽车尾气的有害成分滞留在盆地内，和大气层的逆温层现象相互作用，导致大气污染非常严重。这一点同墨西哥城极为相似。因此，居住在盆地内的孩子，很多患上呼吸器官疾病，有 2 512 人在位于盆地内的 Kanti 儿童医院接受治疗，其中 79%居住在市内，21%住在校外农村地区。大气污染引起的成人健康伤害恐怕也不容乐观。

作为目前的对策，是需要加强汽车尾气限制，进而考虑在盆地中心地带进行汽车行驶限制。但是，盆地内的人口和经济活动规模今后也许还会进一步增加，需要引进和推广铁路、市内电车和地铁（可参考陡坡地上坡和急弯且隧道口径小的日本东京地铁大江户线等）这些根本性的公共运输系统。因此，必须为这些公共运输系统的建设（建设需要时间长，投资收回需要更长的时间）提供长期低息的资金，但加德满都乃至尼泊尔如何获取这种资金，需要谨慎定夺。

幸运的是，在尼泊尔具有丰富的水电资源。加德满都盆地也属于季节风地带，年降水量为 1 361mm。8 000m 的北部山区地带，积雪量多，入春时融雪水量大，经过数千米的落差，流向南面的平原地区。宝贵的水力发电量是巨大的。通过水库的建设及其有效的利用建立现代工业，开发电动汽车（据说尼泊尔政府准备独立实行），努力改善环境质量，同时利用电力乃至经济来推进铁路、市内电车、地铁等建设，不仅对加德满都市民，而且对尼泊尔国民来说也都是有益的。日本掌握着水库、铁路、特别是长距离隧道建设的先进技术，在世界上也是业绩斐然，加上雄厚的资金，如果日本和尼泊尔能够在这些方面进行合作，对两国来说都是幸事。

（柴田德卫）

第Ⅲ部　资料解说篇

[1] 收入差距与消费扩大

即便是在同一个亚洲，日本等发达国家同印度等发展中国家之间的物质生活水平相差也很大。"物质世界计划"的《地球家族：全球 30 个国家的普通生活（TOTO 出版，1994 年）》，介绍了世界上 30 个国家中的所谓"标准家庭"的家族、拥有的家庭消费品和家庭照片。在日本或是发达国家家庭，物质十分丰富。与此相比，在发展中国家的家庭，物质缺乏，生活差异很大。亚洲成功实现了工业化的日本、韩国和中国台湾家庭，生活中的耐久消费品十分普遍，电冰箱和彩电等基本上已普及到每个家庭。列举日本 70%以上家庭所拥有的耐久消费品有：电冰箱、微波炉、洗衣机、吸尘器、缝纫机、空调、彩电、录放机、无线电话、汽车、自行车以及照相机等。

亚洲既有物质丰富的国家，而绝对贫困的人口也不少，印度贫困人口（2000 年之前）有 4.3 亿人，中国有 2.3 亿万人，菲律宾有 1 900 万人，印度尼西亚有 3 100 万人，他们每天的生活费不足 1 美元。

在贫困人口依然很多的国家，随着工业化进程，耐久性消费品也开始普及，生活水平正在发生巨大变化。中国城市的彩电普及率每百户超过了 100 台。中国农村像追赶城市那样，其耐久性消费品的普及率也在提高（参考表 1）。在马来西亚，近 80%的家庭拥有彩电。在泰国，城市家庭的彩电普及率也高达 87.9%。

在越南等国，家电产品普及率总体上不高，但随着迅速向市场经济转化，耐久消费品的普及今后也会加快。在泰国和马来西亚，洗衣机和空调等的普及率不太高，但今后的普及速率也会加快。在东南亚地区，购买耐久消费品的"欲望"，也正在成为经济发展的原动力之一。

迄今的经济发展，旨在寻求物质丰富，可以说也引起了环境破坏。但是，对于迄今一贯同自然和谐共处而在经济生活上"贫困"的人们来说，非常向往发达国家享受的生活方式。发达国家的生活通过电影和电视剧等媒体，对发展中国家的人们造成了巨大影响。

发展中国家的经济发展，会对全球环境造成怎样的影响？这种担心始终不绝于耳。有人甚至不顾发达国家同发展中国家在生活水平上的差距，提出应对气候变化所谓"公平性"的观点，认为现在不仅应该控制发达国家、而且也应该控制发展中国家的温室气体排放，强调这是为了未来的后代，而这恰恰是完全无视正在饱受绝对贫困人们之苦的无稽之谈。当以日本为主的发达国家正从"环境"视角重新审视自己的生活和社会结构之时，也要意识到发达国家的变化无疑也会影响发展中国家的发展方向。

发展中国家，在力争提高饱受绝对贫困人们的生活水平这一正当名义下，自然与环境却遭到了破坏，加剧了依靠自然环境为生计的穷人进一步贫困。最容易遭受公害问题伤害的人们，正是那些即使迁移也无法获得最低生活水平的穷人。发展中国家的经济发展，必须注意不要进一步恶化环境和穷人的生活。

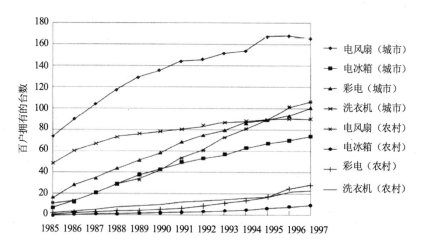

图1 中国耐久性消费品的普及情况

摘自：国家统计局，《中国统计年鉴》，中国统计出版社，各年版。

表 1　贫困与消费

	日本	韩国	中国	中国台湾	菲律宾	越南	马来西亚	印度尼西亚	泰国	印度
A.按购买力平价换算										
人均 GNP（1997）美元	24 400	13 430	3 070		3 670	1 590	7 730	3 390	6 490	1 660
人均 GNP（1998）美元	23 592	13 286	3 051		3 725	1 689	7 699	2 407	5 524	2 060
B.所得分配	1993 年	1993 年	1998 年	1997 年	1997 年	1998 年	1995 年	1996 年	1998 年	1997 年
基尼系数	0.249	0.316	0.403	0.32	0.462	0.361	0.485	0.365	0.414	0.378
高 20%/低 20%	3.4	5.2	7.9	5.41	9.7	5.6	12.0	5.6	7.6	5.2
C.贫困			1998 年		1994 年		1995 年	1999 年	1992 年	1994 年
1 美元/日 人口比			18.5		26.9		4.3	15.2	2%以下	47.0

D.耐久消费品家庭拥有率

	日本	韩国	中国城市	中国农村	中国台湾	越南	马来西亚	泰国
有率	1998 年	1990 年	1997 年	1997 年	1997 年	1992—1993 年	1991 年	1996 年
冰箱	98.1	93.1	72.98	8.49	99.19（95）	4.1	59	58.7
洗衣机	99.3	64.3	89.12	21.87	94	0.33	33	15.9
空调	81.9				73.8	0.13	7	6.8
吸尘器	98.3							4.7
收音机			28.11				75	77.5
黑白电视机			65.12			13.29	合计	16.7
彩色电视机	99.2	合计 97.2	100.48	27.32	99.5	9.23	78	71.9

摘自：A-C：World Bank, *World Development Indicators*, 1999 及 2000。D-日本：经济企画厅"消费动向调查"。D-韩国：*Social Indicators in Korea* 1995。D-中国：《中国统计》（100 家的保有量）。D-中国台湾：《社会指标统计》。D-越南：*Vietnam Living Standards Survey, 1992-93*。D-马来西亚：*General Report of the Population Census, 1995*。D-泰国：*Social Indicators*, 1997.

[2] 劳动安全卫生

● 劳动安全卫生灾害发生现状

在亚洲各国，劳动灾害发生频繁，正在寻求有效的对策机制。如表 1 所示，泰国、马来西亚等国已经建立了全国规模的统计。另一方面，有些国家迫在眉睫地需要建设有效的对策制度。印度和越南等国，统计资料本身均未建立，今后的实际对策体制更为重要。值得注意的是，中国开始发布全国规模的劳动灾害资料数据。从行业类别看，劳动灾害多发行业是制造业和建筑业。尽管统计上尚不全面，但以农业为主的第一产业和矿业方面都发生了大量的劳动灾害。此外，亚洲经济危机发生后，生产活动放缓，就业人数减少，劳动灾害发生数量减少，但这种情况未必是实际工作场所的安全卫生得到提高的结果。

● 职业病

很多职业病，由于从暴露于致病因素到疾病发生必定要经历一段时间，故有不少案例尚未统计在内。近年来，在泰国、韩国、菲律宾等国，围绕职业病的诊断或救济的讨论日趋高涨。这些国家的职业病案例包括重金属、有机溶剂中毒、筋骨系统疾患、矽肺病等各种疾病。实际上，只要亲身访问亚洲的劳动现场，尽管一些地方正在重视安全卫生对策，加快建立对策，但还是有工人暴露在职业病成因——有害物质之中。为了预防职业病，重要的是要建立减少工人暴露于有害物质的对策和开展面向现场的实践性安全卫生教育活动。在亚洲的劳动现场，有很多实例都属于原本是有可能预防的职业病或劳动灾害。

● 劳动安全卫生的国际标准化趋势

国际标准化组织（ISO: International Organization for Standardization）继《环境管理体系（ISO14000）》之后，原已准备把劳动安全卫生对策制定成为新的管理体系，以促进正持续活跃在亚洲的跨国企业，能够重视企业内部的环境问题和劳动安全卫生问题。作为国际标准化的内容——《劳动安全卫生管理体系》，在以英国为首的欧洲推进了有效的劳动安全卫生对策后，如果恰当运用"劳资共同参与型"模式，亚洲也能在改善安全卫生方面取得进展。

目前，在制订规章制度和企业内部建立体制并获取认证方面，为改善安全卫生获得信息援助并取得实际成果方面，都有成功事例，开展经验交流不可缺少。

● 推进面向众多工作场所的劳动安全卫生对策

提到亚洲的劳动安全卫生或者环境问题，人们往往会把目光集中到大型企业或跨国企业的行动上，而在亚洲，在小型企业从业的人员更多。对于中小企业，重要的是既要确保人们的工作岗位，还要创造安全的人员工作环境。国际劳工组织（ILO）开发的 WISE 软件（《改善小型企业的工作环境》，Work Improvement in Small Enterprises）是一种参与型的小型工作场所改善方法，它在实际加快改善安全卫生方面发挥了重要作用。从 1994 年到 1996 年，通过 UNDP（联合国开发署）和 ILO 的技术援助，在菲律宾 4 个地区实施的 WISE 项目，根据中小企业劳资双方自主的提案，出现了许多劳动安全卫生得到改善的事例。ILO/UNDP 项目结束后，菲律宾政府将其纳入国家政策，开始在全国推广实施。WISE 方式的特色在于，首先认可当地已有的改善努力和实例，并以此为基础，通过现场的自身努力，使用当地资源，实现低费用的改善强化。行政部门和专家为当地的劳资双方推进自主改善，提供信息与技术支持。WISE 并在泰国、越南、马来西亚等国实施，也取得了很大成果。

在越南，把 WISE 方式的参与型自主改善应用到农业劳动改善方面，以《WIND（近邻开发中的工作改善 Work Improvement in Neighbourhood Development）》方式确定下来。WIND 方式受到 ILO 的关注，在菲律宾也开始进行实践。而且，ILO 正在开发试行新的参与型计划，针对特殊领域工作的工人改善安全卫生。另一方面，国际劳工财团开发的《POSITIVE（参与型安全改善的贸易联盟激励，Participation-Oriented Safety Improvement by Trade Union Initiative）》以工会为主体的参与型安全卫生改善项目，已在巴基斯坦立项，在菲律宾、孟加拉国、蒙古和泰国等得到实施。POSITIVE 把环境保护内容添加到项目中，支持职工发现自己工作场所的环境污染原因，推进改善行动。如果把亚洲在农业、特殊行业、中小企业方面这些草根工作场所改善劳动安全卫生以及一般环境保护都重视起来，并推进对于当地自主努力的国际援助，有望加速做出在社会和政策性方面具有影响力和说服力的业绩。

（川上刚）

表 1

		日本	韩国	中国	菲律宾	越南	马来西亚	印度尼西亚	泰国	印度	巴基斯坦
A. 雇佣											
A1. 雇佣工人数	(千人, 1997年)	65 570	21 048	696 000	27 888	33 664	8 569	87 050	33 162	27 941	33 337
男	(千人, 1997年)	38 920	12 409	ND	17 437	ND	5 658	53 971	18 121	23 515	29 386
女	(千人, 1997年)	26 650	8 639	ND	10 451	ND	2 923	33 079	15 041	4 426	4 051
A2. 按行业分类工人数	(调查年次)	1997年	1997年	1997年	1997年	1994年	1997年	1997年	1997年	(1996年)	(1995年)
农林水产业	(千人)	3 500	2 324	330 049	11 260	ND	1 481	35 849	16 691	ND	15 559
矿业	(千人)	70	27	8 676	124	ND	39	897	47	ND	40
制造业	(千人)	14 420	4 474	96 108	2 755	3 064	2 003	11 215	4 292	ND	3 459
电力/煤气/水道	(千人)	360	76	2 834	139	ND	51	233	178	ND	273
建筑业	(千人)	6 850	2 004	34 479	1 641	972	793	4 200	2 021	ND	2 402
批发零售/宾馆/饭店	(千人)	14 750	5 798	47 943	4 219 (a)	ND	1 578	17 221	4 601 (c)	ND	4 835
运输/仓储/通信	(千人)	4 120	1 165	20 599	1 769	565	423	4 138	980	ND	1 690

		日本	韩国	中国	菲律宾	越南	马来西亚	印度尼西亚	泰国	印度	巴基斯坦
金融/保险/房地产/服务业	（千人）	5 750	1 907	3 952	680	ND	447	657	ND	ND	257
公务员/社会服务	（千人）	15 420	3 029	18 031	5 295 [b]	ND	1 755	12 637	4 342 [b]	ND	4 759
其他	（千人）	340	243	132 239	5	ND	ND	3	9	ND	23
B.劳动灾害											
B1. 劳动灾害总数	1993 年（人）	181 900	90 288	18 122 [e]	7 302	ND	133 293	7 430	156 550	183 391	633 [f]
	1994 年（人）	176 047	85 948	16 271 [e]	4 584	ND	122 688	6 523	181 640	143 790	399 [f]
	1995 年（人）	167 316	78 034	28 513	4 870	ND	114 134	14 184	216 335	103 793	ND
	1996 年（人）	162 862	71 548	29 036	ND	ND	91 327	10 037	245 616	ND	ND
	1997 年（人）	156 726	66 761	26 369	ND	ND	86 589	8 727	230 376	ND	ND
B2. 死亡灾害总数	1993 年（人）	2 245	2 210	7 062 [e]	350	ND	655	965	980	ND	170 [f]
	1994 年（人）	2 301	2 678	7 235 [e]	220	ND	644	1 424	820	ND	130 [f]
	1995 年（人）	2 414	2 662	20 005	260	ND	952	902	950	ND	ND
	1996 年（人）	2 363	2 670	19 457	ND	ND	1 020	784	962	ND	ND
	1997 年（人）	2 078	2 742	17 558	ND	ND	1 473	1 076	1 040	ND	ND

B3. 按行业分类死亡灾害

		日本	韩国	中国	菲律宾	越南	马来西亚	印度尼西亚	泰国	印度	巴基斯坦
（调查年次）		1997 年	1997 年	1997 年	1995 年	1997 年	1995 年	1997 年	1997 年	1997 年	1994 年
农林水产业	（人）	94	27	73 [e]	10	ND	111	285	33	ND	ND
矿业	（人）	40	339	3 273 [e]	30	ND	13	106	26	229	94
制造业	（人）	349	691	1 238 [e]	70	ND	380	441	306	ND	36
电子/煤气/水道	（人）	2	8	ND	10	ND	6	3	30	ND	ND
建筑业	（人）	848	798	1 056 [e]	20	ND	60	167	231	ND	ND
批发/零售宾馆饭店	（人）	203	503 [d]	161 [e]	0 [a]	ND	114	22	179	ND	ND
运输/贮仓储/通信	（人）	356	376	203 [e]	20	ND	96	48	148	ND	ND
金融/保险/房地产/服务业	（人）	10	ND	ND	10	ND	46	ND	77	ND	ND
公务员/社会服务	（人）	9	ND	ND	80 [b]	ND	118	4	10	ND	ND
其他	（人）	167	ND	233 [e]	ND	ND	8	0	ND	ND	ND

注：（a）不包括宾馆和饭店；（b）包括宾馆和饭店；（c）包括金融；（d）包括金融、保险和不动产，不包括宾馆和饭店；（e）仅国营企业；（f）包括金融。

[3] 保健与教育

在亚洲，重要课题是如何让人们拥有平等的教育机会，如何让人们过上健康的生活？在亚洲，既有达到保健与教育高水平的国家（地区），也有陷入严重贫困问题的国家（地区）。此外，如何缩小城乡之间或男女之间的教育水平差距也很重要。

如图1所示，亚洲各国（地区）过去15年间的识字率有所提高。但是，国家间的差距仍然很大。也有很多国家，女性识字率的改善已成为提高健康水平和社会发展的基本任务。首先，最重要的是完善教育设施和人才培养以便让更多孩子接受到初等义务教育。这要求，根据地区实际情况，建设通往学校设施的通路，让孩子们能够连续上学，完成初等教育。尽管政府预算到处亏欠，仍需要重视加强本地区的教育内容和对于改善学校设施的支持。第二，确保符合本地区需要的教育质量。在一些地方实施充分反映当地日常生活的教育内容获得成功的实例很多。此外，在多民族国家，家庭的口头语言同教育语言的差异很大，学生对于授课内容的理解感到困难。关键问题是如何在方言同国语之间找到平衡点。第三，努力促进女孩子上学也很重要。在社会经济发展中，既要向地区大声疾呼提高女性教育水平的重要性，同时还需要教师们承认男女学生平等接受教育的观念。另外，还有必要考虑学校配套基本设施。例如，有的校园内没有男女分别的专用厕所，很多女生一到生理成熟，就难以上学。第四，确保教师的合理待遇和提高教师素质的机会。笔者在越南农村进行的调查中发现，教师们对教育非常热心，并强烈希望得到作为教育者自身提高素质的机会。而且，还强烈希望得到援助，以免贫困家庭的孩子辍学。还有，农村教师的切实愿望是，由于一边要养活自己的家庭，一边维持教育活动，需要确保必要的最低收入（参见表1）。

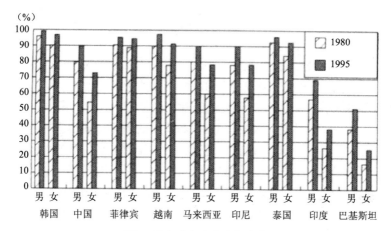

图1 男女成人识字率的变化

摘自：联合国儿童基金会（UNICEF），《世界儿童白皮书》1999年。

表1　越南农村地区小学教师要求改善的前10个项目

1	教师待遇和对家庭的支持
2	确保学生有足够教材
3	完善教育政策
4	加强教师间的交流
5	保证合理的工作时间
6	确保休息日
7	改善学生同教师间的关系
8	确保校园内安全饮用水
9	要加强与学生家长间合作
10	对贫困上学困难的学生的援助

摘自：越南河内省的劳动科学研究所的调查。

　　在经济与社会发展中，提高保健水平是基本的、不可缺少的课题。家庭能否获得安全饮用水，这作为保健设施的指标之一，城乡之间差距很大。保健问题是如何最大限度地利用当地资源，为更多人提供充分保障的保健医疗服务。泰国专家翁阔木通（Som-Arch Wongkhomtong）提出，对应于不同发展阶段可把国家（地区）分为三组。第一组是老挝、柬埔寨等新兴发展中国家，其人均 GNP（国民生产总值）在 500 美元以下。在这些国家，优先课题是确立国家规模的保健制度和建立地区水平的保健基础设施。第二组是印度尼西亚等人均 GNP 在 500 美元到 2 500 美元的国家（地区）。这些国家的重要任务是在国家保健制度已经确立的基础上，如何提高其服务质量。第三组是人均 GNP 超过 2 500 美元的国家，其中包括泰国等 9 个国家（地区）。这些国家（地区）的优先课题是省级或地区级的保健医疗分权化以及建立覆盖全体国民的健康保险制度。这些国家作为南南合作的重点也很重要。这是因为他们提高保健医疗水平的经验，在很多方面对邻近的新兴发展中国家都能直接发挥作用。

　　无论是提高保健水平也好，或者是提高教育水平也好，取得成功的关键是，国家或国际社会能否提供符合当地实际情况的推进方法。在国际合作方面，一方面需要学习其他国家（地区）的成功案例，另一方面要以当地的公众为主体来推进切合实际的改善方法。

（川上刚）

表 2

		日本	韩国	中国	菲律宾	越南	马来西亚	印度尼西亚	泰国	印度	巴基斯坦
A 社会经济指标											
A1 人口总数	（千人，1998年）	128 281	46 109	1 255 898	72 944	77 582	21 410	208 338	60 330	982 223	148 188
A2 人均GNP	（美元，1998年）	40 140	10 510	750	1 160	290	4 370	1 080	2 980	350	480
A3 户均收入分布（%，1990—1996年）											
最下位40%		22x	20x	15	17x	19	13x	21	14	21	21
最上位20%		38x	42x	48	48x	44	54x	41	53	43	40
B 保健·人口指标											
B1 出生时平均预期寿命/男	（岁，1998年）	77	69	68	67	65	70	63	66	62	63
出生时平均预期寿命/女	（岁，1998年）	83	76	72	70	70	74	67	72	63	65
B2 年出生人口数	（千人，1998年）	1 299	888	20 481	2 029	1 852	536	4 756	985	24 389	5 250
B3 未满5岁男孩年死亡率	（每出生千人，1998年）	6	13	43	49	54	16	69	37	82	108

	日本	韩国	中国	菲律宾	越南	马来西亚	印度尼西亚	泰国	印度	巴基斯坦
未满5岁女孩年死亡率（每出生千人，1998年）	5	13	54	38	57	13	56	33	97	104
B4 婴儿死亡率（每出生千人，1998年）	4	10	41	36	38	11	48	29	72	74
B5 产妇死亡率（每出生10万人，1998—1997年）	8	20	60	210	160	39	450	44	440	ND
B6 接受预防接种的比率（%，1995—1997年）	94	85	98	72	96	89	92	91	81	74
B7 占GDP的保健支出率（%，1995年）	7.2	5.4	3.8	2.4	5.2	2.5	1.8	5.3	5.6	3.5
C 营养指标										
C1 体重低的婴儿出生率（%，1990—1997年）	7	9	9	9	17	8	8	6	33	25
C2 营养不良未满5岁儿童所占比率（%，1990—1997年）										
体重过低	ND	ND	16	28	41	19	34	19	53	38
消耗症	ND	ND	ND	6	14	ND	13	6	18	ND

	日本	韩国	中国	菲律宾	越南	马来西亚	印度尼西亚	泰国	印度	巴基斯坦
发育障碍	ND	ND	34	30	44	ND	42	16	52	ND
D 教育指标										
D1 初等教育男孩总就学率（%，1990—1996年）	102	100	121	110	111x	92	117	99	110	101
初等教育女孩总就学率（%，1990—1996年）	102	101	120	112	106x	92	112	96	90	45
D2 小学一年级入学连续就读5年的比率（%，1990—1995年）	100	100	92	70	ND	94	90	88	62	48
D3 中等教育男孩总就学率（%，1990—1996年）	98	101	73	64	44x	58	52	38	59	33
中等教育女孩总就学率（%，1990—1996年）	100	101	66	85	41x	61	44	37	38	17

摘自: A1、B1、B3、B7, WHO. *World Health Report 1999*, A2、A3、B2、B5、B6、C1、C2、D1、D2、D3: UNICEF, *The State of the World's Children 1999*.

ND: 无数据。

[4] 生育健康与生命以及人口问题

　　20 世纪 50 年代之后，亚洲人口出现急速增长，由于粮食与资源缺乏、贫困、经济开发落后等原因，人口问题开始受到重视。人口急剧增长的原因在于，出生率下降缓慢，而死亡率，特别是幼儿死亡率迅速下降（参见图 1）。进入 20 世纪 70 年代，联合国和发达国家开始向发展中国家提供人口政策援助。在 1974 年，各国政府代表首次以人口问题为主题，召开了世界人口会议（布加勒斯特）。在这次会议上，围绕人口控制还是开发经济等问题，南北之间出现了对立，但在 1984 年的国际人口会议（墨西哥）上达成了协议，发展中国家开始了以计划生育为措施的国家人口政策。

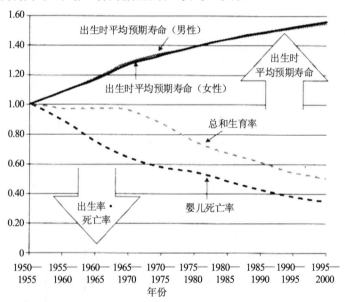

图 1　从 1950 年到 2000 年发展中国家的婴儿死亡率，总和生育率与出生时平均预期寿命（分男女）（以 1950 年为 1 的情况）

摘自：《世界人口白皮书 1998》，联合国人口基金，1998 年。

　　但是，为了完成避孕率/出生率这些数值目标，增加了若干强制实行避孕或绝育手术的政策，引起了人们，特别是女性的强烈反对。例如在印度，在英迪拉·甘地政权下进行了大规模的强制绝育手术，甘地政权由此于 1977 年垮台。在没有签署知情同意书的情况下使用避孕药物，其副作用使得女性健康受到损害，此类事例大量见诸于报道。计划生育的负责人是从村民中以投石子方式选出来的象征性代表，这种无组织领导的人口政策不受人们欢迎，也没有取得预期效果。此外，"人口增加是导致诸多问题的根源"这个认识是误解，而财富分配不公平和社会开发与人类开发的不完善，才是造成人口增加后果的起因。又如在斯里兰卡，人均 GNP 同印度等其他东南亚国家大致相当，而通过政府的社会福利政策，扩大了女性接受教育和就业的机会，结果提高了计划生育的实行率，降低了总和出生率。

　　1994 年，在此背景下召开的人口开发国际会议（开罗），同过去 2 次人口会议相比，出现了巨大变化。开罗会议把重点从统计优先的国家人口政策这种宏观观点，转移到对于每对夫妇或个人、特别是具有妊娠功能的女性健康与生活这些微观方面。结果，讨论主题有："关于生殖健康（关于性与生殖的健康和权利）"、"性别平等（社会文化上造成的性别差异）"、"赋予女性权利"（在政治、经济、社会、法律等所有领域都应赋予女性权利）。

　　在开罗会议名称上，增加了"开发"一词，原因在于同人口、资源、环境之间的关系上，"可持续发展"受到了关注。在世界上，希望避孕但得不到服务的女性有 1.2 亿人之多，大量出生的孩子数量超过了希望的数量。因此，如果女性有选择生育或不生育权利，那么出生率就有望下降。结果，人口重负就会减轻，也有助于"可持续发展"。会议名称加上"开发"一词，也包含着这一层含义。

　　开罗会议上一个有代表性的关键词——"生殖健康与生命"，代表着一种新的思考。它不是通过人口政策、宗教、家长制等管理统治生育与否的问题，而是应当作为个人，尤其是女性的生涯，作为一项基本人权应得到保障。为了实现这一目标，必须采取"废除性别歧视"和"尊重选择自由"。由此，生殖健康与生命的要点可归纳如下：①健康作为一种权力；②性别平等；③整个生涯的健康；④选择自由和自我决定权。在贯穿人生的性与生殖健康方面，不仅是妊娠生产的调节和母子保健，而且还包括 HIV/艾滋病等其他性感染症、性暴力以及性交易等各种各样问题（参见图 2）。另外，青春期、更年期、老年期也都应当作为对象内容。现在，15～24 岁的青年人口是全球规模的"婴儿潮一代"，考虑到他们正要进入拥有孩子的年龄，因此，青春期对策显得越来越重要。

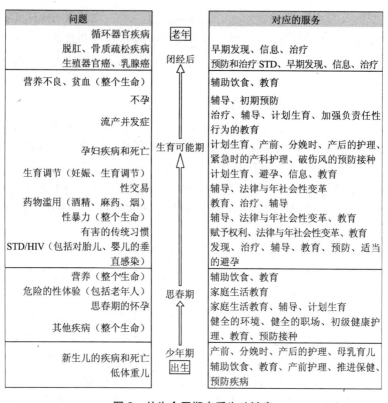

图 2　从生命周期来看生殖健康

摘自：《世界人口白皮书 1995》，联合国人口基金，1995.

全世界人口增长率从 1960 年的 2%（发展中国家为 2.4%）下降到 1.4%（发展中国家为 1.7%）。但是，由于人口基数很大，人口总数始终仍在持续增长，到 1999 年就达到了 60 亿人。其中的 60%生活在亚洲。下面以 8 个国家为例来分析一下亚洲的现状，中国、印度尼西亚、韩国、马来西亚、菲律宾、泰国、越南等地处东亚与东南亚的国家，整体上是出生率在下降，经济在不断发展。与此相比，处于南亚的印度，状况有些落后。反复的怀孕、生育威胁着妇女和孩子的生命健康。据联合国的统计，女性疾病中 1/4 与怀孕、生育以及流产等有关（参见图 3）。因为婴儿死亡率的增加，导致不断怀孕生育的恶性循环。在表 1 中展示了这种关联关系。在避孕没有普及的国家，总和生育率（一个妇女在整个育龄期都按照某一年的年龄别生育率生育，她所生育孩子的总数）、孕妇死亡率和婴儿死亡率都很高。生育是否安全、流产是否合法，都对产妇的死亡有很大的影响。

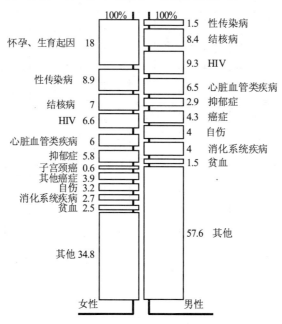

图 3　15～44 岁的男女疾病死亡率

摘自：《世界人口白皮书 1995》，联合国人口基金，1995.

表 1 生殖健康/生活与人口相关的指标

国名	总人口/10²万人	人口增加率/%	TFR	现代避孕法的实施率/%	接生员在场分娩/%	婴儿死亡率（出生千对）	产妇死亡率（出生 10 万对）	成人识字率*（男/女）	人均 GNP/美元
中国	1 225.1	0.9	1.80	80	85	38	95	90/73	2 920
印度尼西亚	206.5	1.5	2.63	52	36	48	650	90/78	3 800
韩国	46.1	0.9	1.65	70	95	9	20*	99/97	11 450
马来西亚	21.5	2.0	3.24	31	98	11	80	89/78	9 020
菲律宾	72.2	2.0	3.62	25	53	35	280	95/94	2 850
泰国	59.6	0.8	1.74	72	71	30	200	96/92	7 540
越南	77.9	1.8	2.97	44	79	37	160	97/91	—
印度	975.8	1.6	3.07	36	35	72	570	66/38	1 400
日本	125.2	0.2	1.34	53	100	3.6	7.1	—	22 110

注：人口：1998 年。增长率：1995—2000 年。TRF（总和生育率）：是 1995—2000 年。但日本的仅有 1999 年的数据。在场分娩。在场分娩时在场接生。联合国人口基金，1998 年。但*仅《世界儿童白皮书 1999》，联合国教科文组织，1999 年。日本总人口（是练的接生员在产妇分娩时在场接生。联合国人口基金，1998 年。但*仅《世界儿童白皮书 1999》，联合国教科文组织，1999 年。日本总人口（是1998 年数据），婴儿死亡率（是 1998 年数据），产妇死亡率（是 1998 年数据），TFR（总和生育率）为厚生省人口动态统计。

摘自：《世界人口白皮书》，联合国人口基金，1998 年。成人识字率：GNP：是 1995 年。

　　要想实现女性拥有对妊娠生育选择的权利，加强教育、雇佣、保健等方面是必不可少的。阻碍这项发展的一个原因是性别的差异对待。在印度，男女的识字率差别很大，其他相关联的数值从整体来看也不理想。而且，在重男轻女的韩国、印度、中国等国家，通过超声波诊断出女孩的话，流产的居多，这样就导致了男女比例严重的不均衡。今后，作为人口问题应该被关注还有年轻人口和高龄化人口（65 岁以上）的数量在增加，在日本或韩国，和实行独生子政策的中国的老龄化也在不断加剧。作为生殖健康的一个课题是，在 HIV/艾滋方面，患病率在不断增加，患病孤儿数量在增加、母子感染导致对下一代一系列影响，也就是说被抚养人口的增加有可能引起经济停滞的后果。根据到目前为止的诸多统计，在本节中涉及的国家中泰国的 HIV 的感染率是最高达。但是，对于 HIV 的对策包括日本在内所有的国家都很滞后（参见表 2）。

表 2　在全球蔓延的 HIV/艾滋病（1999 年末的推测）

	合计	成人	女性	不满 15 岁的儿童
HIV 新感染者	540 万人	470 万人	230 万人	62 万人
HIV/艾滋病感染/发病者*（累计）	3 430 万人（7 304 万人）	3 300 万人	1 570 万人（1 565 人）	130 万人
艾滋病引起的死亡人数（1999 年）	280 万人	230 万人	120 万人	50 万人
艾滋病引起的死亡人数（累计）	1 800 万人（1 175 人）	1 500 万人	770 万人	380 万人
艾滋孤儿**（累计）	1 320 万人			

注：括号内的数值为日本（2000 年 4 月 30 日，厚生省公布）。在日本，没有 15 岁以下的统计。

*在英语中，使用"HIV/艾滋和活着的人们"这一语言；

**未满 15 岁且因艾滋病失去母亲或者双亲的小孩。

摘自：*REPORT on the global HIV/AIDS epidemic*，UNAIDS，2000.

　　生殖健康载入第 4 次世界妇女大会的《行动纲领》，确认了女性的人权。在 1999 年和 2000 年分别组织召开了"开罗加五"和"北京加五"联合国特别会议，主要是对5年后的进展再次讨论和评价。与之相对应，也召开了NGO或青年、国会议员会议。在联合国特别会议上，围绕流产权利、青年人的权利、家族的形态、性的权利等，梵蒂冈、天主教和伊斯兰教各国同美国、欧洲等先进工业国家形成了明显的对立，让人感觉到个人的特别是妇女的权利处在倒退的危险阶段。但是，世界上女性NGO对此做了很多工作，结果，生殖健康得到了再次确认，提出了HIV/艾滋病对策、加强对于青年生殖健康等（开罗加五）、设置了防止对女性暴力的法律（北京加五）。以上这些可以说是进步了。但是到了20世纪90年代，发达国家的援助大量减少，导致资金周转方面出现了很大问题。此外，关于性权利等遗留问题也很多。

最后，概括日本的情况是，日本国内老龄化和少子化对策成了政府优先考虑的问题。结果，开始改善就业和保育等、重新审视因性别差异的分工不同问题，还推出了促进生育政策。另外，关于生殖健康方面的课题还有很多，如性教育的缺乏、相亲所的缺乏、因流产而犯罪的刑事堕胎罪（只有满足《母体保健法》定义的条件才是合法的）、母子保健中心的行政管理、扩大先进生殖技术等。在国际上，日本被认为是ODA（官方开发援助）大国，在生殖健康方面，很多发展中国家正在努力寻求援助。

（芦野油利子）

[5] 新兴发达国家的优势及其负面遗产——用 20 世纪 90 年代初的资料相比较，验证先发与后发国家的环境问题

关于亚洲环境问题，大卫·奥康纳用 1965 年到 1990 年东南亚经济增长与工业化模型，对于后发国家，提出要充分运用"后发国家的利益"。随后，作为后发国家，可以在环境管理方面，学习先发国家所经历的失败教训，还可以高效地接受经济援助和技术援助。

在 1997 年度始于泰国的亚洲经济危机爆发之后，由于经济停滞，环境破坏速度相对减缓，但接受日本援助的越南，曾于 20 世纪 90 年代经济增长迅速，如第二部所述，也发生了严重的环境问题。

实际上，特别是环境问题，形式多种多样，一句话概括不了，这里想用一张表来概述，不知是否能够比较和验证出存在的问题点。

作为案例之一，笔者参考了亚洲开发银行和哈佛大学共同研究中所用的方法论和数据，从东亚、东南亚、南亚地区选择了一些国家（地区），特别验证了 20 世纪 90 年代那些"跃进"国家起始点时的环境状况，他们在 20 世纪又如何能够持续地实现发展的。

如表 1 所示，亚洲开发银行使用的是"环境补偿费用"（Cost of Remediation，COR）、"环境弹性"（Environmental Elasticity，EE）以及报表中常用以表示自然破坏程度的"环境菱形图"（Environmental Diamond，ED），还用了表征人类社会经济基础水平的"人类发展指数"（Human Development Index，HDI）。从这些数据看，在 20 世纪 90 年代初期，亚洲各国的环境状况可以很偶然地大致根据地区和发展阶段来区分。

首先，东亚（韩国）和东盟（新加坡、泰国）的成员国在当时曾显示出理想的数据，表现为"优等生"，成了"环境援助国"。以日本为首的独特的雁行经济发展、70 年代的韩国和新加坡、80 年代的印度尼西亚和泰国等，在环境管理方面也都进展顺利。特别是像

ED 所表现的数值说明，韩国和新加坡如何为了"经济增长第一主义"而支付了高昂的环境费用。

表1 亚洲各国的环境经济对应的比较

国名		COR	COR/GDP	EE/%	ED/%	GDP Growth Rate/%	HDI
先发达国家	韩国	907.18	0.33	−0.32	377	9.1	0.886
	新加坡	107.70	0.24	−0.28	670	6.9	0.881
	印度尼西亚	1 571.93	1.43	−0.35	113	5.8	0.640
	泰国	820.68	0.83	−0.99	103	8.2	0.832
后发达国家	菲律宾	607.57	1.40	−0.44	70	1.4	0.666
	中国	17 553.96	4.88	−0.21	159	9.6	0.609
	越南	493.91	7.30	−1.32	108	7.1	—
	老挝	72.48	7.43	0.08	115	4.8	0.340
	蒙古	2 805.64	397.63	−0.69	146	3.8	0.578
	缅甸	337.36	1.23	2.32	114	0.8	0.450
	尼泊尔	167.02	5.32	−0.83	109	5.0	0.332
	孟加拉国	412.89	1.95	−0.65	81	4.2	0.365
	印度	7 081.70	2.89	−0.10	74	5.2	0.436
	巴基斯坦	1 076.76	2.57	−0.53	111	6.0	0.442

（注）COR：补偿费用（为补偿水污染、大气污染、包括森林在内的国土破坏与生态破坏所需的费用总额）。

COR/GDP：补偿费用占 GDP 的比例。低于 1% 时，本国经济能够补偿的破坏程度；1%～2% 时，需要小规模的经济援助；2%～4.5% 时，需要中等规模的经济援助。超过 4.5% 时，需要高额援助。

（注）：蒙古，国土大，人口少，无法在宏观上同其他国家对比，必须单独研究。

EE/%：环境弹性（Environmental Elasticity）。A 组＞0，持续可维持。0＞B 组＞−1，持续勉强可维持。C 组＜−1 持续不可能维持。

ED/%：环境菱形图（Environmental Diamond）。一国的自然环境破坏率（水质、大气、土地、生态系统的平均值）。

GDP 增长率/%：1980—1993 年

HDI：人类发展指数（一国的社会基础水平）。（根据人均 GDP、文盲率、学校数量、出生状况等计算）

摘自：The Division of Engineering and Applied Science. Harvard University and the Asian Development Bank. *Measuring Environmental Quality in Asia* 1997，144 页和 155-157 页，选择国家分成不同地区.

但是，是否只要 COR/GDP 和 EE 数据低，在环境方面就可谓是优等生？尽管南亚各国的 ED 也低，而需要把掌握饮用水缺乏、文盲率高这些社会经济基础的贫弱性，到"让人能过上好日子的状况"都纳入符合可持续发展的好环境条件，才能真正理解。如表 1 所示，COR/GDP 的值一旦超过 4.5%，该国光靠自身就难以解决，需要提供高额经济援助，除尼泊尔外，蒙古、中国、越南和老挝都是原中央计划经济的经历者。即在进入市场经济的时候，已经持有设备环境恶劣和技术革新意识欠缺这些"负面遗产"，从发展的起始点，条件就与其他国家不同。

老挝、尼泊尔、缅甸等一起，经济尚未增长，可以说均因成本不足而引起 COR/GDP 偏高。弹性值低，显示出"可持续"这种出色结果，通过今后的经济合作，颇有改善的余地。

另一方面，中国在环境弹性方面的表现是"弱而可持续"。如表 1 所示，中国的大气污染和水污染等非常严重，ED 和 COR 的数值都高。但是，经济增长率超过了 COR/GDP，关于环境补偿，如能进一步利用发达国家的援助，就可取得所期待的遏制环境破坏的结果。

对此，越南自 1986 年以后的改革政策以来，呈现出快速的经济增长，但环境弹性显示的结果是，只有越南一国"发展不可持续"。而且，COR/GDP 还高于经济增长率，不仅资金缺乏，环境破坏的速度还高于经济增长。这种状况，在出发点上比中国都严重。

在 21 世纪开始大力发展的国家中，老挝和尼泊尔等已经背上负遗产，必须吸取越南的教训，慎重地推进开发。

最后，从数值看，菲律宾的 ED 最高，在今后想要发展的国家中，处在最理想地可利用"后发国利益"的有利出发点。EE 最出色的缅甸，他的其他指标都是其他国家的平均值，如果注意加强社会基础建设，可以说处于与菲律宾同样有利的立场。然而，只是依据迄今宏观层面上经济增长之间的关系，单纯地比较各国的环境问题，也有出现后发国家因为经济力量薄弱而造成环境破坏程度高这种数值。但根据 ED 看，越南同韩国或中国相比，其自然环境破坏程度是低的。

如果能汲取借鉴迄今为止的教训，伴随工业化，应该寻求并不只是单独提倡环境问题，而要尽可能地寻求避免以更严重的自然破坏为代价的经济发展方法。

（室井千晶）

[6] 生物多样性和粮食与农业遗传资源

当今，全球人口摄取热量的 90%来自仅 30 种农作物，品种层面上的遗传多样性也是极其狭窄。其供给来源约有 7000 种栽培植物，更进一步说，以此为基础的约有多达 30 万到 50 万种的高等植物多样性[1]。人们从这些生物多样性中，选取适合食用的、具备环境适应性的、产量高的、对病虫害具有较强抵抗力的有用遗传变异性，经过多次交配，获得种类繁多的优良品种。可是，在这种过程中，各种原因急速地导致了遗传变异性，即生物多样性的丧失（参照图1）。人口压力致使耕地日益扩大和森林采伐严重，随着普及近代农业导致品种单一化和本地品种被淘汰，特别是在伴随工业化进展的亚洲各国，这些自然破坏等问题也毫无例外地日益显著。

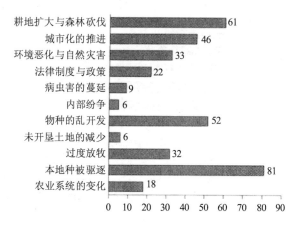

图 1　造成遗传资源丧失的原因

注：根据对 152 个国家进行的调查所得的国别报告回答数（复数）。

参考: FAO, *The state of the World`s Plant Genetic Resources for Food and Agriculture*, 1996, p.34.

国际上早已认识到遗传资源的重要性和多样性丧失背后隐藏的

危险性。粮农组织（FAO）在第二次世界大战后很早就认识到探索和引进遗传资源的重要性和国际合作的必要性。早在 1972 年的联合国人类环境会议（斯德哥尔摩会议）上，就制定了为保护世界遗传资源的国际计划，并建议成立国际联络机构。1974 年，在国际农业研究磋商组（CGIAR）之下成立了国际植物遗传资源委员会（IBPGR）。到了 80 年代，遗传资源的保护与管理最终发展成了以国际政治为舞台的"资源问题"[2]。其背景在于"资源分布的偏向性"（参照图 2），即资源多样性的中心地区（原生地）大多分布在发展中国家。在此时期特别对此问题表面化的要因是，遗传资源被定位为确立与强化生物工程产业的重要战略资源，发展中国家对于发达国家与跨国公司加紧活动试图圈占遗传资源的行为表示强烈反对。发达国家提倡发展中国家的遗传资源是"人类的共有财产"，可以自由使用（支配），不仅不给发展中国家任何经济补偿，就连发达国家的种子企业使用遗传资源开发出来的种子商品，也被宣称为其私有财产，要求发展中国家必须花钱购买，招致发展中国家的强烈抗议。

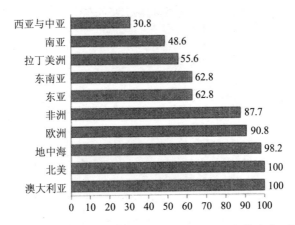

图 2　各地区主要作物的遗传资源对于其他地区的依存度（%）

摘自：FAO, *ibid*, p. 23. 原出处是 Kloppenburg, J. R. and Kleinman, D.L., "Plant Germplasm Controversy", *Bioscience*, Vol. 37, 1987, pp. 190-198.

1983 年召开的 FAO 第 22 次全体会议决议通过的《有关植物遗

传资源的国际声明》，虽然承袭了以往的"人类共有财产"的观点，但在内容上把改良品种与实用化了的育种素材也包括进来了[3]。针对遗传资源的保护与管理，提倡有必要向发展中国家提供技术与资金方面的援助。但是，在涉及新品种保护制度同知识产权等现有各种制度之间的协调性方面，仍存在不少问题，有关国际基因银行的设立与管理上的庞大资金负担问题也是争议要点。这也是以 FAO 为舞台的国际争议的开端。

在 1992 年的全球峰会（联合国环境与发展会议，里约）上，围绕作为中心议题之一的生物多样性问题继续处于国际争议中。长达 1 年半之久的谈判尽管进展艰难，但最终还是大体上反映了发展中国家的要求，内容包括：①遗传资源是所属国家的主权权利；②利用遗传资源所产出的生物工程成果等须公正且公平地分配，且须促进技术转让等。为此，把强化生物工程产业竞争力定位为国家战略的美国，以对知识产权的顾及不充分为由，拒绝签署该《生物多样性公约》。第二年，克林顿政府虽然签署了该公约，但议会至今尚未批准。

在围绕《生物多样性公约》的主要争议中，关于转变遗传基因的生物在国际交易中如何确保安全性的问题也浮现出来了。主要原因是以美国为中心急速扩大生产转基因作物。1995 年，在雅加达召开的第 2 次缔约国全体会议上，各国达成协议制定《生物技术安全议定书》（简称《议定书》），1999 年 2 月，在哥伦比亚召开的缔约国临时会议上通过决议，致力于推进交涉。但是，被统称为"迈阿密集团"的出口转基因作物国家同要求对此严格限制的发展中国家集团之间，围绕限制对象的范围和风险评估内容，以及同 WTO 的协调性等问题，相互对立十分突出，加上欧盟集团（EU）和中间集团（包括日本和韩国）也参与进来，最终发展成了激烈的论战。结果，虽然迈阿密集团处于孤立状态，但仍然拒绝协调方案，只好将《议定书》的表决延期到预定 2000 年在肯尼亚召开的第 5 次缔约国会议上。对于大量进口玉米及大豆、菜籽等产品的亚洲各国，由本国判断对于转基因产品可以限制到什么程度，这是一个关系生死存亡的大问题。

尽管存在很多问题，但在保护与管理遗传资源的国际性协调及行动方面还是取得了一些实际进展。1983 年在 FAO 全会上建立的植物遗传资源委员会（CPGR），一直致力于"遗传资源保护和公益活动的全球体系"的构筑工作，1995 年被成功改组扩大为粮食和农业遗传资源委员会（CGRFA）。1996 年，在 CGRFA 国际技术会议上决议通过的《LEIPZIG 宣言》与《世界行动计划》、《世界植物遗传资源的现状报告书（遗传资源白皮书）》等文件，对于指导今后工作的具体方向有重要作用。亚洲地区是拥有大豆以及米、黍、甜菜、水芋、山芋、杏、桃、香蕉等作物的"多样性中心地带"，也正在同国际稻类研究所（IRRI）等国际研究机构合作，在各国（地区）水平上制定并推进遗传资源保护项目。

但是，由于技术、资金等方面的局限，很难说在收集与管理体制方面已经达到了足够水准。在这种情况下，美国将缅甸和越南加入以中南美及非洲为对象的《既存遗传资源保护项目》中，英国则与印度尼西亚实施联合项目，日本也通过生物产业协会（JBA）和新能源产业技术综合开发机构（NEDO），同泰国、印度尼西亚、马来西亚共同推进热带生物资源方面的合作研究项目。这些项目有助于亚洲地区生物多样性的保护和遗传资源的合理利用，可给予积极评价。但是，其成果不应该仅由参与各国或企业独占，而应让全世界共享。为此，在以 FAO 为中心的全球体系及早构筑与实际效用化问题上，发达国家应该负起更大的责任。

（久野 秀二）

表 1　亚洲的粮食/农业遗传资源的保护管理行动状况

	日本	韩国	中国	中国台湾	菲律宾	越南	马来西亚	泰国	印度尼西亚	印度	美国	世界合计
植物物种数目	5 565	2 898	32 200	3 568	8 931	10 500	15 500	11 625	29 375	16 000	19 473	270 000
濒临灭绝物种的数目[1]	707	66	312	325	360	341	490	385	264	1 236	4 669	33 798
濒临灭绝物种所占比例[1]	12.7	2.3	1.0	9.1	4.0	3.2	3.2	3.3	0.9	7.7	24.0	12.5
国家保护措施的制定与实施情况[2]	○	○	○	—	△	○	△	○	△	○	○	—
基因库的委托数量[2]	202 581	120 000	350 000	n.d.	59 399	21 493	38 255	32 404	26 828	342 108	550 000	5 554 505
基因库设施功能[2]	L	L	L	—	L	M	M	M	M	L	L	—
国际条约的批准情况												
关于植物遗传资源的国际谈判	×	○	×	—	○	○	×	×	×	○	×	111
《生物多样性公约》[4]	○	○	○	—	○	○	○	×	○	○	×	175
《国际植物新品种保护公约》[5]	○	×	×	—	×	×	×	×	×	×	○	38

各项指标占全球的比例（世界合计为100）[6]	日本	韩国	中国	中国台湾	菲律宾	越南	马来西亚	泰国	印度尼西亚	印度	美国	世界合计
科技工作者数（1981—1995年平均）	13.97	2.37	12.74	n.d.	0.13	0.49	0.04	0.20	0.70	2.79	20.67	100.00
研究开发投资（1995年）	26.39	2.31	0.93	n.d.	0.01	0.01	0.06	0.06	0.07	0.49	33.30	100.00
专利费收入（1996年）	12.47	0.35	n.d.	n.d.	0.00	n.d.	n.d.	0.05	n.d.	0.00	55.91	100.00
育种者权登录数（1996年）	13.06	0.03	n.d.	n.d.	n.d.	n.d.	n.d.	n.d.	n.d.	n.d.	11.40	100.00
种苗市场规模（1998年）	12.60	n.d.	6.20	n.d.	n.d.	n.d.	n.d.	n.d.	n.d.	2.23	27.54	100.00

注：（1）World Conservation Monitoring Centre, *1997 IUCN Red List of Threatened Plans*, 1997; available in WCMC's website（http: //www.wcmc. org.uk/species/plants/）.

（2）在国家保护措施一栏中的◎是表示没有公共的实施体制，但是有实质的机能的情况。在基因库设施性能一栏，L 对应的是长期保管，M 对应的是中期保管。FAO, *The State of the World's Plant Genetic Resources for Food and Agriculture*, 1997; available in FAO's website（http: //193.43.36.6/wrlmap_e/htm）.

（3）1996 年 9 月 available in FAO-AGP's website（http: //www.fao.org/waicent/FaoInfo/Agricult/AGP/AGPS/PGR/globappl.htm）.

（4）1996 年 1 月 available in CBD's website（http: //www.biodiv.org/conv/RATIFY_date.htm）.

（5）1996 年 1 月为了强化同盟国知识产权而在 1991 年签署的条约，缔约国有美国、日本、荷兰等 11 个国家；available in UPOV's website（http: //www.upov.int/eng/ratif/index.htm）.

（6）在 1999 年 4 月举行的 CGRFA 第八次会议上为了解决财政负担（利益分配）的具体实施方案而提出的指标的一部分。CGRFA, "Prssible Formulas for the Sharing of Benfits Based on Different Benefit-Indicators: Item 4 of the Provisional Agenda, CGRFA 8th Regular Session, Rome 19-23 Apr. 1999," Nov. 1998.

[7] 木材的生产和贸易

　　从国际经济学角度看，通过贸易，既能提高资源利用效率，又可为该国带来经济收益。实行木材贸易的背景条件是，各国之间在森林资源保有量、气候条件、采伐加工等技术水平、相关制度与政策、进而在建筑施工及外汇牌价等为代表的有关经济性要素方面都存在着差异。东南亚地区不少国家在林业等土地集约性产业方面占有很大优势。另一方面，从全球看，森林减少是各种各样原因造成的，但发展中国家的主要原因同商业采伐过度和采伐权制度等木材的生产、贸易有关。

　　全世界的原木总产量，1965 年为 22 亿 m^3，近年达到约 34 亿 m^3，增长了近 5 成左右。1996 年的原木总产量中，19 亿 m^3 用于薪柴，其余 15 亿 m^3 用于产业（参见表 1）。发展中国家将木材用作能源的比率很高。再者，因人口增加和经济成长，预测到 2010 年，产业用原木将以每年 1.7% 的速度持续增加（FAO，1999）。

　　在亚洲，中国、印度及印度尼西亚的原木产量较多，表 1 所列举的亚洲 9 个国家的产量相加，可达全球的 30% 左右。特别是薪柴用木的生产量，以世界排名最前的印度（2.8 亿 m^3）为首，亚洲 9 国的产量总计，即达全球的 40%。

　　全世界产业用原木的产量，美国最多，达 4 亿 m^3（占全世界产量的 27%），其次是加拿大（1.8 亿 m^3）；在亚洲，以拥有辽阔国土的中国（占 7.3%），以及林业、森林产业繁盛的印度尼西亚和马来西亚居多。以往的主要生产国菲律宾，因森林资源枯竭，产量从 1970 年的 1500 万 m^3 减少到 1980 年的 900 万 m^3，到 1996 年进一步剧减到 300 万 m^3。产业用原木主要用于制材或造纸以及加工成合成板等木质板。木材加工品中，加工木材及木质板主要用于建材或室内装饰，或做成水泥构件的外框模板等，其需求量受建筑施工动向的影响较大。纸张在所有经济活动中都会用到，因此其需求量能及时反映经济状况的起伏。

1996 年，全世界薪柴用原木产量，其中 0.3%进行贸易。由于产业用原木的消费量同经济活动密切相关，1996 年进行贸易的木材量已占产量的 8%（约 1.2 亿 m^3）。亚洲 9 国的进口量占全世界的 54%，出口量占 10%。主要是日本、韩国和中国从林业茂盛的美国、马来西亚、新西兰等进口木材。顺便提一下，日本进口 4786 万 m^3（占全世界进口量的 39%）的产业用原木板，而国内的产业用原木产量不到 2290 万 m^3，仅占原木消费量的 3 成。

1996 年，全世界的加工木材产量是 4.3 亿 m^3，其中 1/4 用于贸易。亚洲 9 国中，消费量较多的是中国（占全球产量的 6.3%）和日本（占 5.7%）。印度（占 4.1%）的产量较突出，日本进口加工木材 1153 万 m^3（占世界加工木材进口量的 11%）。另外，美国的加工木材进口量相当突出（占全球进口量的 40%），而出口则是加拿大最多（占世界出口量的 45%），美国、加拿大两国之间的加工木材贸易频繁。在亚洲，除马来西亚外，加工木材的出口量都很少。

包括单板、合成板、集成材、纤维板等的木质板，在 1996 年的总产量是 1.5 亿 m^3，其中 29%是由亚洲 9 国生产的，木质板生产量的 30%进行了贸易。在亚洲，以印度尼西亚及马来西亚为中心的地区，为了拉动相关产业发展和扩大就业市场，也在积极推进合成板产业发展，出口较多。其中大部分出口到中国和日本，高品质的合成板大多出口到日本。另外，近年来中国的进口市场也在不断扩大。

印度尼西亚于 1985 年开始禁止出口原木，到 1999 年，作为国策大力促进合成板出口。马来西亚（沙巴州和沙捞越州）也从 20 世纪 90 年代起限制原木出口，大力推进以合成板为中心的木质板出口产业。特别是在森林开发较晚而资源残存的沙巴州，正在形成木材加工基地，以推进综合性的木材加工产业。1996 年，全世界造纸用的纸浆生产量是 1.8 亿 m^3，其中 17%用于贸易。亚洲 9 国的出口量仅占世界总量的 4%，进口量却达 30%，进口量较多的是经济快速发展的日本（占全球进口量的 11%）、韩国（占 7.2%）和中国（占 6.7%）。

全世界的纸及纸板生产量是 28 亿 m^3，其中 1/4 进行贸易。亚洲

9 国的生产量占世界总量的 28%，其中大部分是中国和日本生产的。从亚洲 9 国的贸易量看，也是进口大于出口，且大半属于日本和中国。从全球总量看，出口的主要是北欧，进口的则是美国。而且全球的纸张消费量一直在扩大，从保护森林资源观点出发，迫切需要大力发展废纸的回收再利用。

木材贸易发展至今，与森林资源态势和各国经济状态等密切相关。为了确保自然环境的主要要素——森林资源的永续利用，从木材贸易观点出发，也有必要重新修正木材生产和木材消费，期待构筑起符合森林生长的使用体系。

基于上述内容，介绍一下近年来木材贸易方面的种种变化。

首先，由于原木出口受限制，贸易结构造从原木贸易转换为木材制品贸易。其主要背景是，如美国以"斑纹猫头鹰"与"斑纹蚯蚓"为对象的环境保护运动、印度尼西亚和马来西亚的资源枯竭与林业振兴等情况。这样，作为木材进口国的日本和韩国，在 20 世纪 80 年代以后，力图将原木进口多元化。

再有，在加工技术不断进步和从原生林产出的大口径木材逐渐减少的情况下，集成材和纤维板的生产呈增加趋势。此外，木材生产中的人工林及再造林的比重也在提高，预计今后还会进一步提高。更进一步看，橡胶树、椰子树、油棕树等木材的利用，也引起极大关注，马来半岛和泰国开始利用不能再采橡胶的橡木生产家具板材等，20 世纪 90 年代起，这些家具开始出口。在印度、印度尼西亚、越南，也开始使用橡胶树生产家具。从森林资源的制约和有效利用观点看，这种动向预计还将进一步发展。

随着经济增长和人口增加，木材需求量也在日益扩大，为了满足木材需求量，而随着森林减少，木材生产正在不断增加。在这种情况下，以欧美国家为中心，作为促进森林可持续经营的一种方法，对于从森林里生产出来的木材实行标志认证制度。

例如，以环境 NGO 为核心组成的森林管理委员会（FSC）进行的森林木材认证，截止到 2000 年 5 月，共认证了约有 1 800 万 hm²（32 个国家的 230 个地点）的森林。亚洲的印度尼西亚、日本、马来西亚也有类似的认证例子，但无论从面积还是从数量来说都是极少的。让我们继续关注该制度能否发展到位吧。

（立花 敏）

参考文献

FAO（1999）State of the World`s Forests 1999，154pp. Rome（Italy）.

表 1　世界的木材生产与木材贸易

单位：$10^3 \mathrm{m}^3$

		世界	亚洲9国	中国	印度	印度尼西亚	日本	马来西亚	菲律宾	韩国	泰国	越南	加拿大	美国
薪柴用原木	生产量	1 864 760	757 535	204 239	279 350	153 540	360	10 035	37 280	4 497	36 894	31 250	5 391	88 710
	进口量	5 509	1 084	185	0	0	310	39	0	396	154	0	104	295
	出口量	5 842	1 802	215	7	1 039	9	186	211	0	53	72	234	313
	消费量	1 864 427	845 737	204 209	279 343	152 501	661	9 888	37 069	4 893	36 995	31 178	5 189	88 692
产业用原木	生产量	1 489 530	252 313	108 718	24 989	47 245	22 897	35 771	3 394	1 994	2 818	4 487	183 113	406 595
	进口量	123 372	66 409	7 169	336	178	47 860	224	636	9 066	939	1	7 022	2 266
	出口量	119 963	12 098	3 480	23	683	7	7 152	13	2	388	350	2 607	20 977
	消费量	1 492 939	306 625	112 407	25 302	46 739	70 750	28 843	4 017	11 058	3 370	4 139	187 528	387 884
加工木材	生产量	429 654	89 441	26 969	17 460	7 738	24 493	8 382	313	3 440	325	721	62 829	109 654
	进口量	109 200	18 703	2 684	17	33	11 528	409	567	1 161	2 296	8	1 697	43 823
	出口量	112 612	5 269	753	27	429	10	3 805	145	24	45	31	50 458	7 139
	消费量	426 233	102 873	28 901	17 450	6 941	36 011	4 985	735	4 577	2 575	698	14 068	146 338

		世界	亚洲9国	中国	印度	印度尼西亚	日本	马来西亚	菲律宾	韩国	泰国	越南	加拿大	美国
木质板	生产量	149 385	42 907	15 349	348	10 128	7 048	6 770	596	2 136	493	39	9.966	39 033
	进口量	43 822	13 662	4 612	20	47	6 704	176	278	1 644	142	39	1 096	7 963
	出口量	44 732	14 387	483	20	8 302	34	5 186	41	120	181	20	6 860	2 960
	消费量	148 474	40 599	19 479	348	1 873	13 718	1 760	833	3 660	454	58	4 202	44 037
木材纸浆	生产量	178 543	41 827	24 751	1 870	2 635	11 065	103	149	618	503	133	24 403	54 472
	进口量	31 115	9 213	2 079	265	637	3 391	64	64	2 242	346	35	267	5 092
	出口量	31 696	1 358	20	3	1 129	63	0	12	0	131	0	10 133	5 411
	消费量	117 962	49 591	26 809	2 132	2 143	14 393	167	201	2 860	718	167	14 537	58 153
纸和纸板	生产量	284 383	79 012	30 253	3 025	4 386	30 014	674	613	7 681	2 241	125	18 414	85 173
	进口量	68 375	8 086	3 622	350	199	1 544	808	348	676	468	71	1 584	11 752
	出口量	73 990	5 703	958	6	1 213	964	41	13	1 384	204	2	13 393	9 113
	消费量	278 767	82 316	32 917	3 369	3.372	30 595	1 442	948	6 973	2 506	194	6 605	87 812

摘自：FAO, *State of the World's Forests 1999*.

[8] 森林资源状况

　　据联合国粮农组织（FAO）的《世界森林资源调查（FRA）2000》的定义，"森林"为树冠投影面积覆盖地表 10%以上且面积大于 0.5 hm² 的土地。"成熟林"的定义为树高在 5 米以上。而且，"疏林"中的草木也必须是连续且繁茂。因此，如果树冠投影面积降低到 10%以下，则不能定义为森林，须从现存森林统计中去除。即使树冠投影面积从地表的 80%下降到 30%，根据上述定义也仍属于森林，但森林的这种变化意味着森林质量的下降，故称作"森林退化"。

　　森林不仅为我们提供木材和非木材的林产品，而且还在固碳、保护生物多样性与遗传资源、涵养水源、保护土壤、提供文化活动和休闲场所等方面，发挥各种作用。因此，森林消失就丧失了这些作用，对于人类和各种生物来说，都会产生重大影响。

　　据 1995 年联合国粮农组织调查，全球的森林面积约为 34.5 亿 hm²，其中，发达国家（地区）为 14.9 亿 hm²，发展中国家（地区）为 19.6 亿 hm²。世界的森林覆盖率为 26.5%，人均森林面积为 0.6 hm²。

　　从 1990 年到 1995 年的 5 年间，全世界消失的森林面积高达 5 634 万 hm²（1.6%）。同 1980 年之后的 10 年消失面积（1.63 亿 hm²，1.9%）相比，从统计上看，消失速度是减缓了，但发展中国家的森林消失却仍在持续。从地区性来分析森林的增减，发达国家的森林面积在增加，年增长率为 0.12%（176 万 hm²），相反，发展中国家的森林面积在减少，年消失率为 0.64%（1 300 万 hm²）。在发展中国家，森林如果按此速度消失下去，150 年后将消失殆尽。在发展中国家中，热带地区的森林消失加快，特别是在加勒比（年消失率 1.62%）、东南亚大陆（年消失率 1.53%）、东南亚岛屿地区（年消失率 1.24%）、西非（年消失率 1.01%）等地区，森林消失明显。

　　亚洲地区 1995 年的森林面积约为 5 亿 hm²，森林覆盖率为 16%，人均森林面积为 0.14 hm²（参见表 1）。亚洲的森林覆盖率比世界平均水平低 10 个百分点之多。其中森林覆盖率高的国家有文莱（82%）、韩国（77%）、日本（67%）、印度尼西亚（61%）、不丹（59%）、柬埔寨（56%）、老挝（54%）等。人均森林面积多的国家为蒙古（3.6 hm^2）、老挝（2.4 hm^2）、文莱和不丹（同为 1.5 hm^2）等，低的国家为中国（0.11 hm^2）、越南（0.1 hm^2）等。由森林覆盖率和人均森林面积可知，在整个亚洲，东南亚大陆和东南亚岛屿地区的森林面积较大。

从 1990 年到 1995 年的 5 年时间，亚洲的森林面积消失了 1 450 万 hm^2，年消失率为 0.56%。不同地区，森林面积变化的差异相当大。在热带亚洲和温带亚洲，前者这 5 年间的年消失率为 1%，而后者同期却增加了 0.07%。仔细分析热带亚洲的森林消失率，如上所述，东南亚大陆和东南亚岛屿地区的消失率高。这两个地区，由于森林覆盖率较高且人均森林面积也大，可以说森林越是残留的地区，越是存在消失的趋势。这些地区的主要国家都是木材产出国。

热带亚洲森林消失率高的国家有菲律宾（3.2%）、泰国（2.5%）和马来西亚（2.3%）等。这些国家的森林开发快，现在的人均 GNP 达到了数千美元，处于中等经济水平。位于东南亚大陆的 5 个国家，森林消失率都超过了 1%，除了泰国外，其他都是森林开发较晚的国家。根据森林开发时期和经济发展程度，可以得知森林消失程度的高低，森林增减同经济水平之间存在着一定的相关性。

热带亚洲的森林消失正在加快，另一方面，全球植树造林又盛况空前。发达国家地区的植树造林面积，合计在 6 000 万 hm^2 以上（FAO，1999），特别是在欧洲，很早就进行了植树造林，包括俄罗斯在内的欧洲森林面积，迄今达到 2 900 万 hm^2 左右。在其他发达国家也进行了大面积的植树造林，如美国 1 300 万 hm^2，日本 1 000 万 hm^2，新西兰 150 万 hm^2。热带亚热带地区，20 世纪 90 年代后半期，年植树造林面积估计在 300 万 hm^2 左右。在亚洲，中国（合计 2 100 万 hm^2）和印度（合计 2 000 万 hm^2）推进了面向用材目的的植树造林。近年，在泰国、印度尼西亚和越南等亚洲国家，植树造林已成为开发援助内容之一，这使亚洲变成了世界上开展植树造林最积极的地区。

从全世界看，植树造林的目的不只是为了解决木材供应问题，不少是为了保护土壤与水源、固碳、稳固坡地和防风。在亚太地区，有很多是以木材供应为目的的产业造林，占世界产业造林的四分之三。

种植树种有针叶树和阔叶树。前者多种植在温带和亚寒带，主要用作制材、造纸、木制板类的原料，后者多种植在热带，主要是加工成复合板和制材。种植的树种面积，57%为阔叶树，43%为针叶树（FAO，1999）。

作为产业用材的阔叶林，30%为桉树（eucalyptus），12%为刺槐（acacia），7%为柚木（teak），针叶树造林的 61%为松树。近来，速生树种颇受青睐，在天然林的大直径木材供应减少过程中，印度和马来西亚近年来开始了柚木等能以高价出售树种的植树造林。

此外，作为木质系列的加工原料，有油棕榈树、橡胶树和椰树。据 1995 年 FAO 的调查，在热带、亚热带地区，上述 3 类树木的造林面积，分别达到 577 万 hm^2、949 万 hm^2 和 1 128 万 hm^2，总计达 2 654 万 hm^2，亚洲和大洋洲占其中的 90%左右。油棕榈树的种植面积急剧增加，橡胶树的种植也逐渐增长，但椰树的种植却在减少。

此类植树造林集中在特定国家。椰树集中在印度尼西亚和菲律宾，橡胶树集中在印度尼西亚、泰国和马来西亚，油棕榈集中在马来西亚和印度。橡胶树木采集橡胶可持续 25～30 年，而在马来西亚和印度还利用橡胶树木制作家具等。

造成以热带林为中心的森林消失是各种相互关联的因素逐步累积形成的，如森林的过度商业砍伐和薪材砍伐、非传统的烧荒农业（火种开垦）、农业开发、土地制度不成熟、人口压力等。因此，为了遏制森林消失速度，需要各个层面的努力。在以东南亚为主的发展中国家，需要完善土地制度和环境保护制度，实施符合当地实际情况的植树造林事业，确立居民参与的森林管理体制等，而且还必须在地区经济振兴中，研究有效利用森林和木材的政策。

（立花敏）

参考文献

FAO（1999）State of the World's Forests 1999，p.154，Rome（Italy）.

表1　亚洲的森林状况

	人口1997年/10² 万人	人均GNP 1995年/美元	土地面积 1996年/10³hm²	森林总面积 1995年/10³hm²	森林覆盖率/%	人均森林面积/(hm²/人)	天然林面积1995年/10³hm²	森林总面积 1990年/10³hm²	森林面积的变化 1990—1995年/10³hm²	年减少率 1990—1995年/%
世界	5 713*		13 048 410	3 454 382	26.5	0.60	n.ap.	3 510 728	-56 346	-0.32
亚洲合计	3 608.0	9 730	3 073 436	503 001	16.4	0.14	n.a.	517 505	-14 504	-0.56
南亚合计	1 269.0	479	412 917	77 137	18.7	0.60	61 836	77 842	-705	-0.18
孟加拉国	122.0	240	13 017	1 010	7.8	0.01	700	1 054	-44	-0.83
不丹	1.9	420	4 700	2 756	58.6	1.45	2 478	2 803	-47	-0.34
印度	960.2	340	297 319	65 005	21.9	0.07	50 385	64 969	36	0.01
马尔代夫	0.3	990	30	n.a.	n.a.	n.a.	n.a.	n.a.	n.a.	n.a.
尼泊尔	22.6	200	14 300	4 822	33.7	0.21	4 766	5 906	-274	-1.08
巴基斯坦	143.8	460	77 088	1 748	2.3	0.01	1 580	2 023	-275	-2.72
斯里兰卡	18.2	700	6 463	1 796	27.8	0.10	1 657	1 897	-101	-1.06
东南亚大陆合计	198.1	900	190 125	70 163	36.9	0.35	67 877	75 984	-5 821	-1.53
新加坡	10.5	270	17 652	9 830	55.7	0.94	9 823	10 649	-819	-1.54
老挝	5.2	350	23 080	12 435	53.9	2.39	12 431	13 177	-742	-1.13
缅甸	46.8	n.a.	65 755	27 151	41.3	0.58	26 875	29 088	-1 937	-1.33
泰国	59.1	2 740	51 089	11 630	22.8	0.20	11 101	13 277	-1 647	-2.48
越南	76.5	240	32 549	9 117	28.0	0.12	7 647	9 793	-676	-1.38
东南亚岛国合计	298.9	11 562	244 417	132 466	54.2	0.44	126 038	141 215	-8 749	-1.24

	人口1997年/10² 万人	人均GNP 1995年/ 美元	土地面积 1996年/10³ hm²	森林总面积 1995年/10³ hm²	森林覆盖率/%	人均森林面积/(hm²/人)	天然林面积1995年/10³ hm²	森林总面积1990年/10³ hm²	森林面积1990—1995年的变化/10³ hm²/年	年减少率1990—1995年/%
文莱	0.3	25 160	527	434	82.4	1.45	434	448	-14	-0.63
印度尼西亚	203.5	980	181 157	109 791	60.6	0.54	103 666	115 213	-5 422	-0.94
马来西亚	21.0	3 890	32 855	15 471	47.1	0.74	15 371	17 472	-2 001	-2.29
菲律宾	70.7	1 050	29 817	6 766	22.7	0.10	6 563	8 078	-1 312	-3.25
新加坡	3.4	26 730	61	4	6.6	0.00	4	4	0	0.00
亚洲热带合计	1 766.0	4 314	847 459	279 766	33.0	0.16	255 751	295 041	-15 275	-1.04
中亚和西亚	467.0	15 642	1 086 892	41 564	3.8	0.09	n.ap.	40 229	1 335	0.66
东亚合计	1 447.0	14 652	1 148 958	181 671	15.8	0.13	119 855	182 235	-564	-0.06
中国	1 243.7	620	932 641	133 323	14.3	0.11	99 823	133 756	-433	-0.06
中国香港	6.2	22 990	99	n.a.	n.a.	n.a.	n.a.	n.a.	n.a.	n.a.
朝鲜	22.8	n.a.	12 041	6 170	51.2	0.27	4 700	6 170	0	0.00
日本	125.6	39 640	37 652	25 146	66.8	0.20	n.ap	25 212	-66	-0.05
中国澳门	0.4	n.a.	2	n.a.	n.a.	n.a.	n.a.	n.a.	n.a.	n.a.
蒙古	2.6	310	156 650	9 406	6.0	3.62	9 406	9 406	0	0.00
韩国	45.7	9 700	9 873	7 626	77.2	0.17	6 226	7 691	-65	-0.17
亚洲温带合计	1 914.0	15 147	2 235 850	223 235	10.0	0.12	n.ap.	222 464	771	0.07

注：（1）n.a.= not available 没有数据，n.ap.=not applicable 不能用；

（2）*为1995年的数据；

（3）人均森林面积为1997年的人口除1995年的总森林面积；

摘自：FAO，*State of the World's Forests 1999.*

[9] "捕捞努力量" 的增大与海洋渔业资源

　　全世界的鱼产量（包括内陆水面和养殖）在 1950 年约 2 000 万 t，到 1996 年就达到 1.21 亿 t（参见图 1）[1]。近年来，尽管养殖业产量的增加可谓显著，但第二次世界大战后鱼产量增加的最大原因是，捕鱼业，特别是占捕鱼业绝大部分（1996 年为 93%）的海面捕捞业的 "捕捞努力量"（Fishing Effort）[2]的增加。而如果 "捕捞努力量"过剩，就会威胁到渔业资源的可持续利用。

　　据联合国粮农组织（FAO）的资料，20 世纪 90 年代上半期，在可以得到资料的世界海洋渔业资源中，44%为全部已被利用，16%为滥捕，6%为枯竭，3%处于恢复过程，共计 69%的海洋渔业资源需要紧急进行恰当的管理[3]。图 2 所示为不同地区紧急需要恰当管理的渔业资源的比例。在邻接亚洲地区的西北太平洋和西中太平洋，渔业资源也正陷入滥捕的局面[4]。

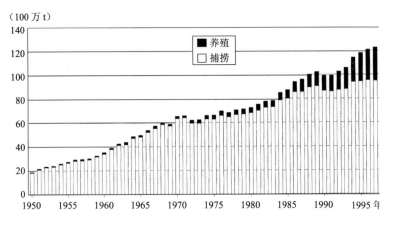

（100 万 t）

图 1　世界的捕鱼量

注：1997 年为暂定值，1984 年前的养殖产量为推算值。

摘自：FAO Fisheries Department，*The State of World Fisheries and Aquaculture 1998*，FAO，Rome，1999，p.18.

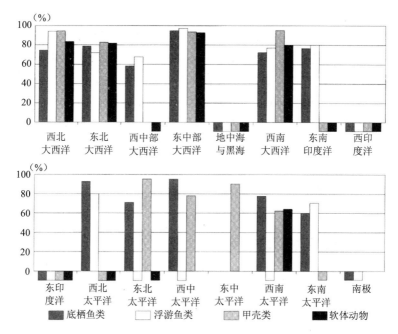

图 2 需要紧急进行恰当管理的渔业资源的比例（1992 年）

注：0 下面的柱表示状况不明；

摘自：FAO Fisheries Department, *The State of World Fisheries and Aquaculture*, FAO, Rome, 1995，p.9.

邻接日本、韩国、中国等的西北太平洋，"捕捞努力量"持续增加。在东海作业的中国渔船的总捕鱼能力，在 1960—1990 年间增加了 6.6 倍，但应该同渔业资源量成比例的"单位捕捞努力量渔获量"（catch per unit effort：CPUE）[5]却下降了三分之二。在东海和黄海沿岸地区，从大个儿的贵重鱼类到个儿较小的廉价鱼类，从食鱼性的底栖鱼和浮游鱼到吞噬浮游生物的浮游鱼类，从成熟的鱼类到尚未成熟的幼鱼，捕鱼量节节攀升。另有报道称，狭鳕鱼（walleye pollock）的滥捕不断加剧，廉价鱼类的比例也因混合捕捞而增加了。俄罗斯、日本和韩国等是主要的狭鳕鱼捕捞国，在西北太平洋的捕鱼量中占很大比例。白令海（Bering Sea）西部近年捕鱼量高，大量尚未达到替补年龄（recruitment age）[6]的小型狭鳕鱼遭到捕捞并被丢弃。

在邻接东南亚的中西太平洋，主要渔业国家的捕鱼量也在继续增加，一种强烈的征兆是，沿岸地区的若干鱼种正被陷入滥捕状态。例如，泰国湾的底栖鱼类资源的丰度，1990 年初已经降低到 1960年拖网渔业开始作业时的十分之一。图 3 所示为 1963—1982 年 CPUE（单位拖网时间的捕鱼量）的变化情况。20 世纪 90 年代，在阿拉弗拉海（Arafura Sea）北部海域作业的拖网渔船，数量增加等因素加大了对于虾资源的压力。在菲律宾沿岸，金枪鱼资源也在不断减少。

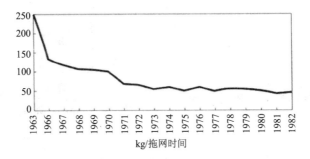

kg/拖网时间

图 3　泰国湾拖网渔船的 CPUE 下降

摘自：Pauly，D.，"Fisheries Research and the Demersal Fisheries of Southeast Asia"，in Gulland，J.A.，ed.，*Fish Population Dynamics*，2nd ed.，John Wiley & Sons，1988，p.333，Table 13.2.

上述事实表明，世界捕鱼量的增加已引起了渔业资源的滥捕，同时，渔民数量也在增加。全世界的渔民数量（从事捕捞渔业和养殖的总人数），1970—1990 年间增加了 1.3 倍，达到 2852 万人（参见表 1）。从不同地区看，对应于世界的人口分布，亚洲的渔民占 84%（1990 年，参见图 4）。但是，对于渔业资源的可持续利用而言，问题并不是渔民数量的增加，而是捕鱼能力的过剩。在渔民中间，作业规模也千差万别（参见表 2），通过雇佣人数和滥捕量等的比较可知，小规模的渔业更为有利[7]。在研究捕鱼能力削减问题时，这一点必须考虑。

表 1　全世界的渔民数量

	1970 年	1980 年	1990 年
专业渔民	6 108	7 988	11 896
（指数）	（100）	（131）	（195）
兼职渔民	3 659	4 784	9 708
（指数）	（100）	（131）	（268）
其他渔民	2 639	3 792	6 977
（指数）	（100）	（143）	（264）
合计	12 406	16 564	28 581
（指数）	（100）	（134）	（230）

注：（1）单位为 1000 人；

（2）专业渔民（full-time fishers）指从渔业获得收入 90% 以上的渔民；

（3）业余渔民（part-time fishers）指从渔业获得收入 30%～89% 的渔民。

摘自：FAO Fisheries Department.*The State of World Fisheries and Aquaculture 1998*，FAO，Rome，1999，p.64.

表 2　根据作业规模比较的渔民

比较项目	大规模	中规模	小规模
从业人员数/人	20 万～30 万	9 万～10 万	1 400～2 000
人均年收入/美元	15 000	8 000	500～1 500
人们消费用捕鱼量/（10^2 万 t/a）	15～20	15～20	20～30
鱼粉鱼油用捕鱼量/（10^2 万 t/a）	10～20	10～20	
混合捕捞量/（10^2 万 t/a）	5～10	5～10	
每百万美元投资雇佣人数/人	1～5	5～15	60～3 000
燃料消费量/（10^2 万 t/a）	7.6	12.8	26.2
吨燃料捕鱼量/t	2.6～3.9	1.6～2.3	0.8～1.1*

注：*数百万人的小规模渔业者使用非动力的渔船。

摘自：莱斯特 R.布朗编著/泽村宏监译，《地球白书 1995-96》，43 页，Diamond 社，1995 年。

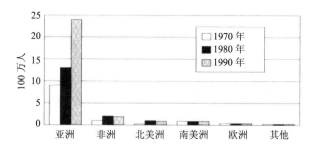

图4　不同地区的渔民数量

摘自：FAO Fisheries Department，*The State of World Fisheries and Aquaculture 1998*，FAO，Rome，1999，p.64.

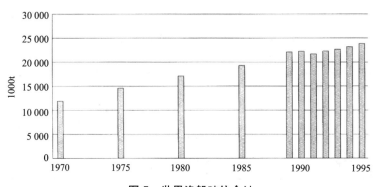

图5　世界渔船吨位合计

注：均为带甲板渔船的吨位。小规模渔民使用的无甲板渔船不包括在内。

摘自：FAO Fisheries Department，*The State of World Fisheries and Aquaculture 1998*，FAO，Rome，1999，p.69.

　　图5所示为1970—1995年的渔船吨位数的变化。100 t以上的大型渔船占渔船的60%左右。图6所示为各国大型渔船情况。尽管因技术差异等原因，渔船和渔船团队的捕鱼能力同吨位并不成比例，但吨位是指标之一。1998年5月，联合国粮农组织（FAO）发表观点认为指出，为了对于遭到滥捕的渔业资源重新提高其再生产力能力，世界渔船和渔船团队至少需要削减30%的捕鱼能力[9]，倘若加上FAO未曾考虑到1997年新建的渔船，有人提出捕鱼能力需

要削减 50%左右[10]。

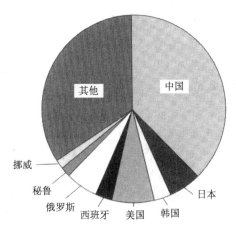

图 6　100GRT 以上的渔船数量

摘自：FAO Fisheries Department，*The State of World Fisheries and Aquaculture 1998*，FAO，Rome，1999，p.71.

资料来源：LMIS 和 FAO。

（除本理史）

[10] 自然保护区的现状

　　全世界现有森林 345 438 万 hm^2，占土地面积的 26.6%，其中，热带林面积为 173 000 万 hm^2[1]。近年来，因各种人为性影响，地球上的森林正在急剧消失。1990—1995 年，世界森林每年减少 1127 万 hm^2。森林中栖息着各种各样的遗传资源和生物物种及其栖息地，森林减少意味着有用资源的丧失。

　　自然保护区的划定，旨在利用法律手段，通过对于这些珍贵生态系统的特别管理，保护维持生物多样性、自然资源及其相关文化。现在，全世界的保护区面积（包括陆地和海洋）有 132 037 万 hm^2，占土地面积的 10.2%[2]。在亚洲，印度尼西亚、中国和印度这 3 个国家的保护区数量和面积都超过了亚洲其他国家（参见表 1，图 1）。在泰国，森林占保护区的面积很大，泰国正在积极致力于保护仅存的森林。

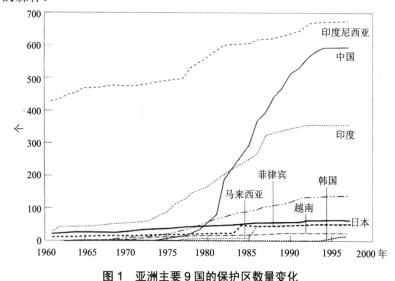

图 1　亚洲主要 9 国的保护区数量变化

摘自：WCMC and IUCN, *1997 United Nations List of Protected Areas*（1998）。

20 世纪 70 年代以后，人们开始关心环境问题，保护区遂随之迅速增加。尤其是，中国在 20 世纪 80 年代，印度从 70 到 80 年代，都划定了许多保护区（参见图 1）。自然资源得天独厚的印度尼西亚，具有传统的保护区历史，从 1905 年起就已经划定了大量的保护区，近年来每年仍在继续这项工作。

根据保护目的，保护区大致分为 3 类："完全保护区"、"部分保护区"和"其他保护区"[3, 4]（参见表 1）。"完全保护区"，是在自然的状态下进行保护，一概禁止资源的移出。该类保护区由"严格自然保护区与原生态区"、"国家公园"和"自然纪念物"构成。"部分保护区"用于休闲或观光等特定使用目的，在某种程度上允许资源的移出。这类保护区包括"栖息地与物种管理区"和"陆地与海洋景观保护区"。"其他保护区"中则是不属于上述 2 类的"资源管理保护区"。在印度尼西亚、日本、马来西亚和泰国，"国家公园"的比例高；而在印度和越南，"栖息地与物种管理区"的比例高（参见图 2）。中国的"严格自然保护区"的比例高，韩国和菲律宾的"陆地与海洋景观保护区"的比例高。

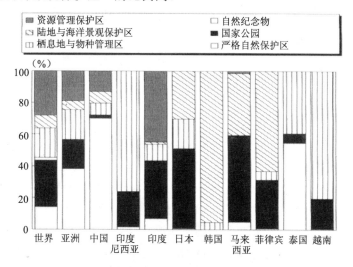

图 2　亚洲主要 9 国各类保护区面积的比例

摘自：WCMC and IUCN, *1997 United Nations List of Protected Areas*（1998）。

　　这样，保护区根据其保护目的进行功能分类，其数量和面积每年都在增加。但是，除印度尼西亚和泰国外，亚洲的人均保护区面积仍低于世界标准（参见图 3）。尽管印度尼西亚和马来西亚还保留着广袤的森林，但保护区划定的比例仍然不够。

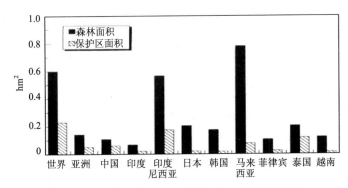

图 3　亚洲主要 9 国人均森林面积及保护区面积

摘自：FAO, *State of the World's Forests*（1997），WCMC and IUCN, *1997 United Nations List of Protected Areas*（1998）.

　　保护区概念，本来是发达国家为应对环境问题而设立的，并不完全适合于发展中国家的保护区，在发展中国家有其特殊问题。

　　首先，当地居民习惯性所有或利用的农地和森林，由于划定保护区，被包在保护区内部了。结果，当地居民的资源获取受到限制，自身生活遭到威胁。

　　对于地区居民来说，是否有保护区，资源利用对于维持日常生活都是不可缺少的。保护生物多样性，不应只是单一考虑动、植物物种保护这一生物学益处，还必须考虑当地区居民维持生活这一文化性益处。两者之间的失衡导致保护区管理变成今天的困境。

　　在保护区划定之际，最优先的课题是，深入了解当地居民的习惯性的土地所有和森林资源利用情况等。在此基础上，需要划定缓冲区、传统性利用区和其他特别区，建立当地居民可持续利用资源并保护森林的体制，实施居民不全面依赖资源来维持生活的恰当项目。为此，不仅是政府，而且同这些地区有关的所有阶层的相互合作和相互理解都是不可缺的，特别是同在当地进行密切活动且富有实绩的 NGO 合作非常有效。

第二，由于缺乏人员和预算，保护区可以说没有得到妥善管理。很多情况是，有限的几个管理官员负责大范围的保护区管理，或是保护区的管理运营费用硬是挤出来的。此外，不少管理者并没有受过保护区管理方法的培训。保护区常常受到来自周边地区违法的木材砍伐、采金、大规模开发等各种威胁。当务之急是要构筑起能够严格监视这些行为的体制。为此，保护区综合管理，不是只靠一个国家，而需要国际组织和世界各国的相关团体在技术上和财政上给予合作。

第三，法规建设及其实施不充分。不能只是划定保护区，而必须以明确的目标和指标为基础，要划定在生物学上真正有价值的保护区，并采用符合现场实际情况的恰当方法加强管理。

（原田一宏）

表 1 森林与保护区

	1 中国	2 印度	3 印度尼西亚	4 日本	5 韩国	6 马来西亚	7 菲律宾	8 泰国	9 越南
A. 土地面积/10³ hm²	932 641	297 319	181 157	37 652	9 873	32 855	29 594	51 089	32 549
B. 森林面积/10³ hm²	133 323	65 005	109 791	25 146	7 626	15 471	6 766	11 630	9 117
天然林	99 523	50 385	103 666	13 382	6 226	15 371	6 563	11 101	7 647
林地	33 800	14 620	6 125	11 764	1 400	100	203	529	1 470
森林覆盖率/%	14.3	21.9	60.6	66.8	77.2	47.1	22.7	22.8	28.0
C. 1990—1995 年森林年均减少面积/10³ hm²	87	-7	1 084	13	13	400	262	329	135
1990—1995 年森林年均减少率/%	0.1	n.s.	1.0	0.1	0.2	2.4	3.5	2.6	1.4
D. 完全保护区									
面积/10³ hm²	49 564	3 447	15 269	1 320	0	904	463	4 332	202
数量/个	66	65	106	23	0	43	7	102	9
平均面积/10³ hm²	751	53	144	57	0	21	66	42	22
占土地面积的比例/%	5.3	1.2	8.4	3.5	0	2.8	1.6	8.5	0.6
占森林面积的比例/%	37.2	5.3	13.9	5.3	0	5.8	6.8	37.2	2.2

	1 中国	2 印度	3 印度尼西亚	4 日本	5 韩国	6 马来西亚	7 菲律宾	8 泰国	9 越南
E. 部分保护区									
面积/10^3 hm²	10 282	10 840	3 959	1 230	0	904	463	4 332	202
数量/个	66	65	72	42	26	10	11	38	43
平均面积/10^3 hm²	48	35	55	29	26	58	90	72	18
占土地面积的比例/%	1.1	3.6	2.2	3.3	6.9	1.8	3.3	5.4	2.4
占森林面积的比例/%	7.7	16.7	3.6	4.9	8.9	3.8	14.6	23.6	8.7
F. 资源与人类学保护区									
面积/10^3 hm²	8 372	0	15 180	0	0	21	0	0	0
数量/个	330	0	531	0	0	1	0	0	0
平均面积/10^3 hm²	25	0	29	0	0	21	0	0	0
占土地面积的比例/%	0.9	0	8.4	0	0	0.1	0	0	0
占森林面积的比例/%	6.3	0	13.8	0	0	0.1	0	0	0

注：保护区也包括部分海洋保护区。
森林覆盖率=森林面积/土地面积，n.s. = 不明显。
摘自：A-C: WCMC and IUCN, *State of the World's Forests*（1997）（B4 为林野厅编，《林业统计要览 1988》（1996），D-F: WCMC and IUCN, *1997 United Nations List of Protected Areas*（1998）.

[11] 从日本进口情况看亚洲各国的野生生物贸易

亚洲是世界上生物多样性最丰富的地区之一。但是，由于近年来的人口增加和经济增长，亚洲野生生物栖息地正在迅速遭到破坏。而且，有些野生生物由于贸易而被过度利用和违法滥捕。在亚洲，既有印度尼西亚、泰国等野生生物主要出口国，也有日本、中国等主要进口国。

● 华盛顿公约

国际社会认识到，为了消除野生生物过度贸易对于物种存续的威胁，需要共同合作，《华盛顿公约》遂于 1975 年生效。《华盛顿公约》把濒危物种分为 3 类，并限制国际贸易。附件 I 中记载的物种，属于现在濒危物种，禁止商业贸易。附件 II 记载的物种，属于如不对贸易进行管理就将会濒危的物种，如没有政府颁发的出口许可证，就不得进行商业贸易。附件 III 记载的物种，需要各缔约国为保护本国物种通力合作，需要出口许可证。此外，所有缔约国每年必须向公约秘书局提交公约对象物种的贸易资料。重要的是以提交资料基础，掌握贸易动向，采取防范措施，保护物种，这也许是《华盛顿公约》的特点。

● 亚洲特色的野生生物贸易

在亚洲，野生生物常常用于中药和食用。在中药中，大量使用老虎、犀牛角、鹿茸、熊胆等动物和朝鲜人参等植物。在食用方面，利用的有鱼翅、海参、甲鱼、燕窝等。此外，亚洲地区还对象牙、珊瑚、兰科植物等进行贸易。现在，老虎、犀牛、鹿茸、熊、部分龟、部分珊瑚、兰科植物、大象等，都列入《华盛顿公约》的对象物种。《华盛顿公约》缔约国每 2 年半召开 1 次会议，在 1994 年的会议上，针对食用鱼翅和燕窝对物种的影响，进行了讨论。

● 日本的野生生物贸易

日本、美国和欧盟是世界上野生生物贸易的三大消费国（地区）。1980 年，日本批准了《华盛顿公约》。日本的公约对象物种进口数量一直趋于增加，在 1992—1996 年期间年均进口数量为 3.3 万件（参见图 1），这些都属于合法进口的物种。如 1996 年，日本进口的 Land 龟（*Testunididae* spp.）数量（29 051 头）占世界总进口量（53 309 头）的 54%左右，使日本成为世界最大的进口国。日本进口的 Land 龟主要来自美国。此外，1996 年，全世界活鸟（附件Ⅰ和附件Ⅱ）的总进口量（320 150 只）中，日本进口了 136 179 只，相当于 43%，这也是世界上最大的进口量。东南亚为主要的出口国家（地区），中国台湾、新加坡、菲律宾和印度尼西亚的进口量（1 164 件）占活鸟总进口量（1 902 件）的 61%左右。这些都是人工繁育的鹦鹉类（Parrots）。

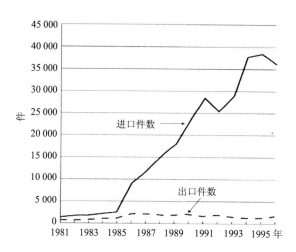

图 1　日本的公约对象物种进口数量（1981—1996 年）
摘自：通产省，《华盛顿公约年度报告书》。

● 日本同其他亚洲国家的贸易

上述资料表明，日本同亚洲其他国家因野生生物贸易而密切联系在一起。基于《华盛顿公约》的年度报告书，笔者分析了日本的公约对象物种进口量，发现 1992—1996 年出口日本的原产国，按数量多少依次为印度尼西亚、美国、中国台湾、泰国、哥伦比亚和中国（参见图 2）。

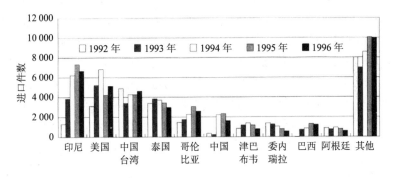

图 2　各原产国向日本的公约对象物种进口件数（1992—1996 年）
摘自：通产省，《华盛顿年度报告书》。

表 1 整理了 1992—1996 年日本从亚洲其他国家进口件数，由此可知，日本从原产国印度尼西亚进口最多，1996 年占总进口件数（36 017 件）的 18%（6 633 件），同 1992 年进口 1381 件相比，约增加 4 倍。日本从印度尼西亚主要进口蜥蜴皮 Monitor Lizard（*Varanus* spp.）和蛇皮等。1996 年，日本从原产地中国台湾进口占总进口件数的 13%（4509 件），1992—1996 年平均稳定在 4200 件左右。日本从中国台湾主要进口牡丹 Lovebirds（*Agapornis* spp.）属和兰科植物。1996 年，日本从原产国泰国进口占总进口件数的 8%（2910 件），同 1992 年相比稍许下降，主要进口 *Dendrobium* spp. 等兰科植物。

表 1 日本从原产地亚洲其他国家（地区）进口的《华盛顿公约》对象
物种件数和比例（1992—1996 年）

年份	中国	印度尼西亚	韩国	马来西亚	菲律宾	泰国	中国台湾	其他	合计
1992	254	1 381	10	307	359	3 382	4 863	14 903	25 205
	1%	5%	0%	1%	1%	13%	19%		
1993	177	3 834	40	413	621	3 750	3 414	16 603	28 675
	1%	13%	0%	1%	2%	13%	12%		
1994	2 154	6 248	43	489	640	3 709	4 190	22 511	37 830
	6%	17%	0%	1%	2%	10%	11%		
1995	2 309	7 349	31	682	798	3 361	4 189	21 942	38 352
	6%	19%	0%	2%	2%	9%	11%		
1996	1 546	6 633	9	861	637	2 910	4 509	20 458	36 017
	4%	18%	0%	2%	2%	8%	13%		

注：下行的数字为各国所占的比例。
摘自：通产省，《华盛顿公约年度报告书》，1992—1996 年。

一般讲，亚洲各国的保护对策尚不完善，同时，国际间贸易正随着经济增长而急速增长。此外，由于政局不稳、贫困和其他原因，当地居民常常不得不利用野生生物来维持生活。为了维持亚洲的生物多样性，同时也为了保持野生生物传统利用的风土习惯，必须不断探索野生生物的可持续利用，也就是不过度利用的方法。

（清野比晓子）

[12] 生物多样性

亚洲在世界上属于生物多样性最丰富的地区之一。东亚地区拥有世界40%的针叶树和26%左右的蕨类植物。在东南亚，印度尼西亚的哺乳类、鸟类和爬行类物种数都进入世界前3位（参见表1）。同时，包括马来西亚和菲律宾在内的地区也是生物多样性的热点（图略）。从印度洋到西太平洋的广阔海域，分布着世界上最丰富的珊瑚礁和红树林。

图1　生物多样的热点

表1　生物多样性丰富的国家（超级多样性国家）

	哺乳类	鸟类	爬行类	两栖类	高等植物
第1位	墨西哥	哥伦比亚	墨西哥	哥伦比亚	巴西
	450种	1 695种	687种	585种	55 000种
第2位	印度尼西亚	秘鲁	哥伦比亚	巴西	哥伦比亚
	436种	1 538种	584种	502种	50 000种
第3位	美国	印度尼西亚	印度尼西亚	厄瓜多尔	中国
	428种	1 519种	511种	402种	30 000种

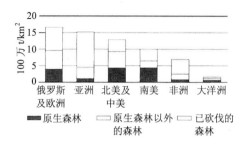

图 2　世界原生森林的现状

摘自：Dirk Bryant, Daniel Nielsen, and Laura Tangley, *The Last Frontier Forests: Ecosystems and Economies on the Edge*（World Resources Institute, Washington, D.C., 1997）, p.12.

　　另一方面，亚洲的人口急速增长和经济增长在世界上也出类拔萃。估计到 2050 年，中国、印度、巴基斯坦、印度尼西亚和孟加拉国这 5 国的人口，合计将达 40 亿人，这些国家是生物多样性超级国家（多样性丰富的国家），同时也是人口超级大国，这就是为什么亚洲的生物多样性正在快速丧失的原因。

　　亚洲的热带雨林消失率，在世界上是最高的，1980—1990 年的 10 年间高达 11%。自然原貌的生态系统广泛保存自然状态的森林叫做"原生森林"，但在亚洲地区，这种原生森林的保留率在世界上却是最低的（参见图 2）。在 1960—1990 年的 30 年里，亚洲的热带雨林丧失了约三分之一，菲律宾和泰国曾经是热带木材的主要出口国，由于过度砍伐，现在已变成木材进口国。

　　红树林占世界热带地区海岸线的四分之一左右，其面积却集中在少数国家，亚洲的印度尼西亚、马来西亚和缅甸都进入了世界前 10 位。但是，从印度洋到西太平洋的红树林因砍伐利用薪柴、转向养虾池塘等原因而濒临危机，菲律宾的原生红树林已丧失了 70%左右。

　　珊瑚礁是生物多样性最丰富的生态系统之一，40%左右的海洋生物栖息在这里。在从印度洋到西太平洋的海域，集中了世界 15%左右的珊瑚礁。由于红土污染、开采珊瑚作为建材、甘油炸药

（dydamite）和氰化物等进行的渔业以及其他严重威胁，该地区的珊瑚礁濒临危机。特别是东南亚的珊瑚礁，约 82%因人类活动而受到威胁，其中的 55%处于高危或严重危机的状态（参见图 3）。最近在世界各地所见的珊瑚礁白化现象，据说是由于海水温度上升了 1℃。随着全球变暖，珊瑚礁今后可能面临更为严峻的状态。

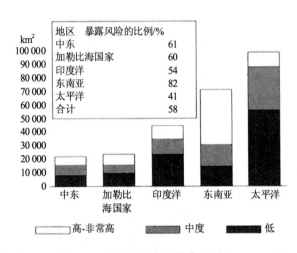

图 3　遭受人类活动威胁的珊瑚礁

注：分类成低风险的珊瑚礁尚无紧迫危机。

摘自：Lauretta Burke *et al.*，*Reefs at Risk：A Map-Based Indicator of Potential Threats to the World's Coral Reefs.* Draft report（World Resources Institute，Washington，D.C.，January 1998）

　　由于陆地以及沿岸生态系统的这些破坏，在那里栖息的生物物种正濒临灭绝。试看一些濒危物种所占比例，哺乳类濒危比例在所有国家几乎都在 10%以上。鸟类濒危比例高的国家有菲律宾、韩国和日本，爬行类和两栖类濒危比例高的国家有日本和缅甸。高等植物濒危比例最高的是日本（参见表 2）。

　　在亚洲，日本是最早着手研究濒危植物种的国家，编制高等植物《红皮书》。这既有植物濒危比例高的原因，也有其他因素，即由于经济快速增长，野生植物的栖息地遭到破坏，兰科植物等稀有植物因商业采集而陷入灭绝。

　　造成亚洲地区野生动物陷入灭绝的原因，是为了获取犀牛角、虎骨、熊胆、麝鹿香囊（mask deer scent bags）等用于中药和香料的偷猎。尽管通过《华盛顿公约》限制其国际贸易以及开发替代品等努力，但亚洲的经济增长会进一步增加对中药和香料的需求。

　　为了保护生物多样性，最有效的方法之一是划定保护区。在 1992 年的世界国家公园保护区会议上，通过了"把陆地面积的 10%划定为保护区"的目标，但在亚洲没有任何一个国家（地区）实现了这一目标。在亚洲，除中国、印度尼西亚和日本以外，在联合国教科文组织的"生物圈保护区"、"世界自然遗产"、《拉姆萨尔公约》登记过的湿地等都很少。

（吉田正人）

表 2　濒危物种（1995—1997 年）

	日本	韩国	中国	缅甸	菲律宾	越南	马来西亚	印度尼西亚	泰国	印度	尼泊尔
哺乳类（物种总数）	132	49	394	251	153	213	286	436	265	316	167
濒危物种	29	6	75	31	49	38	42	128	34	75	28
占比/%	22	12	19	12	32	18	15	29	13	24	17
鸟类（物种总数）	250	112	1 100	867	395	535	501	1 519	616	923	611
濒危物种	33	19	90	44	86	47	34	104	45	73	27
占比/%	13	17	8	5	22	9	7	7	7	8	4
爬行类（物种总数）	66	25	340	203	190	180	268	511	298	389	80
濒危物种	8	0	15	20	7	12	14	19	16	16	5
占比/%	12	0	4	10	4	7	5	4	5	4	6
两栖类（物种总数）	52	14	263	75	63	80	158	270	107	197	36
濒危物种	10	0	1	0	2	1	0	0	0	3	0
占比/%	19	0	0	0	3	1	0	0	0	2	0
淡水鱼（物种总数）	186	130	686	不明	不明	不明	449	不明	600	?	120
濒危物种	7	0	28	1	26	3	14	60	14	4	0
占比/%	4	0	4				3		2		0
高等植物（物种总数）	5 565	2 898	32 200	7 000	8 931	10 500	15 500	29 375	11 625	16 000	6 973
濒危物种	707	66	312	32	360	341	490	264	385	1 236	20
占比/%	13	2	1	0	4	3	3	1	3	8	0

摘自：World Conservation Monitoring Center，动物为 1996 年，植物为 1997 年。

表3 保护区的数量和面积

	日本	韩国	中国	菲律宾	越南	马来西亚	印度尼西亚	泰国	印度	尼泊尔	斯里兰卡
国内法律确定的保护区/个											
国内保护区数量/个	65	25	265	17	52	50	170	112	344	12	69
保护区面积/km²	2 550	682	59 807	1 453	994	1 483	17 509	6 688	14 273	1 112	859
保护区占国土面积比/%	6.8	6.9	64	4.9	3.1	4.5	9.7	13.1	4.8	7.8	13.3
国际公约的保护区/个											
生物圈保护区数量/个	4	1	12	2	0	0	6	3	0	0	2
生物圈保护区面积/km²	116	37	2 514	1 174	0	0	1 482	26	0	0	9
世界自然遗产数量/个	2	0	6	1	1	0	2	1	5	2	1
世界自然遗产面积/km²	28	0	224	33	150	0	298	622	281	208	9
拉姆萨尔登录湿地数量/个	10	1	7	1	1	1	2	0	6	1	1
拉姆萨尔登录湿地面积/km²	84	0	588	6	12	38	243	0	193	18	6

摘自：World Conservation Monitoring Center, UNESCO, 拉姆萨尔公约秘书局, 1997。

[13] 急速的城市化

世界人口目前已超过 60 亿人（2000 年），今后还将继续每年增加 8600 万人的速度增加，预计到 2050 年达到 90 亿人。特别是在亚洲，预计在 2050 年将达到接近现在世界人口水平的 54 亿人[1]。世界人口增加主要是发展中地区的城市人口，预计 2030 年达到总人口的近一半（参见图 1）。城市人口的急速增加，必然引起城市的拥挤化和向郊外的扩展。在此过程中，维持土地利用秩序就很困难，导致向郊外的蔓延和贫民窟的出现等，而且会带来各种环境负荷，恶化空气、水质等城市环境质量。亚洲有很多特大城市，上述问题在城市地区极为严重，也给全球环境造成严重影响。

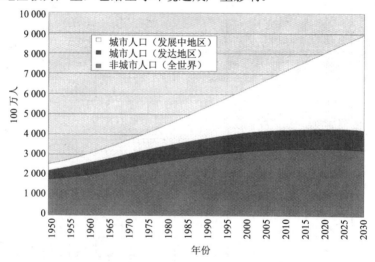

图 1　城市的人口增加

注：2000 年以后的数值为预测值。

摘自：根据 United Nation，*World Urbanization Prospects：The 1996 Revision*（1998）绘制。

在亚洲，人口超过 100 万人的城市数量急速增加，可以说这引发了亚洲地区的人口增加和大城市型的城市问题。1955 年，拥有 100

万人以上人口的城市，全世界有 93 座，其中 33 座在亚洲。随后人口急剧增加，1995 年，世界 326 个大城市中，亚洲占 143 座，据推测，2015 年，世界 527 座大城市中，亚洲占 261 座（参见表 1）。尤其是今后亚洲大城市的特征是特大城市（Mega city）[2]。1975 年在世界 5 座特大城市中，亚洲地区只有东京和上海这 2 座城市。但在1995 年，在世界 14 座特大城市中，亚洲占 7 座。可以预测，2015年在世界 26 座特大城市中，亚洲将占 18 座。在世界 15 座大城市的变迁中，作为大城市集中地区的亚洲同样也引人注目（参见表 3）。

表 1　世界和亚洲的大城市数量

		1955	1975	1995	2015
世界	1 000 万以上	1	5	14	26
	500 万~1 000 万	10	17	23	38
	100 万~500 万	82	157	289	463
	合计	93	179	326	527
亚洲	1 000 万以上	0	2	7	18
	500 万~1 000 万	3	7	14	21
	100 万~500 万	30	61	122	222
	合计	33	70	143	261
亚洲占世界的比率	35.5%		39.1%	43.9%	49.5%	49.5%

注：2015 年以后的数值为预测值。
摘自：根据 United Nation，*World Urbanization Prospects：The 1996 Revision*（1998）编制。

表 2　绝对贫困人口的比例（1980—1990 年）　　　单位：%

	城市	非城市	总计
印度	33	42	40
菲律宾	40	64	55
印度尼西亚	20	27	25
中国	—	13	9

摘自：根据 Urban Management Center，human settlement in Asia 编制（http：//www.hsd.ait.ac.th/Web1.html）.
原始资料：The World Resources Institute，the United Nations Environment Programme，The United Nations Development Programme and the World Bank，*World Resources 1996—1997：A Guide to the Global Environment：The Urban Environment*（1996），Oxford University.

2030年，全世界城市人口的比例预计将达到61.1%[3]，该数字表明，亚洲的城市人口比例也将激剧上升（参见表4）。在亚洲，城市人口比例超过50%的国家迄今只不过是日本、韩国等国家。但是，城市化人口比例的上升和经济发展将在中国、马来西亚和印度尼西亚等国家迅速发展，可以说，这会造就21世纪城市化的世界性潮流。

在亚洲国家，城市人口的增长速度大大超过总人口的增长速度，城市人口的增长不是人口自然增长的结果，而是由于人口从农村向城市的流动（社会增长）造成的。造成这种人口流动的重大原因，是产业的集中发展、城乡的收入差别、就业机会、生活水平等经济因素。此外，农村地区绝对贫困阶层的扩大也是人口向城市流动的原因。在城市人口急速发展的亚洲国家，农村贫困阶层的比例和城市的贫困阶层的比例产生了巨大差别（参见表2）。

这种爆炸式的人口增长，给就业、住房、交通、上下水道和环境带来了沉重压力。如人口增长直接引起的居住问题依然严峻。亚洲大城市的现实是，现有住房市场因各种原因无法吸纳伴随城市扩张而急速增长的人口，城市贫困阶层不得不居住在贫民窟和擅自占住的公地（squatter）。这些地区缺电少水，基础设施落后，卫生和健康状态糟糕。在20世纪60年代出现过严重居住问题的首尔和吉隆坡，尽管通过改善贫民窟工作等减少了贫民窟居住者的数量，但在孟买和加尔各答，30%以上的城市人口依然是非法居住者，据说马尼拉的非法居住者超过了50%。即使在没有贫民窟或擅住区的上海，居住问题也很紧张，若干家庭往往分享1个公寓单元的不同房间。可以说，急速的城市化不仅带来住房问题，而且还造成了社会资本的绝对性短缺，这原本是住在城市的居民享受丰富的城市生活所必要的。

日本的大城市也曾经历过同样的急速城市化，但现已进入欧美常见的人口增长停滞或减少的新阶段[4]，因此需要相应地完善社会资本，调整产业政策。

（浅妻裕）

表3　全世界前15位大城市的变迁

单位：10²万人

位列	1950年	1960年	1970年	1980年	1995年	2000年	2010年	2015年
1	纽约 12.3	纽约 14.2	东京 16.5	东京 21.9	东京 27.0	东京 28.0	东京 28.8	东京 28.9
2	伦敦 8.7	东京 11.0	纽约 16.2	纽约 15.6	墨西哥城 16.6	墨西哥城 18.1	孟买 23.7	孟买 26.2
3	东京 6.9	伦敦 9.1	上海 11.2	墨西哥城 13.9	圣保罗 16.5	孟买 18.0	拉各斯 21.0	拉古什 24.6
4	巴黎 5.4	上海 8.8	大阪 9.4	圣保罗 12.5	纽约 16.3	圣保罗 17.7	圣保罗 19.7	圣保罗 20.3
5	莫斯科 5.4	巴黎 7.2	墨西哥城 9.1	上海 11.7	孟买 15.1	纽约 16.6	墨西哥城 18.7	达卡 19.5
6	上海 5.3	布宜诺斯艾利斯 6.8	伦敦 8.6	大阪 10.0	上海 13.6	上海 14.2	纽约 17.2	卡拉奇 19.4
7	埃森 5.3	洛杉矶 6.5	巴黎 8.5	布宜诺斯艾利斯 9.9	洛杉矶 12.4	拉各斯 13.5	卡拉奇 16.7	墨西哥城 19.2
8	布宜诺斯艾利斯 5.0	埃森 6.4	布宜诺斯艾利斯 8.4	洛杉矶 9.5	加尔各答 11.9	洛杉矶 13.1	达卡 16.7	上海 18.0
9	芝加哥 4.9	北京 6.3	洛杉矶 8.4	加尔各答 9.0	布宜诺斯艾利斯 11.8	加尔各答 12.9	上海 16.6	纽约 17.6
10	加尔各答 4.4	大阪 6.2	北京 8.1	北京 9.0	首尔 11.6	布宜诺斯艾利斯 12.4	加尔各答 15.6	加尔各答 17.3
11	大阪 4.1	莫斯科 6.2	圣保罗 8.1	巴黎 8.9	北京 11.3	首尔 12.2	德里 15.2	德里 16.9
12	洛杉矶 4.0	芝加哥 6.0	莫斯科 7.1	里约热内卢 8.7	大阪 10.6	北京 12.0	北京 14.3	北京 15.6
13	北京 3.9	加尔各答 5.5	里约热内卢 7.0	首尔 8.3	拉各斯 10.3	卡拉奇 11.8	洛杉矶 13.9	洛杉矶 14.7
14	米兰 3.6	莫斯科 5.4	加尔各答 6.9	莫斯科 8.1	里约热内卢 10.2	德里 11.7	马尼拉 13.7	开罗 14.4
15	柏林 3.3	里约热内卢 4.9	芝加哥 6.7	孟买 8.1	德里 9.9	达卡 11.0	布宜诺斯艾利斯 13.5	洛杉矶 14.2

注：2015年以后的数值为预测值。

摘自：根据 United Nation, *World Urbanization Prospects: The 1996 Revision*（1998）编制。

表4 人口和城市化率的变化

年份		世界	亚洲	中国	日本	韩国	印度尼西亚	印度	马来西亚	菲律宾	越南	泰国
1950	人口	251 975	140 273	55 476	8 363	2 036	7 954	35 756	611	2 099	2 995	2 001
	城市人口	73 785	23 579	6 102	4 207	435	986	6 170	124	570	348	210
	非城市人口	178 190	116 694	49 374	4 156	1 601	6 968	29 586	487	1 529	2 646	1 791
	城市化率	29.3%	16.8%	11.0%	50.3%	21.4%	12.4%	17.3%	20.3%	27.2%	11.6%	10.5%
1970	人口	369 714	214 749	83 068	10 433	3 192	11 067	55 491	1 085	3 754	4 273	3 575
	城市人口	135 279	50 295	14 495	7 430	1 300	2 053	10 961	363	1 238	782	475
	非城市人口	234 436	164 454	68 572	3 004	1 893	9 014	44 529	722	2 516	3 491	3 100
	城市化率	36.6%	23.4%	17.4%	71.2%	40.7%	18.6%	19.8%	33.5%	33.0%	18.3%	13.3%
1996	人口	5 767 774	3 488 027	1 232 084	125 351	45 314	200 453	94 458	20 581	69 282	7 518	58 703
	城市人口	2 635 645	1 229 320	382 447	98 030	37 363	72 952	25 583	11 187	38 115	1 461	11 884
	非城市人口	3 132 129	2 258 707	849 637	27 321	7 951	127 501	68 874	9 394	31 167	6 056	46 819
	城市化率	45.7%	35.2%	31.0%	78.2%	82.5%	36.4%	27.1%	54.4%	55.0%	19.4%	20.2%
2010	人口	6 890 775	4 160 878	1 364 950	127 044	50 033	239 377	115 228	26 239	88 813	9 220	64 567
	城市人口	3 586 415	1 815 736	577 683	102 746	45 607	116 941	38 028	16 689	58 145	2 039	16 939
	非城市人口	3 304 360	2 345 142	787 267	24 298	4 426	122 436	77 207	9 550	30 668	7 187	47 628
	城市化率	52.0%	43.6%	42.3%	80.9%	91.2%	48.9%	33.0%	63.6%	65.5%	22.1%	26.2%
2030	人口	8 371 602	4 956 764	1 499 782	118 640	53 008	286 441	138 418	33 231	111 266	11 545	70 734
	城市人口	5 117 038	2 735 967	828 037	101 160	49 595	174 608	63 405	24 100	82 082	3 886	27 665
	非城市人口	3 254 564	2 220 797	671 745	17 480	3 413	111 833	75 013	9 131	29 184	7 659	43 069
	城市化率	61.6%	55.2%	55.2%	85.3%	93.6%	61.0%	45.8%	72.5%	73.8%	33.7%	39.1%

注：2030年以后的数值为预测值。

摘自：根据 United Nation, *World Urbanization Prospects: The 1996 Revision* (1998) 编制。

[14] 社会生活汽车化的发展

　　亚洲各国的急速经济增长导致了以轿车为首的汽车急速普及化，进而给亚洲城市造成了严重的交通堵塞和大气污染。为了推测亚洲各大城市的汽车拥挤程度，如果通过各大城市的单位面积来计算汽车保有量，就知道这些每平方千米的汽车保有量高达 2 000～7 500 辆（参见表 1）。特别是在中国台湾的台北市和高雄市、印度尼西亚的雅加达市，每 km^2 汽车保有量竟达 5 500～7 500 辆，市区的汽车已处于饱和状态。再看每辆汽车的人数（人/辆），台北、高雄、首尔和曼谷均为每 4.4～6.6 人有 1 辆车，汽车已普及开来，而东京和大阪分别为 3.8 人/辆和 3.4 人/辆，前后两组几乎没有差别。

　　试看各国不同时间段内的汽车保有量（参见表 2），家用汽车保有量急速增加的时间，韩国、新加坡、中国台湾是在 20 世纪 80 年代初期经济增长的 1980—1990 年，泰国、马来西亚、印度尼西亚是 80 年代后期迅速发展的 1985—1995 年。至于每辆汽车对应的人数，中国台湾、韩国、马来西亚为 1～2 家拥有 1 辆轿车。两轮车（摩托车）的普及率更高，中国台湾为 3 人 1 辆，泰国、马来西亚为 6～7 人 1 辆。在中国台北、曼谷、吉隆坡，大量的两轮车穿梭于四轮车中间，经常造成交通事故。

表 1　各大城市的汽车保有辆和道路长度

	雅加达市	东京都	大阪府	首尔市	台北市	高雄市	曼谷市
汽车保有量/10^3 辆	3 885	4 624	3 766	2 648	1 532	1 148	2 963
A1. 汽车/10^3 辆	1 104	3 081	2 539	1 733	589	300	886
A2. 公交汽车/卡车/10^3 辆	694	829	830	464	64	44	760
A3. 两轮车/10^3 辆	2 086	715	397	449	872	801	1 234
A4. 其他/10^3 辆	—			2	8	3	83

	雅加达市	东京都	大阪府	首尔市	台北市	高雄市	曼谷市
B. 人口/10^3 人	9 113	11 680	8 624	10 231	2 593	1 435	5 876
B1. 人口轿车比/（人/辆）	8.3	3.8	3.4	6.0	4.4	4.8	6.6
C. 每 km^2 的汽车数量/(辆/km^2)	6 584	2 118	1 997	4 376	5 632	7 505	1 893
D. 道路长度/km	6 507	23 224	14 050	—	1 241	754	—
D1. 汽车道路长度比/（m/辆）	1.7	5.0	3.7	—	0.8	0.7	—

注：　(1) 中国香港和新加坡的情况，参考表 2；
　　　(2) 雅加达直辖市的汽车保有量为 1998 年的登记数，道路长度为 1997 年的数据，人口为 1997 年的数据。
　　　(3) 东京都、大阪府的汽车保有量、道路长度、人口为 1998 年的数据；
　　　(4) 首尔市的汽车保有量为 1998 年的数据，人口为 1997 年的数据；
　　　(5) 台北市、高雄市的汽车保有量、道路长度、人口为 1997 年的数据；
　　　(6) 台北市、高雄市：汽车保有量中的公交汽车/卡车中，载人卡车分别占 80% 和 69%；
　　　(7) 曼谷市的汽车保有量为 1994 年的数据，人口为 1995 年的数据。

摘自：雅加达直辖市：Biro Pusat Statistik, *Statistical Yearbook of Indonesia*, 1998. 东京都、大阪府：运输省运输政策局监修，《地域交通年报》，平成 11 年版，建设省《道路统计年报》，1998。首尔市：Republic of Korea, National Statistical Office, *Korea Statistical Yearbook 1999*. 台北市、高雄市：中国民国交通部统计处编印《交通统计要览》1998。曼谷市：Ministry of Transport and Communications, Department of Land Transport 的统计资料。雅加达市、首尔市、曼谷市的人口：United Nations, *Demographic Yearbook 1995*, 1997.

　　关于道路建设状况，每辆汽车的道路长度，中国香港、中国台湾、新加坡、韩国、泰国为 4~13m，特别是在汽车集中的市区，引起慢性拥堵。而且，由于急于容纳越来越多的汽车的需求而需要进行道路建设，但是包括土地利用在内的计划的城市规划、考虑到行人、自行车等的道路等的建设非常落后。

表2 汽车普及的变化和道路建设、客货运量

		中国	中国香港	印度	印度尼西亚	日本	韩国	马来西亚	菲律宾	新加坡	中国台湾	泰国	越南
A. 轿车保有量													
A1. 轿车保有量/10³辆	1980	60	205	949	730	23 660	249	729	479	165	338	397	—
	1985	182	186	1 128	965	27 845	557	1 124	360	240	916	485	—
	1990	1 664	238	2 481	1 294	34 924	2 075	1 811	455	285	2 077	827	60
	1995	4 179	342	3 837	2 103	44 680	6 006	2 532	627	345	3 874	1 384	72
	1998	6 548	349	4 820	2 735	49 896	7 581	3 517	743	377	4 537	2 045	79
A2. 人车比/（人/辆）	1980	17 117	23.9	703	208	4.9	157.1	19.1	101	14.5	51.7	118	—
	1985	5 732	29.4	695	183	4.4	77.8	14.1	161	10.8	21.4	108	—
	1990	989	27.1	349	150	3.6	20.8	9.9	145	9.7	11.2	69	8 446.0
	1995	350	19.5	267	92	2.8	7.5	8.0	129	8.7	5.5	46	1 242.3
	1998	192	19.8	201	75	2.5	6.1	2.9	105	9.8	4.7	30	1 253.0
B. 客车及公交车保有量/10³辆	1980	870	69	569	564	14 197	269	168	375	84	144	484	—
	1985	1 830	87	1 189	1 040	18 313	557	324	521	140	429	702	—

		中国	中国香港	印度	印度尼西亚	日本	韩国	马来西亚	菲律宾	新加坡	中国台湾	泰国	越南
	1990	4 172	137	1 491	1 478	22 773	1 320	616	149	142	703	1 987	140
	1995	6 221	139	2 221	1 863	22 173	2 463	466	1 203	156	613	3 126	90
	1998	6 645	137	2 610	2 190	20 919	2 889	932	1 466	145	834	4 076	97
C. 两轮车保有量													
C1. 两轮车保有量/10³辆	1985	—	19	3 512	4 136	870	711	2 290	253	128	6 109	1 141	—
	1990	—	19	6 749	6 079	17 295	1 385	2 679	331	120	7 619	4 139	—
	1995	18 000	30	19 000	8 680	15 262	2 109	3 565	690	128	8 517	9 170	3 309
	1998	20 426	24	23 606	17 496	14 258	2 553	4 329	1 033	133	10 027	11 142	4 466
C2. 人车比/(人/辆)	1998	70	220	51	24	8	22	6	109	30	3	7	23
D. 道路													
D1. 大陆长度/10³km	1997	1 526	2	3 320	343	1 150	85	95	161	3	20	65	
D2. 道路长度国土面积比/(km/km²)	1997	0.16	1.61	0.73	0.19	3.04	0.85	0.29	0.54	4.71	0.53	0.13	
D3. 路车比/(m/辆)	1997	138.8	3.6	492.9	71.4	16.4	8.2	25.0	72.9	5.8	4.1	12.7	—
D4. 铺设率/%	1997	—	100.0	45.7	46.3	75.4	74.0	75.1	0.2	97.3	87.5	97.5	—
E. 运输量													

		中国	中国香港	印度	印度尼西亚	日本	韩国	马来西亚	菲律宾	新加坡	中国台湾	泰国	越南
E1 客运量													
汽车/（10亿人km）	1997	—	30	3 920	—	932	148	—	—	—	23	—	—
铁路/（10亿人km）	1997	355	4	360	16	398	22	1	—	—	—	12	—
E2. 货运量													
汽车/（10亿人km）	1997	—	—	—	—	306	75	—	—	—	15	—	—
铁路/（10亿人km）	1997	1 310	0.02	285	4	25	14	1	—	—	—	3	—

注：（1）汽车保有量的数据，因几年后要更新过去的数据，故本表所载的各年数据有些不同于公布时的数据；本表编制尽量基于最新信息；

（2）在汽车保有量以及客车/公交车的 1998 年数据中，新加坡为 1997 年的数据，中国香港、越南为 1996 年的数据，中国的客车不包括公交车；

（3）在两轮车 1985 年的数据中，印度、印度尼西亚为 1983 年末的数据，菲律宾为 1984 年末的数据；1990 年末，印度为 1987 年，中国香港、马来西亚、菲律宾、新加坡、中国台湾、越南为 1989 年末的数据。1998 年末的数据中，菲律宾、新加坡、中国台湾、中国香港、越南为 1996 年的数据；

（4）在道路数据中，中国、印度、马来西亚、中国台湾、泰国为 1996 年的数据，日本为 1998 年的数据；

（5）在汽车运送量 1997 年的数据中，中国台湾为 1996 年的数据；在铁路运送量 1997 年的数据中，中国香港、印度尼西亚、韩国、马来西亚、泰国为 1996 年的数据，在马来西亚的铁路运送量，不包括新加坡。

摘自：A-D、E 中的汽车运送量：编制依据 International Road Federation, *World Road Statistics*.在 E 之中铁路运送量：编制依据 United Nations, *Statistical Yearbook*, 1996.

针对如此急速的社会生活汽车化的进程和严重的大气污染公害、道路造成的地区隔离等问题，各国政府以及地方政府都在积极应对，尽管进展缓慢。通过《SPM 行动计划》，曼谷市计划在 2000 年底前把可吸入颗粒物的排放标准提高到欧盟的水平，2004 年年底前把欧盟标准适用于其他的排放物，还采取了把市内公交汽车换成小型公交汽车等对策。在中国台湾，通过强化车检制度来控制两轮车的碳氢化合物和一氧化碳的排放，同时还对卡车、公交汽车等柴油车进行控制。特别是在交通发达的国家新加坡，在对汽车保有征收高额税金的同时，自 1990 年起还进行了汽车配额系统（Vehicle Quota System）的物理性保有限制。而且，自 1998 年起，把 1975 年开始的"入域许可制度"（Area License Scheme）实现电子化，实行有效的城市规划和公交建设，同时为解决社会生活汽车化发展带来的各种问题进行新的尝试（参见表 4）。

北京、上海、吉隆坡、马尼拉、中国台北都在完善公交系统，开通了地铁或城铁。这些城市和首尔、新加坡都在计划新线的建设（表 3）。在曼谷，尽管计划在 1997 年开通单轨城铁以及轻轨城铁，由于建设中的政治渎职、经济危机后的资金紧缺等，不得不推迟竣工时期。在雅加达、河内等城市，交通手段仍然依靠自行车、水上交通等。

表 3　地铁/LRT（轻轨、城铁）等在建与计划状况

北京	地铁 2 条线		
上海	地铁 1 条线　　另 2 条在建		
中国香港	地铁 3 条线		
加尔各答	地铁 1 条线　　城市电车		
东京	地铁 16 条线　　市电 2 条，国营/私营		
首尔	地铁 4 条线　　另 3 条在建		
釜山	地铁 1 条线		
吉隆坡	MRT1 条线　　计划公私合营建设上下班线 2 条　　Express Rail Link		
马尼拉	LRT1 条线		
新加坡	MRT（地铁）2 条线　　另在建 1 条		
中国台北	MRT2 条线　　计划建设 8 条		
曼谷	单轨 1 条线及 LRT 轻轨 2 条线在建		

摘自：编制依据 *Jane's Urban Transport System 1997-98* 等。

表 4 交通需要管理政策的实施及计划状况

新加坡	实施中	新加坡市中心及高速公路	市中心地区的入城车辆的道路收费。实施城市间高速公路的不同时间不同收费
首尔	实施中	去首尔市中心的经过道路修建若干隧道	早 7 点—晚 9 点通过的车辆收费约 200 日元
中国香港	研讨中	香港中心	研究引进作为市中心的流入交通及城市内交通堵塞缓和对策。 大气污染恶化备受关注
东京	研讨中	东京都中心	研究引进作为市中心的流入交通及市内交通堵塞和对策
大阪	研讨中	大阪—神户间的 2 条高速公路	正在研究对策，通过高速公路收费的不同，在在用的 2 条高速公路中，把交通量从大气污染严重的地区分流到沿岸的高速公路
川崎	研讨中	东京横滨间的 2 条高速公路	正在研究对策，通过高速公路收费的不同，在在用的 2 条高速公路中，把交通量从大气污染严重的地区分流到沿岸的高速公路

摘自：编制依据移动战略计划《综合都市交通计划的移动战略研究》，《日交研系列（A—269）》，1999，建设省资料等做成。

（镇目志保子）

[15] 扩大的矿业生产与矿业公害

东亚生产各种各样的矿物资源（参见表 1）。中国可谓是矿物资源的宝库，锡锭产量占世界的 30%，而且还大量生产锌锭、铅锭和铝锭等。印度尼西亚的锡锭、铜矿石和金矿石的产量在世界上处于前列。印度的铝钒土产量也很高。

世界的锡矿资源集中在东亚，中国（第 1）、印度尼西亚（第 2）、马来西亚（第 3）这 3 国的产量占世界的 60%。

日本的金属消费量很大，镍和镉的消费量居世界第 1（参见表 2），而银、铜、铅、锌、铝、锰、钼等主要有色金属消费量都居世界前 5 位。

日本进口矿物资源来自澳大利亚、加拿大、南美的很多，同时也特别依赖东亚。从中国的进口量远高于其他国家，对中国的进口占比，锌锭为 30.2%，铅锭为 71.3%（参见表 1）。东亚是世界有色主要企业（majors）出入之地，日本企业也从 20 世纪 50 年代起加入了在菲律宾、马来西亚等地的铜、镍矿山的开发项目（参见表 3）。日本公司的开发方式最初为融资买矿或探矿开发，最近转向资本投资。80 年代以后，日本公司也开始在韩国、菲律宾、中国、印度尼西亚等国建设海外冶炼厂。

但是，在为出口日本及其他国家而开发的东亚矿山，发生了大量的矿业公害（矿害）。在菲律宾，河流遭到汞和氰化物的污染，废渣堆放场崩塌等惨痛事件也曾被报道（参见表 4）。其原因在于矿渣处理不彻底，或因堆放场填满而非法倾倒等。据报道，为了解决这一问题，政府采取了强有力的法律措施，责令矿山作业无期限停业，或命令企业投加中和剂以减轻污染。

在泰国，流经自然保护区的克利蒂河（Kliti Creek）因从铅矿山直接流过而遭到铅污染，铅浓度高达国际环境标准的 90～300 倍。在马来西亚，从金矿山流出的氰化物污染和铜矿山的重金属污染都很严重。

表 1 东亚国家的矿业情况（1998 年）

矿种	中国 量	中国 国/世界%（世界排位）	印度 量	印度 国/世界%（世界排位）	印度尼西亚 量	印度尼西亚 国/世界%（世界排位）	马来西亚 量	马来西亚 国/世界%（世界排位）	菲律宾 量	菲律宾 国/世界%（世界排位）	泰国 量	泰国 国/世界%（世界排位）	蒙古 量	蒙古 国/世界%（世界排位）	缅甸 量	缅甸 国/世界%（世界排位）
铝矾土/10^4t	9 000.0	7.1 (5)	5 980.1	4.7 (6)	892.3	0.7 (14)	160.3	0.1 (18)								
铝锭/10^3t	2 418.5	10.7 (3)	541.7	2.4 (11)	133.4	0.6 (26)										
铜矿石/10^3t	476.0	3.9 (8)	48.0	0.4 (24)	809.1	6.6 (3)	14.2	0.1 (31)	46.5	0.4 (25)			126.0	1.0 (17)	6.0	0.0 (36)
铜锭/10^3t	1 151.8	8.3 (4)	134.0	1.0 (19)					152.4	1.1 (18)			4.8	0.0 (40)	3.2	0.0 (42)
铅矿石/10^3t	711.9	22.8 (1)	32.5	1.0 (13)							7.6	0.2 (27)			2.2	0.1 (34)
铅锭/10^3t	733.4	12.4 (2)	74.3	1.3 (18)			35.0	0.6 (25)	18.0	0.3 (35)	22.1	0.4 (31)			1.9	0.0 (48)
锡矿石/10^3t	78.0	33.9 (1)			55.9	24.3 (2)	5.8	2.5 (8)			1.7	0.7 (12)	0.1	0.0 (16)	0.1	0.0 (16)

产量

	矿种	中国 量	中国 国/世%（世界排位）	印度 量	印度 国/世%（世界排位）	印度尼西亚 量	印度尼西亚 国/世%（世界排位）	马来西亚 量	马来西亚 国/世%（世界排位）	菲律宾 量	菲律宾 国/世%（世界排位）	泰国 量	泰国 国/世%（世界排位）	蒙古 量	蒙古 国/世%（世界排位）	缅甸 量	缅甸 国/世%（世界排位）
产量	锡锭/10³t	78.8	30.9 (1)	3.7	1.4 (10)	54.0	21.2 (2)	27.9	10.1 (3)			15.6	6.1 (5)			0.5	0.0 (42)
	锌矿石/10³t	1 209.8	16.0 (1)	190.3	2.5 (8)							19.6	0.3 (30)				
	锌锭/10³t	1 543.8	19.1 (1)	171.8	2.1 (20)							91.0	1.1 (24)				
	镍锭/10³t	40.5	3.9 (9)			8.4	0.8 (18)			23.7	0.2 (11)						
	金矿石/10³t	158.2	6.8 (5)	2.4	0.1 (34)	108.6	4.7 (6)	3.4	0.1 (32)	8.7	0.4 (22)			7.1	0.3 (24)		
对日出口	铝矾土/t	37 668.0	1.9 (3)	5 497.0	0.2 (8)	837 071.0	42.3 (2)	14 003.0	0.7 (5)								
	铝锭/t	50 804.0	2.7 (10)	1 010.0	0.0 (18)	96 077.0	5.1 (7)	19.0	0.0 (27)	11.0	0.0 (28)	20.0	0.0 (26)				
	铜精矿/t					839 058.0	21.2 (2)	59 319.0	1.4 (9)	76 142.0	1.9 (7)			8 020.0	0.2 (15)		
	铜锭/t	1 154.0	0.4 (12)							24 651.0	9.0 (4)			2 330.0	0.8 (9)		

矿种	中国 量	中国 国/世界%（世界排位）	印度 量	印度 %（世界排位）	印度尼西亚 量	印度尼西亚 国/世界%（世界排位）	马来西亚 量	马来西亚 国/世界%（世界排位）	菲律宾 量	菲律宾 国/世界%（世界排位）	泰国 量	泰国 国/世界%（世界排位）	蒙古 量	蒙古 国/世界%（世界排位）	缅甸 量	缅甸 国/世界%（世界排位）
铅精矿/t	14 977.0	8.1 (4)									2 989.0	1.6 (11)				
铅锭/t	15 812.0	71.3 (1)														
锡锭/t	4 793.0	20.2 (2)			11 865.0	50.2 (1)	2 800.0	11.8 (4)	37.0	0.1 (6)	3 980.0	16.8 (3)				
锌精矿/t	10 780.0	1.1 (9)	14 268.0	1.58												
锌锭/t	34 308.0	30.2 (1)									13 673.0	12.0 (4)				
镍矿石/t	5 847.1	14.9 (2)														
金锭/t					3 458.0	0.0 (21)	443 315.0	0.5 (15)	4 521.0	0.0 (20)	7 446.0	0.0 (19)	5 076 067.0	5.9 (6)		

（对日出口）

编制依据：金属矿业事业团网页（http://www.mmaj.go.jp/），2000年6月22日。
原始资料：《日本贸易月表》，1998年12月，World Metal Statistics Yearbook 1999.

表 2　日本主要有色金属消费量（1998 年）

资源	消费量	占世界比例/%， （ ）为世界排位
银	3508（t）	13.4（2）
铜锭	1254（1000t）	9.3（3）
铅锭	308（1000t）	5.2（5）
锌锭	659（1000t）	8.4（3）
锡锭	24（1000t）	10.0（3）
镍锭	162（1000t）	16.1（1）
铝锭	2040（1000t）	9.4（3）
镉	5795（t）	39.6（1）
锰	2042（1000t）	9.7（3）
铬	733（1000t）	6.3（5）
钼	21319(t)	19.3（3）
钴	6700（t）	25.1（3）

注：锰矿为 1995 年数据，铬矿为 1992 年数据。

摘自：资源能源厅长官官房矿业课监修，《矿业便览》，平成 12 年，50-89 页。

表 3　东亚地区日本企业的开发矿山/冶炼厂

	国家	名称	矿物	生产 开始年	开发 形态	主要日本企业
矿 山	菲律宾	托莱多（Toledo）	铜	1955	融资买矿	三菱材料
		锡帕莱（Sipalay）	铜	1957	融资买矿	丸红
		里奥图巴 （Rio Tuba）	镍	1977	探矿开发	太平洋金属、新日铁
		塔加尼托 （Taganito）	镍	1989	资本投资	太平洋金属、日商岩井
	马来西亚	马穆特（Mamut）	铜	1969	探矿开发	三菱材料
	印度尼西亚	爱茨堡（Ertsberg）	铜	1972	融资买矿	三井物产、三菱材料
		所罗阿克 （Soroako）	镍	1978	探矿开发	住友金属矿山
		巴都希胶 （Batu Hijau）	金、 铜	1999	资本投资	住友商事、三菱材料

	国家	名称	矿物	生产开始年	开发形态	主要日本企业
冶炼厂	韩国	温山	锌	1978	资本投资	东邦亚铅
		温山	铜	1998	资本投资	三菱材料、日矿金属
	菲律宾	帕萨尔（Pasar）	铜	1983	资本投资	三井金属、丸红
	中国	贵溪	铜	1986	资本投资	住友金属矿山
		金陵	铜	1997	资本投资	住友金属矿山、住友商事
	印度	皮帕瓦沃（Pipav Vav）	铜	1998	资本投资	三菱材料
	印度尼西亚	锦石（格雷西）（Gresik）	铜	1999	资本投资	三菱材料、日矿金属

编制依据：资源能源厅长官官房矿业课监修，《矿业便览》，平成 12 年，212-214 页。

表4　菲律宾最近的主要矿害有关问题

年月	矿山	矿种	矿山公司	矿害发生状况	现状及对策
1995年8月	奎克银矿（Quick Silver）	水银	（Palawan Quicksilver Mines Inc.）	矿山周边居民血液中汞超标	分析值因人而异，在水银背景值高的地方，也有认为是自然污染。居民没有迁移，而向旧矿山申请赔偿
1995年8月	普莱瑟（Placer）	金	（Manila Mining）	高含金矿石增产多，废渣处理量增加，废渣填满处置场，坝体崩溃，12 人死亡	暂时停产
1995年11月	隆戈斯（Longos）	金	（United Paragon Mining）	矿山废水中氰化物超标	暂时停产。对废水中氰化物浓度和混浊度监测了 2 个月
1995年12月	布拉万（Bulawan）	金	（Philex Mining）	矿石加工中的氰化物流入河流	立即暂时停产。矿主承认错误，往河中投加中和剂，设置检查点，实施水质管理

年月	矿山	矿种	矿山公司	矿害发生状况	现状及对策
1996 年 3 月	圣安东尼奥（San Antonio）	铜	（Marcopper Mining）	因废渣坝下尚未使用排水道破损，废渣大量流入河流。附近部落紧急避难	矿山无限期停产。发布停产命令（CDO）。环境保证证明书（ECC）于 6 月失效。建设新的入场道路以及河岸工程。回收流入河流的废渣。现在仍停产中。Placer Dome 公司（加）放弃该矿山
1996 年 4 月	锡帕莱（Sipalay）	铜、金	（Maricalum Mining）	处置场已填满，废渣被倒入附近河流。处置场面临崩溃	暂时停产。发布停产命令。公司向法院提出诉讼，法院于 6 月判决解除停产命令。公司重新作业。环境资源部对法院的判决提出上诉
1996 年 4 月	隆戈斯（Longos）	金	（United Paragon Mining）	同环境标准冲突。废水中氰化物浓度超标	由环境资源环境部发布停产命令，但矿山方面解决了污染问题，停产命令暂时解除。正式解除时间是 1998 年 5 月，支付返还金 150 万比索
1996 年 4 月	普莱瑟（Placer）	金	（Manila Mining）	处置场已填满。废渣溢过大坝，流入江河	矿主自己暂时停产。矿山地球科学局进行调查，同意处置场拦截坝增高工程。矿山方面进行施工，重新生产
1996 年 6 月	布拉万（Bulawan）	金	（Philex Mining）	危险废渣污染了河流，居民起诉	矿山方面否认污染事实，保证遵守环境标，准许进行生产
1996 年 11 月	锡帕莱（Sipalay）	铜、金	（Maricalum Mining）	暴雨和长期雨季导致废渣流入田地	地方政府请求中央政府调查。据矿山地球科学局调查，拦截坝无缺陷，污染由不测暴雨造成

摘自：佐藤直树，"菲律宾矿业活动的环境保护"（《海外矿业情报》，1999 年 11 月），46 页，部分内容为添加。

今后，随着东亚的经济发展，市民对于环境问题的关注必将高涨，因此不可避免地会推进矿害对策。为此，首先必须严令发达国家的企业采取有效的环境保护措施。菲律宾的事例说明，当务之急是推进废渣处置场的建设，确立处置场的安全管理体制。尽管在1995年的《矿业法》中增加了环境保护条款，规定了环境影响评价、不确定责任以及再生基金等内容，但实际操作还存在着很多问题。

（上园昌武）

[16]城市垃圾与危险废物

在亚洲，想获取固体废物相关资料极其困难。不少地方尚未对其进行单独处理、保管、贮藏、违法倾倒等情况进行统计。而且，固体废物分类在各国也存在微细差别，难以进行严格比较。这里，把本套丛书第一卷（1997/98）介绍的 ESCAP 调查（1995 年）后的资料汇总于表2。

亚洲的城市垃圾，人均产生量日趋增加，接近高收入国家，但同收入增加并不成比例。原生垃圾所占重量比例，日本和中国香港均为 25%左右，印度尼西亚（雅加达）则接近 70%。最近，在亚洲所有国家，纸和塑料的比例都在增加。

据世界银行城市开发部门 1999 年的预测，2025 年，高收入国家的城市垃圾产生量增加不多，低收入国家或中收入国家的城市垃圾产生量会急速增加。现在，全亚洲的城市垃圾日产量为 76 万 t，2025年预计将增加到 180 万 t（参见表 1）。

表 1 世界银行的预测

	现在			2025 年		
	人均 GNP （1995 年）/ 美元	垃圾产 生量/ [kg/(人·d)]	垃圾产 生量/ （kg/d）	人均 GNP （1995 年）/ 美元	垃圾产 生量/ [kg/(人·d)]	垃圾产 生量/ （kg/d）
尼泊尔	200	0.50	1 473	360	0.6	8 376
孟加拉国	240	0.49	10 742	440	0.6	47 064
缅甸	240	0.45	5 482	580	0.6	21 455
越南	240	0.55	8 408	580	0.7	32 269
蒙古	310	0.60	914	560	0.9	2 616
印度	340	0.46	114 576	600	0.7	440 460
老挝	350	0.69	734	850	0.8	3 453
中国	620	0.79	287 292	1 500	0.9	748 552

	现在			2025 年		
	人均 GNP (1995 年)/美元	垃圾产生量/[kg/(人·d)]	垃圾产生量/(kg/d)	人均 GNP (1995 年)/美元	垃圾产生量/[kg/(人·d)]	垃圾产生量/(kg/d)
斯里兰卡	700	0.89	3 608	1 300	1.0	10 650
印度尼西亚	980	0.76	52 005	2 400	1.0	167 289
菲律宾	1 050	0.52	19 334	2 500	0.8	62 115
泰国	2 740	1.10	12 804	6 700	1.5	43 166
马来西亚	3 890	0.81	8 743	9 440	1.4	32 162
韩国	9 700	1.59	58 041	17 600	1.4	71 362
中国香港	22 990	5.07	29 862	31 000	4.5	25 833
新加坡	26 730	1.10	3 300	36 000	1.1	3 740
日本	39 600	1.47	142 818	53 500	1.3	134 210

注：香港的城市垃圾产生量不包括建筑垃圾。

摘自：Daniel Hoornweg and Laura Thomas，*What a Waste: Solid Waste management in Asia*，Urban Development Sector Unit World Bank 1999.

　　城市垃圾的再循环率，在引进各种固体废物征税的韩国达到 24%，而在亚洲其他国家还不到 10%。垃圾焚烧因二噁英类物质问题而变成热点，日本和新加坡的垃圾焚烧率都很高，分别为 76% 和 62%，在中国台湾、韩国以及中国的城市地区都出现了新建焚烧厂的动向。

　　工业固体废物，产生量最多的是中国，为 6.6 亿 t 左右，包括煤炭行业在内的矿业固体废物的比例居高。日本约为 4 亿 t，多为污泥、动物粪便、建筑垃圾。韩国为 3 700 万 t，多为矿渣和建筑垃圾。

　　危险废物，其称呼和定义在各国不尽相同。如在泰国、印度尼西亚、中国台湾叫"有害废物"（hazardous waste），在日本叫"特别管理废弃物"，在马来西亚叫"规定固体废物"（scheduled waste），中国香港叫"化学固体废物"，中国大陆叫"危险废物"，韩国叫"指定废物"等。大量产生危险废物（为了符合我国国情，翻译时如不特别注明，均译为危险废物——译者注）的行业有，化学、石油提炼、金属、发电等企业，同时还有小型但广泛分布的发生源，如汽车修理厂、电镀厂、医院、洗衣店、杀虫剂喷洒等。

表 2 亚洲主要国家（地区）的固体废物有关资料

A 城市垃圾		日本	韩国	中国 上海	中国 香港	中国台湾	菲律宾	马来西亚	新加坡	印度尼西亚	泰国
	城市或全国	全国	全国	上海	香港	全岛	马尼拉	吉隆坡	全国	雅加达	曼谷
		1995	1997	1997	1997	1997	1997	1997	1997	1996/97	1996
A1 产生量	10^3t/年				3 168		1 950	720	1 258	1 007 万 m^3	2 955
A2 处理量		50 690	17 484	生活垃圾 4 540 建筑垃圾 3 030		8 951	1 276			802 万 m^3	2 926
A3 人均	kg/d	1.105	1.042	仅生活垃圾 1.22	1.335	1.131		1.42	0.922		1.450
A4 重量组成	kg/%	东京1997FY						1993		******94/5	
		41.0%			29.1%	30.9%	16.8%	28.4%		10.4%	
		0.8%			5.0%	5.7%	3.4%	2.2%		1.5%	
		4.0%			5.3%	6.3%	5.2%	3.3%		1.0%	
		14.3%			19.6%	17.7%	15.6%	17.7%		9.8%	
		3.6%			5.8%	5.0%	3.9%	9.5%		1.7%	
		24.8%			24.9%	19.2%	45.4%	32.5%		63.6%	

A 城市垃圾	城市或全国	日本	韩国	中国 上海	中国 香港	中国台湾	菲律宾	马来西亚	新加坡	印度尼西亚	泰国
		全国	全国	上海	香港	全岛	马尼拉	吉隆坡	全国	雅加达	曼谷
	全国	1995	1997	1997	1997	1997	1997	1997	1997	1996/97	1996
		7.4%			4.9%	5.7%	6.7%	2.7%		3.6%	
		1.0%			2.0%	10.3%	3.0%			8.3%	
A5 再循环率		9.9%	a 5.4%		岛内a 6.5%		a 6.1%	a 6.3%			堆肥 a 3.6%
			纸 b 56.8%		出口 a 26.1%						纸 b 35%
			废铁 b 38.9%								玻璃 b 75%
			玻璃 b 67.8%								轮胎 b 32%
			废轮胎 b 59.8%								铝 b 38%
A6 焚烧率		76.2%	7.1%			21.8%			62.4%		
B 工业固体废物		全国	全国	全国		全岛		全国			全国
		FY1995	1997	1997	1997	1997		1996	1997		
B1 总产生量 10³t/年		394 000	53 528	65 749				280	1 538		1 200
B2 成分组成			1995	工业固体废物							

国家/地区	城市或全国	年份	A 城市垃圾	B2 成分组成
日本	全国	1995		污泥 47.1%；动物粪便 18.5%；建筑垃圾 14.8%
韩国	全国	1997		矿渣 39.3%；建筑垃圾 13.2%；污泥 12.0%；灰 11.3%；沥青/石灰 6.8%；聚合物 6.00%；金属/玻璃 3.10%
中国 上海	上海	1997		废矿石 30.2%；电厂飞灰 19.0%；矸石 17.0%；金属冶炼渣 11.3%；电厂外炉灰 10.9%
中国 香港	香港	1997		建筑垃圾 2 365×10³ t；特殊废物 226×10³ t
中国台湾	全岛	1997		工业固体废物 17 500×10³ t；医疗废物 85×10³ t；农业废物 10 620×10³ t
菲律宾	马尼拉	1997		
马来西亚	吉隆坡	1997		灰 26.3%；矿渣 21.5%；污泥（涂料/染料）14.3%；炭渣/矿渣污泥 11.9%；污泥（重金属）9.2%；卤系有机溶剂 5.3%；橡胶 1.8%
新加坡	全国	1997		
印度尼西亚	雅加达	1996/97		
泰国	曼谷	1996	可处理量 520	

项目	单位	日本	韩国	中国	中国	中国台湾	菲律宾	马来西亚	新加坡	印度尼西亚	泰国
A 城市垃圾 城市或全国		全国	全国	上海	香港	全岛	马尼拉	吉隆坡	全国	雅加达	曼谷
		1995	1997	1997	1997	1997	1997	1997	1997	1996/97	1996
B3 再循环率	%	37%	1997	45.6%							
C 危险废物	10^3t/年		1995	（工业固体废物一部分）	化学废物 68						
			废酸 455	危险废物 10 100							
			废碱 315	放射性废物 2 480							
			废有机溶剂 353								
			指定废物 1 622								
			再循环率 48.2								

注: a—产生量或处理量的再循环比例;

b—原料中再循环材料的比例;

c—包括工业固体废物。

多数国家和地区都制定了危险废物名录，根据化学特性等进行分类。准确针对各国情况进行比较十分困难，但各国都在拓展自己努力的范围。

（吉田文和，小岛道一，青木裕子）

[17] 废纸再循环中的南、北方关系[1]

　　亚洲各国的情况表明，多数国家的废纸利用率都高于世界平均水平（参见表 1）。废纸利用率主要取决于所制造产品的种类，因此仅靠利用率还无法对各国的再循环率水平进行比较。但是，就连大力推进再循环的德国，其废纸利用率也不过 59%（1997 年），而中国台湾和韩国的水平分别为 74%和 72%，可谓出类拔萃。此外，中国的废纸利用率虽没有这 2 个国家（地区）高，但因为除废纸外还大量使用秸秆等非木材的原料，所以中国木浆的消费比例极低（废纸+非木材原料利用率 95%）。因此，可以说，亚洲国家对一次性自然资源的依赖相对低，这是出于再生资源与非木材资源比起木材资源更能廉价获取的经济原因。

　　关于亚洲地区的废纸回收率（表 1 中的 G），韩国（66%）居世界最高水平，中国台湾和日本水平相当，均为 55%，而其他国家（地区）很多都低于世界平均水平（38%），这也许是因为国内的回收系统尚不十分发达。同利用率相比，很多国家的回收率相对低，在这些国家，仅靠国内的废纸供应无法满足需求，所以通过海外进口来弥补缺口部分。亚洲各国的废纸再循环率的特征是，造纸产业的废纸利用率高，在这一意义上可以说是亚洲推进了再循环，而在国内的废纸回收量方面，因无法满足国内需求，所以很大程度上都依赖废纸进口。即亚洲的废纸再循环的驱动力是企业努力降低成本的需求，而并非出于保护环境。

　　20 世纪 90 年代，欧美国家和日本开始大力推进以固体废物减量化为目的的资源再循环。在这种供给为主导的再循环的情况下，通过完善分类回收体系，迅速增加了回收量。但另一方面，对于回收后的再生资源的需求一般都增加缓慢，结果给再生资源市场的供需平衡造成巨大混乱。因此，欧美各国为维持供需平衡，正在积极进行过剩废纸的出口。欧洲和北美地区内的废纸贸易占市场份额最大，亚洲次之，是庞大的过剩废纸的出口目的地和接纳地区。

美国是亚洲最大的废纸供应源，而在印度尼西亚和中国台湾等地区也在扩大从德国的进口（参见表1中的H）。据在德国的现场调查显示，因为德国等欧洲国家产生的废纸，质量不如木浆含量高的美国产生的废纸，故在亚洲市场的竞争中处于劣势。但是，在欧洲地区内的废纸利用方面也有限，为了避免废纸价格的暴跌和逆向有偿化，非常廉价地向亚洲出口。由于经济危机，亚洲地区的废纸需求急速下降，给欧美的批发商们也造成了沉重打击。另一方面，在日本，为了打开1996年开始的、废纸的严重过剩局面，开始迅速向亚洲各国出口，1997年出口废纸31万t，超过前一年的10倍，而随着国内过剩问题的消除，出口再度趋于下降。总之，这是个应急性对策，当前问题是没有达到欧美那样的废纸出口的常规化。

这样，对于正在推进供给主导再循环的发达国家来说，废纸出口意味着是维持国内再循环体系的安全阀。对于进口国来说，作为廉价造纸原料的供应源，可望有助于造纸产业的发展。此外，技术水平低的纸浆厂是环境污染物的巨大排放源，所以，通过进口废纸来替代纸浆也可望收到降低环境负荷的效果。但是，在许多进口国家，都在通过特殊部门的废纸回收，进口废纸同其国产废纸竞争，给特殊部门造成恶劣影响。例如据 Sharma 等人在印度进行的事例研究[2]，在环境方面和造纸业的经济方面，促进进口有利，而在雇佣方面，特殊部门的应用反而重要。

像现在，在推进再循环国际化的状况下，有必要充分认识到，发达国家的再循环这种环保活动有可能对亚洲各国在环境方面和经济方面造成巨大影响。

（山下英俊）

表 1　亚洲的纸生产与再循环

	中国	印度	印度尼西亚	日本	韩国	马来西亚	菲律宾	新加坡	泰国	越南	亚洲合计	美国	欧洲合计	世界合计	中国台湾（参考）
A 造纸原料消费量															
A1 木纸浆	4 637	1 500	2 656	14 828	2 570	163	224	15	762	100	28 753	59 978	47 737	161 415	1 208
A2 废纸	14 287	759	2 914	14 891	5 982	82	277	122	949	151	40 788	27 131	33 288	111 526	3.340
A3 非木材纤维	15 995	919	80	49	23	0	27	0	122	77	17 734	148	350	19 400	n.a.
B 纸/纸板产量	31 863	3 025	4 930	31 016	8 363	711	613	87	2 271	125	85 235	86 274	87 334	297 900	4 507
C 废纸利用率（A2/C）	45%	25%	45%	48%	72%	12%	45%	140%	42%	121%	48%	31%	38%	37%	74%
D 纸/纸板产品贸易									4 698						
D1 出口量	3 350	16	1 213	1 149	2 077	99	45	210	526	2	8 762	11 153	49 400	87 215	794
D2 进口量	10 463	657	199	1 614	548	993	406	750	404	62	18 771	14 381	39 689	83 062	1 358
E 纸/纸板消费量															
E1 1997 年	38 977	3 666	3 916	31 481	6 834	1 605	974	627	2 149	185	95 243	89 502	77 623	293 746	5 069
E2 1993 年	25 418	2 914	2 108	28 099	5 592	1.233	806	512	1 762	171	73 201	81 777	69 933	250 613	4 316
E3 1993—1997 年均增长率	11%	6%	17%	3%	5%	7%	5%	5%	5%	2%	7%	2%	3%	4%	4%
F 废纸回收量	11 353	400	1 163	14 841	4 531	102	54	275	327	147	34 168	33 310	33 888	110 519	2 789
G 废纸回收率（F/E1）	29%	11%	30%	47%	66%	6%	6%	44%	15%	79%	36%	37%	44%	38%	55%

H		中国	印度	印度尼西亚	日本	韩国	马来西亚	菲律宾	新加坡	泰国	越南	亚洲合计	美国	欧洲合计	世界合计	中国台湾（参考）
H1	废纸贸易 出口量	445	0	351	312	0	56	9	216	0	0	1 435	6 807	7 614	16 829	n.a.
H2	进口量（1997）	3 379	359	1 382	362	1 452	36	231	63	622	4	8 055	628	7 014	17 836	1 306
H3	进口量（1996）	3 143	235	937	431	1 436	31	238	63	582	2	7 223	429	7 212	17 690	1 656
H3.1	来自美国（1996）	711	168	312	385	1 136	n.a.	152	n.a.	285	n.a.	n.a.	n.a.	n.a.	7 159	709
H3.2	来自德国（1996）	7	10	144	0	6	n.a.	9	n.a.	49	n.a.	n.a.	n.a.	n.a.	2 958	354
H3.3	来自日本（1996）	3	0	1	n.a.	13	n.a.	n.a.	n.a.	n.a.	n.a.	n.a.	n.a.	n.a.	21	3
H3.4	3 国合计（H3.1+H3.2+H3.3）	721	178	456	385	1 156	n.a.	160	n.a.	333	n.a.	n.a.	n.a.	n.a.	n.a.	1 066
H3.5	3 国所占比率（H2.4/H3）	23%	76%	49%	89%	81%	n.a.	67%	n.a.	57%	n.a.	n.a.	n.a.	n.a.	n.a.	64

注: 没有特别指定的都是 1997 年的数据，单位为千吨。另外，据作为主要出处的 FAO 的统计，中国台湾的数据以包括在中国内的形式登载的，作为参考根据别的出处只表示中国台湾。

摘自: H3.1: AFPA: Americal Forest & Paper Association, *1997 annual Statistical Summary Recovered Paper Utilization.*
H3.2: bvse: Bundesverband Sekundaerrohstoffe und Entsorgung e.V., Zahlen, Daten, Fakten, 1997/1998.
H3.3: 《日本贸易月表》。
H3.1, H3.2, H3.3 以外的中国台湾: Taiwan Paper Industry Association, *The Statistics of Taiwan Paper Industry 1999.*
其他: FAO, *FAO Yearbook Forest Products 1997.*

[18] 面临危机的水环境

　　水的问题可大致分为水量方面的（物理性）问题和水质方面的（化学性）问题。下面首先考察关于水量方面的（物理性）问题。

　　在亚洲地区，农业（灌溉）至今仍是水需求量较大的部门。通过灌溉，不仅能大幅度提高农田产量，而且近年来开发的很多高产品种，如果不是灌溉的农田就无法种植。因此，随着粮食供需的紧迫，今后对水的需求也会紧张起来（参见图 1）。另外，在亚洲，随着城市化进程显著，城市用水（工业用水和生活用水）也在急剧增加。

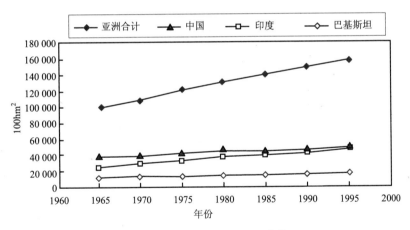

图 1　亚洲各国灌溉面积的变化

　　在亚洲，水灾是个大问题。即使是在韩国这样的工业化较发达国家，每年因水害酿成的死亡人数少则数十人，多则超过千人（详见表 1）。在亚洲其他国家，水害损失更严重。朝鲜民主主义人民共和国在 1995—1997 年间连续发生多次水旱灾害，导致粮食危机，据说有数百万人饿死，由于其极端封闭的特殊体制，详情尚不清楚。

对于水量方面（物理性）问题的解决对策，亚洲各国采取推进水库建设措施（参见表 2）。这些水库规划，多数的目的都是在利用水和治理水的同时进行水力发电。

在现代社会，水库建设是颇具争议的问题之一。支持大坝建设者主张，大坝是能解决治理水和利用水问题的唯一实际手段，而且通过大坝进行的水力发电可以增加电力供应，此外，对于像尼泊尔、老挝等国家，水力发电还是重要的出口产业。另一方面，反对大坝建设者主张如下：建设大坝将淹没很多地方，也要强制搬迁很多居民，这是对人权的一种严重伤害；对于大坝的作用预测过高；不考虑大坝的巨额建设费，却过高地估计了大坝的经济效益；巨额的大坝建设费是不正当行为、腐败行为等的温床；建设费是通过贷款筹集的，这将成为增加债务负担的原因之一；依靠大坝的农业灌溉是不可持续的；大坝建设会使环境破坏更加严重；会有大坝决堤导致洪水灾害的可能性；目前还不能合理解决泥沙问题或大坝寿命完结时的处理问题等[1]。双方主张的对立严重。

表 1　韩国的水害受灾情况

年份	泛滥面积	死亡人数	年份	泛滥面积	死亡人数
1958	210 309	161	1973	24 428	101
1959	236 808	781	1974	113 667	178
1960	86 558	81	1975	86 312	91
1961	74 378	252	1976	28 342	529
1962	252 268	327	1977	15 353	345
1963	170 336	236	1978	62 276	156
1964	38 884	395	1979	125 740	423
1965	119 997	242	1980	115 762	279
1966	53 566	128	1981	149 583	216
1967	1 693	39	1982	37 007	121
1968	52 425	174	1983	24 851	91
1969	155 111	669	1984	140 199	265
1970	144 448	267	1985	120 491	250

年份	泛滥面积	死亡人数	年份	泛滥面积	死亡人数
1971	71 861	357	1986	86 701	133
1972	16 237	862	1987	300 452	4 658

摘自：李守汉《韩国的河流》（韩语版）第 80 页。

表 2　亚洲地区的主要水库

地名	所在国	竣工年	总蓄水量
华川	韩国	1944	1 018
昭阳江	韩国	1973	2 900
安东	韩国	1976	1 248
大清	韩国	1980	1 490
忠州	韩国	1985	2 750
白山	中国	1984	4 967
东江	中国	1989	8 120
葛洲坝	中国	1992	1 580
刘家峡	中国	1968	5 700
龙羊峡	中国	1981	24 700
乌江渡	中国	1981	2 140
月成	中国	1970	1 220
Balimela	印度	1977	3 610
Bhakra	印度	1963	9 621
Hirakud	印度	1957	8 105
Idukki	印度	1974	1 996
Pung Beas	印度	1974	8 570
Ukai	印度	1972	8 511
Mangla	巴基斯坦	1967	7 252
Tarbela	巴基斯坦	1976	13 690
Thac Ba	越南	1971	3 600
Hoa Binh	越南	1991	9 450
Tri An	越南	1985	1 056

摘自：韩国数据根据韩国国土开发研究院《国土 50 年》第 8 章，其他国家数据参考 United Nations，*Guidebook to Water Resources，Use and Managemen in Asia and the Pacific* 总蓄水量是抽出水量超过 10 亿 t 的，总蓄水量的单位是 10^2 万 t。

从河流往上抽水，会打乱河流的水循环系统，影响到河流的生态系统以及周围广大地区的气候环境。在亚洲中部的阿拉海（又名咸海），因为流入河流的水中途被抽出用于灌溉所栽培的棉花，水面已经比从前减少了一半，水量缩小到原来的 1/4。结果导致湖中的盐浓度上升，水生生物几乎全部死亡。而且，以前的湖底现在变成了广阔的沙漠，含盐沙粒被风刮起，严重影响附近居民的健康。而且，含沙尘的风也会将栽培棉花使用的农药扩散到各处。以前的渔港不得不远离海岸 100km 以上。由于盐浓度增高导致生态系统恶化，对以渔业为生的当地经济造成了毁灭性的打击。

在日本，城市生活部门和工业部门的需水量占总量的 36%，在亚洲其他国家，随着城市化和工业化进程，生活用水和工业用水需求量正在增加。同农业用水相比，生活用水和工业用水对水质的要求较高，现阶段都在利用地下水。过度抽取地下水会导致地层下陷，但在亚洲各国尚未收集有关地层下陷的数据。此外，在日本由于不合理的固体废物处理引起地下水污染的范围也在不断扩大。

接下来介绍下水质方面的问题。现阶段在亚洲地区，农业部门用水占了大部分。农业用水导致水变污浊，过多地投入肥料导致湖泊富营养化和地下水的硝酸盐污染，农药污染、大规模的禽畜排出的粪便尿液等也引起水质污浊等。

以上列举的农业用水对水环境造成的负荷，在大规模进行集约式农业与畜牧业的情况下变得更加严重。特别是在东南亚各国，大规模的资本主义式的"种植园"农业开发，导致这些地区发生富营养化、硝酸盐污染、农药污染等问题的可能性很大，但是至今尚未整理出数据资料。

此外，亚洲工业化和城市化正在快速推进，而废物、污水等处理水平没有跟上工业化发展的脚步，导致许多有害物质、有害废水流入自然环境，由此导致的水污染问题也在日趋严重。

日本在产业革命初期就发生过工矿业活动引起的水污染问题，特别是在 20 世纪 60 年代后半期，公害诉讼案发生，成为很大的社会问题。现在，日本以外的亚洲各国，都达到了或超过了 20 世纪 60

年代的工业化水平，所以各国应该重视有害废物、废水等可能导致水污染的问题，但也还没有这方面的数据资料。

在韩国，经过围海填海工程建成的工业城市（安山石、始兴市）水源地的始华湖，城市废水在未经处理情况下就直接排入始华湖，水污染造成的结果是，不得不被迫停止淡水化。此外，韩国关于水源地的开发作过严格规定（《土地利用规定》），但是水源地和水消费地区之间有关水源地的纷争越来越激烈。为了调停地区间的纷争，政府在政策方面做了一些努力，于 1999 年制定了汉江水域水源水质改善与支援居民等相关法律。

（吉田　央）

[19]核扩散与核武器

1998 年末，在东南亚、东北亚运行的核电站共计 86 座，占世界核电站（422 座）的 1/5。而且，东北亚各国（地区）还正在积极实施推进核电站政策，在 21 世纪，即使不包括俄罗斯远东地区的核电站，东北亚也将成为世界上核电站最密集的地区（参见表 1）。作为核电站扩散的背景，其共同点是伴随人口增长、经济增长对电力需求的急速增加。大致可分为如下几点：（1）日本、韩国和中国台湾等国家，地下资源缺乏，为了确保能源安全和作为全球变暖对策而建设；（2）朝鲜，通过西方国家援助提供轻水堆，替代核开发相关的石墨减速型反应堆的运行和建设；（3）中国和印度，地下资源丰富，但相关设施不完善、缺乏资金，而且中国和巴基斯坦，为了要延长本国石油资源的使用寿命。

表 1　东南亚/东北亚的核电站（1998 年末）

	日本	韩国	中国	中国台湾	印度	巴基斯坦	朝鲜	印度尼西亚
运行中	52 组	14 组	3 组	6 组	10 组	1 组	—	—
在建设	2 组	6 组	7 组	1 组	4 组	1 组	2 组	—
2010 年	70 组	35 组	25 组	8 组	n.a.	n.a.	2 组	2~3 组

注：2010 年的数据是运行中和计划建设的核电站数量。中国的机组数为 100 万 kW/机组的数量。另外，印度尼西亚的机组数为 90 万 kW*2 组或 60 万 kW*3 组。

日本，由于快中子增殖反应堆"文殊（Monju）"堆发生液态钠冷却剂泄漏事故（1995 年 12 月）和东海村后处理设施的火灾爆炸事故（1997 年 3 月）等原因，造成核开发难以推进。另一方面，由于快中子增殖反应堆事故和新型转换反应堆（ATR）实验反应堆停止建设，钚得到剩余，因而从 1999 年起，东京电力公司和关西电力公司真正开始在一般轻水堆使用"MOX 燃料"。另外，日本依然在积极推进法国已宣布废止的高温增殖反应堆的开发。此外，日本的核产业，主要是通过同欧美企业的财团合作，致力于向第三世界国家出口核电站设备。

韩国，由于 1997 年末爆发的金融危机，计划和建设中的核电站被迫延期，但考虑到要向订货企业支付巨额的违约金等，最后还是按计划推进。这样，按照 1995 年 12 月制定的《长期电力规划》，到 2010 年之前，韩国要运行或建设 27 座核电站（古里 1 号机组：2009 年计划关闭），但由于当地居民的反对，难以确保新核电站的用地，不得不压缩到 25 座。另一方面，韩国的核产业也以中国为市场，提供部件出口和运行技术。

中国，在推进自主开发的小型核电站（30 万 kW）同时，也从外国进口大型核电站（100 万 kW）。对于财政上不富余的中国来说，通过核电发达国家提供的贷款、技术转让、长期低利息资金的融资斡旋等，是确保电力的最好解决策略。另一方面，对于核电发达国家而言，本国扩大核电站难以推进，核产业的过剩产能与设备需要出口，而今后计划迅速扩大电力的中国，也许是出口高达几十万亿日元的绝好市场。现在，在中国运行和建设中的外国核电站有法国、加拿大、俄罗斯的产品，而且德国、英国、日本等也在积极努力开拓中国市场。另外，在 1998 年 3 月解除了《中美和平利用核能合作协定》（1985 年签订）的长期冻结，美国企业今后也会积极开拓中国市场。

中国台湾，经过"行政院"同"立法院"之间对立等迂回曲折，除了已定建设的龙门 1 号、2 号机组外，再没有其他的建设计划。另外，马来西亚、越南、印度尼西亚、泰国等，也制定了建设和引进核电站计划，但由于通货危机，估计要延期。另一方面，KEDO（朝鲜半岛能源开发机构）援助的朝鲜核电站建设，因日朝关系的恶化，围绕建设费（46 亿美元）发生了争议，在 1998 年 11 月决定，韩国承担 32.2 亿美元，日本承担 10 亿美元，剩下的 10% 由美国承担，目前正在建设中，计划 2003 年完成竣工。建设费用为"无息"贷款，偿还期限为从开始运行计算 20 年，其中包括被搁浅的 3 年。在朝鲜建设的 2 座韩国标准型轻水炉，其原型是 1998 年 3 月开始商业运行的韩国蔚珍 3 号机组。

另外，很早就致力于核开发、并于 1956 年在亚洲最早成功达到研究用原子堆临界的印度，1969 年通过运行美国通用电力公司（GE）的核电站而进入了商业核发电时代。1974 年因印度进行地下核试验的缘故，美国和加拿大等停止了对其的援助，而由于核相关装置的进口受到禁止，开始模仿加拿大核反应堆（CANDU）进行自主开发，在此过程中发生过多次重大事故。然而，尽管美国强烈反对印度 1998 年 5 月新的核试验，但在 1998 年 6 月，俄罗斯还是决定售给印度 2 台反应堆。而且，印度已制定了 10 台机组的建设计划，在 1990 年自主开发和运行了快中子增殖试验反应堆。另一方面，邻国的巴基斯坦，正在运行 13.7 万 kW 的小型核电站，同时正在建设中国制造的小型核电站（30 万 kW）。

由于亚洲地区核发电扩散如此迅速，一旦亚洲发生像切尔诺贝利核电站那样的大型事故，整个亚洲都将受放射性污染。然而，涉及跨国间的核事故的赔偿责任，因为还没有出台国际法规，因果关系的取证也很困难，而且还有政治方面的因素等，确定起来将是比较困难的。

另一方面，尽管前苏联不是缔约国，但是欧洲的核损害赔偿责任公约——《巴黎公约》和全球规模的国际核赔偿责任公约——《维也纳公约》等都已经生效（参见表 2），其中，关于越境污染的核伤害赔偿，已经预先设定了赔偿责任主体、赔偿金额、赔偿责任规则、管辖权等。但是，东亚地区的各国（地区），都没有加入上述公约，而且，由于经济实力和体制等各方面显著差异，如果发生核事故，可以想象其赔偿处理将极为困难。因此，应该积极采取加入已经制定的公约或制定东亚地区的公约或缔结双边协定等。

1998 年 5 月之后相继出现的印度和巴基斯坦的核试验，同朝鲜核开发的疑惑一起，引起了全球范围对于核扩散的担忧。但是，核发电和核武器一律地加以限制，也不能说就一定正确。其原因在于，相比于商用核反应堆，核武器中使用的铀或钚，在多数情况下更多地使用的是研究用原子炉中生成的钚。朝鲜的石墨型反应堆，核燃料只经过短期燃烧变成"乏燃料"，通过对乏燃料的"后处理"，可以获得核武器所需的钚，而日本、韩国等使用的轻水型反应堆（属于长期燃烧）则难以获取核武器所需的钚。在轻水反应堆，除钚 ^{238}Pu 以外，还生成其同位素 ^{239}Pu、^{240}Pu、^{241}Pu 和 ^{242}Pu。在朝鲜，钚同位素的比例为 ^{239}Pu（96%）、^{240}Pu（3%）、^{241}Pu（1%），而在日本，^{239}Pu 的比例仅占 23%，但 ^{240}Pu 的比例超过 18%，不适用于制造核武器。这就是用轻水反应堆替代石墨反应堆的主要原因。可以说，核电站的反应堆类型同核武器有密切关系。在亚洲，为了阻止核开发，有必要向国际社会公开本国的核政策，现在的核拥有国有必要发布《废止（核武）宣言》措施等。

表2 地区/国际核伤害赔偿责任公约（条约）（1994 年 4 月）

公约	巴黎公约	布鲁塞尔补充公约	维也纳公约	维也纳公约修订议定书	补充性补偿公约
生效时间	1968 年 4 月	1974 年 12 月	1977 年 11 月	未生效	未生效
缔约国	加入 OECD. NEA 的国家	加入巴黎公约的部分国家	加入 IAEA 的部分国家	无资格限制	无资格限制

注：由于纸张页面的限制，各公约（条约）名称使用了简称。除这些公约（条约）外，还有同巴黎公约和维也纳公约有关的联合协议（1988 年生效）等。

（张贞旭）

[20] 东亚防止全球变暖政策——"联合实施行动"的现状

　　《京都议定书》规定，附件 B 中的国家（发达国家和前东欧各国）承担削减温室气体排放的义务，这向构筑国际防止气候变化框架前进了一步。但是，包括经济快速发展的中国和东盟国家在内的东亚各国的排放量正在急速增加。从排放比例分析，日本源于燃料燃烧排放的二氧化碳很多，但中国、印度尼西亚、菲律宾源于农业的甲烷、一氧化氮的排放量很高（参见表 1）。在东亚拥有中国、印度尼西亚等人口大国，而且经济快速发展的国家也很多，所以可以预测，今后东亚地区的温室气体排放量将大量增加。

　　韩国从第三阶段（2018—2022 年）开始，将成为附件 B 中的国家，作为防止全球变暖对策，将实行禁止未达到能效标准的产品的生产与销售，只是从 1999 年开始针对部分产品实行。同旨在最高技术水平的日本《领跑者计划》不一样，韩国只要求空调和冰箱等 8 种产品必须满足最低限度的节能标准。

　　除了日本和韩国外，亚洲其他国家都是发展中国家，尚未建立防止全球变暖对策，需要尽快寻求节能技术转让或资金援助。《京都议定书》规定的"清洁发展机制（CDM）"，是促使发达国家向发展中国家进行技术转让与资金援助的体系。作为其先行事例，"共同执行活动（AIJ）"自 1995 年起在试点阶段进行了试验性实施，通过灵活应用其经验，有望构筑 CDM 等机制制度。

　　截至 1999 年 7 月，有 122 件 AIJ 报告书提交给联合国秘书局。在其项目明细中，关于节能和可再生能源的提案最多，占全体的 80%（参见表 2）。森林领域和气体回收方面的提案数量不多，但对温室气体的削减效果却极大。另外，项目的实施地区中，前东欧地区占 79 件，占绝对多数，在美国仅 5 件，地区偏差十分明显。

　　在日本的 18 件 AIJ 项目中，有 17 件是在东亚实施。从项目类型分析，节能 8 件，植树 5 件，热回收 3 件，可再生能源 1 件（参见表 3）。

这样，项目正在不断积累，但 AIJ 在机制制度构筑方面能否提供充分的经验，还留有疑点。在报告书中，仅说明了 AIJ 的正面效果，而对其问题点几乎都不明确。如果通过第三者机构进行的事业评价，不能接受客观的评价，则作为机制的经验就不充分。下面针对 AIJ 的问题进行归纳说明。

首先，美国主要是在中南美、德国和荷兰主要是在东欧，日本主要是在东亚，投资国和建设国之间存在地域偏差，难以制定世界统一标准。而且，从项目多样性来考虑，典型案例数量太少。

其次，是项目本身的内容，包括的项目很多计划实施项目同 AIJ 没有关系，即暂定为 AIJ 的模拟项目而实施。此外，还包括防止采伐的土地购买等，很多项目的适宜性受到质疑。

最后，是对于项目实施效果的计算方法的疑问。在报告书中，有时给出了对于二氧化碳削减效果或项目的实施成本计算，但对于依据的数据说明不够充分。为了研究项目的底线和进行追加研讨，应该公开项目的详细信息。

（上园昌武）

单位：10^3 t

表 1　东亚各国的温室气体排放量

项目		中国	日本	印度尼西亚	韩国	马来西亚	菲律宾	泰国	越南
二氧化碳（1995年）	总排放量	3 192 484	1 126 753	296 132	373 592	106 604	61 159	175 040	31 708
	固体燃料燃烧	2 489 036	33 731	36 893	115 332	6 555	5 980	37 937	11 325
	液体燃料燃烧	447 004	630 868	191 213	211 816	58 855	50 296	106 600	13 689
	气体燃料燃烧	34 394	119 076	50 527	18 972	30 455	0	17 298	11
	煤气燃烧	0	0	7 780	0	5.422	0	0	
	水泥生产	222 049	45 084	9 717	27 472	5 315	4 883	13 205	2 948
	世界排位	2	4	16	11	31	44	25	60
甲烷（1990年）	总排放量	33 830	1 316	3 746			1 290		3 737
	化石燃料开采	5 560	94	527			8		
	燃料燃烧	50	26	316			220		
	农业/家畜	8 940	520	864			315		
	农业/其他	18 400	276	2 039			559		
	固体废物	790	400	—			138		
一氧化氮（1990 年）		1 100	54	2 769			8		
3 种气体总排放量（换算成 CO_2）		4 243 714	1 171 129	1 223 188			90 729		
排放比例	CO_2	75.2%	96.2%	24.0%			67.4%		

	中国	日本	印度尼西亚	韩国	马来西亚	菲律宾	泰国	越南
甲烷	16.7%	2.4%	6.4%			29.9%		
一氧化氮	8.1%	1.4%	69.6%			2.7%		

注：（1）3 种气体排放量，通过各气体排放量乘以全球变暖系数（IPCC1995 年报告书）计算合计。全球变暖系数，以二氧化碳为 1 时，甲烷为 21，一氧化氮为 310。

（2）日本的甲烷和一氧化氮的数据为 1993 年。

摘自：世界资源研究所，《世界资源与环境 1998—1999》，中央法规，1998 年，344-6 页。

表 2　AIJ 项目明细（1999 年 7 月）

项目类型	件数	温室气体削减等效果（换算 CO_2 万 t）	每个项目的效果（换算 CO_2 万 t）
植树	1（2）	29	29
农业	2	307	153
提高能源效率	40（49）	767	19
森林保护/再植树/森林再生	12	14089	1174
燃料转换	4（7）	375	94
气体回收	3（4）	3133	1044
可再生能源	46	3012	65
合计	108（122）	12713	201

注：所有项目数量为 122 件，包括温室气体削减效果信息在内的只有 108 件。（）内的数字为包括没有效果的项目在内的件数。这些看不出效果。

摘自：United Nations（1999），"FCCC/SB/1999/5/Add.1"，p.8.（http://www.unfccc.de/resource/sb99.html）

表 3　日本的 AIJ 事例

国家	分类	项目	累计削减 CO_2 效果（CO_2t）	监控期间	日本的参加主体
泰国	节能	提高现有火电厂的热利用效率	67.2	1998.4—2000.12	关西电力，中部电力，电源开发
	热回收	钢铁/钢材加热炉废热回收示范项目			新能源产业技术综合开发机构
	热回收	造纸厂残渣燃料废热回收示范项目			新能源产业技术综合开发机构
	节能	缓减曼谷特定路口阻塞项目			日本汽车工业会
	再生能源	地方发电项目（太阳能发电、设置小型水力发电等）	14 676	1999—2000	东京电力，关西电力
	节能	有效利用造纸污泥等设备示范项目			新能源产业技术综合开发机构
	节能	水泥熟料冷却装置的验证研究项目			新能源产业技术综合开发机构
印度尼西亚	植树	西努沙登加拉省的植树项目		1998—2000	国际绿化推进中心
	植树	巴厘岛火山性荒地的实验造林项目	8 040	20 年	日清绿财团
	植树	东加里曼丹省的实验林造林项目	245 200	1996—2000	住友林业

国家	分类	项目	累计削减 CO_2 效果（CO_2t）	监控期间	日本的参加主体
印度尼西亚	节能	钢铁/焦化干式灭火设备示范项目	87 434	建设结束后 1 年	新能源产业技术综合开发机构
	节能	钢铁/高碳铬铁合金铁电路节能示范项目			新能源产业技术综合开发机构
中国	节能	大连市小型煤炭锅炉燃烧改造项目	3 293	约 2 年	北九州市
	植树	内蒙古自冶区萨拉哈沙漠周边植树项目	617 100		地域绿化中心
	热回收	垃圾焚烧炉废热有效利用示范项目			新能源产业技术综合开发机构
越南	节能	水泥烧结厂耗电节能示范项目			新能源产业技术综合开发机构
马来西亚	植树	沙巴州植树项目		1993—1997	国际绿化推进中心
肯尼亚	植树	乡土树种的造林项目	1 400	20 年	日清绿财团

摘自：地球产业文化研究所（1999），《世界共同执行活动计划一览》（http：//www.gispri.or.jp）「认定的项目（共同执行活动日本计划）」，根据环境厅（1999）在"气候变化框架公约的试点阶段，我国对共同执行活动的基本框架（共同执行活动日本计划）"认定的项目作成的（http：//www.eic.or.jp）。

[21] 推进完善环境相关法律—— 确保实效性的课题

在亚洲国家，自 1992 年地球峰会前后，在①国内公害与环境问题在激化；②全球环境问题意识在提高；③对环境风险管理的重要性的认识在提高等背景下，环境法的改革和判例法形成方面出现了重大进展。

首先，在宪法中明确记载环境权的国家（如菲律宾、韩国）在不断增加，最近在泰国的《新宪法》（1997 年）中也对此作了明文规定。而且，印度在《宪法》里规定了国家和国民的环境保护义务。此外，孟加拉国、巴基斯坦等国，也通过判例把环境权认作生存权的附带权利。

其次，在许多国家都制定了环境相关的基本法律。最近，马尔代夫（1993 年）、孟加拉国（1995 年）、尼泊尔（1997 年）等都通过了《环境保护法》，巴基斯坦也于 1997 年制定了《环境保护令》。此外，印度尼西亚于 1997 年制定了新的《环境管理法》，新加坡把各领域现有的单项公害法整合成《环境污染防治法》。此外，尽管中国台湾制定了《环境保护法案》，但至今尚未通过（老挝也在制定当中）。

从环境行政组织来看，一般都设置了部级的国家机关，日本的环境厅升格成环境省。关于国家和地方的关系，在日本和中国等国家，已经开始承认条例的规定限制；越南在河内市和胡志明市制定了《公害防止条例》。此外，例如在上海市，在国内率先引进了排污权交易制度。

关于环境保护的手法，一般是制定排放标准，强令遵守，采取开发行为许可证制度。另外，在韩国和越南，还制定了《环境犯罪处罚法》。

进而，最近如何有效地整合规划手法、经济手法、启蒙教育手法等成了重要的政策课题。例如中国在水质保护领域，积极应用经济手法，引进了"排污收费制度"，该制度不管是否达到排放标准，都根据排放的污染物浓度来征收水质污染费。此外，中国台湾实施了塑料瓶的押金制度。

住民、NGO 参与的重要性也在受到政策制定者的重视，率先泰国在宪法中规定，实施对环境有重大影响的规划等时，要求环境NGO、高等环境教育机构的代表等组成独立机构对其进行审议（第56 条规定）。

此外，在企业间，人们对于自主行动（如"ISO14000 认证"）的关注也高涨起来，《生态标志制度》也正在渗透（韩国、中国台湾、印度等）。此外，泰国引进了《公害防止管理者制度》。而且，在印度尼西亚实施了对环境友好型企业进行表彰，无需成本开销，其效果受到关注。

从个别课题来看，首先关于环境影响评价，东亚、东南亚的国家比日本更早进行了法制化，南亚国家很多制定了指南。

其次，关于严重的固体废物问题，推进了以危险废物为中心的法制建设（中国台湾、印度尼西亚等）。此外，基于构筑资源循环型社会，从根本上解决危险废物方面是不可缺少，基于此认识，致力于制定再循环相关法律的国家也在增加，韩国制定了《促进资源节约与再利用法》。

而且，最近人们对环境风险管理和危险废物的关心也在高涨。韩国最早引进"PRTR 制度"，在日本也制定了《PRTR 法》和《二噁英防治对策法》。此外，关于过去的污染对策，如中国台湾通过了《土壤与地下水污染净化法》。

在自然保护领域，一些法规的制定受到关注，如韩国的《湿地保护法》、印度尼西亚的《生态系统保护法》、菲律宾的《生物遗传资源令》。

关于公害与环境纠纷的处理，亚南判例的动向意义深远。特别是印度最高法院规定：①放宽环境诉讼的原告资格，只要是优先考虑环境主体的都可以提起诉讼，实质上扩宽了市民诉讼的道路；②在损害赔偿诉讼方面，产生高度危险物质和固体废物的一方承担绝对责任；③对于行政，充实环境教育是一种义务。

此外，最近人们对于庭外纠纷处理的期待也高涨起来，在韩国和中国台湾，引进了类似日本《公害纠纷处理法》的制度。此外，在印度尼西亚的《环境管理法》中，也设置了关于调停的规定（第30条之后）。

尽管在环境法的制定反面有很大的进步，但是在法律实效性方面仍然存在很多问题，这依然是亚洲各国的共同问题。分析其原因如下：①制定了新法，但没有制定其实行令，或者实行令的制定大大滞后；②法律的要件不明确；③在以前的法律和新法之间存在矛盾；④行政负责人的意识不够等。

这一点在印度，通过工厂停业判决，法院在确保法律实效性上发挥了重大作用。而且，在一定的情况下，最高法院设置委员会，调查判决的执行情况，同时对不履行义务的行为发出新的命令，进行判决的后续执行。

（作本直行，大久保规子，茂木智美）

表 1 环境法的制定情况

	1 中国	2 印度	3 印度尼西亚	4 日本	5 韩国	6 马来西亚	7 菲律宾	8 泰国	9 中国台湾	10 越南
A 行政主管部门	国家环境保护总局	环境农林部	环境部 环境影响评价厅	环境省	环境部	科学技术环境部	自然资源环境省·环境管理局	科学技术环境部 国家环境委员会	环境保护署	科学技术环境部
B 环境基本法	环境保护法	环境保护法	环境管理法	环境基本法	环境政策基本法	环境质量法	环境基本政策环境法典	国家环境保护法	环境保护基本法	环境保护法
C 环境影响评价法	建设项目环境影响评价管理办法	环境影响评价告示	环境影响评价总统令	环境影响评价法	环境影响评价法	环境影响评价规划	环境影响评价令	环境影响评价告示	环境影响评价法	
D 水质相关法	水质污染防治法	水质污染防治法	水质污染防治规则	水质污染防治法	水质保护法 下水系统法	工业废水规则	水资源保护法	工厂法 地下水法	水污染防治法 饮用水管理法 土壤·地下水污染净化法	
E 大气相关法	大气污染防治法	大气污染防止法		大气污染防止法	大气保护法 地下空间大气质量防治法	大气污染规则	大气污染防止法	工厂法	空气污染防治法	
F 噪声振动相关法	环境噪声污染防治法	噪声防止规则 振动标准令	噪声标准令 振动标准令	噪声限制法 振动限制法	噪声振动质量防治制法	汽车噪声管制规则			噪声管制法	

	1 中国	2 印度	3 印度尼西亚	4 日本	5 韩国	6 马来西亚	7 菲律宾	8 泰国	9 中国台湾	10 越南
G 再循环固体废物相关法	固体废物管理法	有害废物管理规则 医疗废物规则 回收塑料制造使用规则	有毒有害废物规则	循环型社会基本法 废弃物处理法 促进资源有效利用法 容器包装回收法 家电回收法 建设垃圾回收法 食品包装回收法 绿色采购法	固体废物管理法 省资源再利用促进法 固体废物处理设施地区团体促进法	工业固体废物规则	有害有毒核废物法		固体废物处理法	
H 化学物质规定		有害化学物质生产等规定		PRTR法 化学物质审查法 二噁英防治法	有害化学物质限制法			有害物质法	有害化学物质限制法	
I 自然与资源保护法	野生动物保护法 草原法 森林法	野生生物保护法 森林保护法	自然资源保护与生态系统保护法 森林火灾防治规则	自然公园法 自然环境保护法 物种保存法 鸟兽保护法	自然环境保护法 湿地保护法	国家公园法 国有林法 野生生物保护法	森林保护区法 生物多样性遗传资源令 矿物资源法	野生生物保护法 森林法 渔业法 矿业法		森林保护法 开发法 矿物法 石油法
J 公害纠纷处理法等		公害赔偿责任法		公害纠纷处理法	环境污染侵害纠纷调整法				公害纠纷处理法	
K 环境刑法等	排污费征收临时办法			公害罪法	环境犯罪处罚特别措施法					违反环境行政处罚令

[22] 环境非政府组织

亚洲国家几乎都是发展中国家，而东亚和东南亚国家（地区）的经济发展较为显著。

这种状况的反映是，发生了各种各样的环境问题，环境非政府组织（NGO）的扩大也很明显。一般认为，亚洲是环境 NGO 较多的地区，很多事例表明，东南亚的 NGO 积极参与了政府的决策。

几乎所有的亚洲环境 NGO 都是 1980 年以后成立的，在 1992 年联合国环境与发展会议之后，积极开展各类活动。

遗憾的是，还没有关于亚洲环境 NGO 及其活动相关情况的整理资料。表 1 是菲律宾、越南、泰国、印度尼西亚、中国等国的主要环境 NGO 一览表。

表 2 是加入解决气候变化问题的国际 NGO 网——气候行动网络（Climate Action Network，CAN）的亚洲主要国家环境 NGO 一览表。CAN 成立于 1989 年，运营主体为代表西欧、中东欧、美国、拉丁美洲、非洲、东南亚、南亚 7 个地区的协调员。环境 NGO 通过这个国际网，取得全球共识，在《气候变化框架公约》谈判会议上发挥了巨大影响力。现在，在 CAN 中，包括 75 个国家的团体和"绿色和平组织"等 4 个国际团体，共有 270 个环境 NGO。亚洲地区的 NGO 数量仅次于西欧和美洲地区，位居世界第三。在南亚和东南亚这 2 个地区也有协调员（参见图 1）。菲律宾和印度尼西亚，同欧美一样，NGO 的代表都参加政府代表团，积极参与决策。此外，印度的"环境科学中心（CSE）拥有 75 名成员，向印度政府积极提出政策建议。在公约会议上，发展中国家的主张对谈判有着重大影响。

另一方面，在经济发展显著、二氧化碳等温室气体排放量大幅增加的东亚地区，还没有类似 CAN 的地区性国际组织，只有"WWF 日本"、"绿色和平日本"、"CASA"（思考全球环境和大气污染的全国市民会议）等少数的日本 NGO 和中国台湾的"CAN 台湾"参加了 CAN。但是，以《气候变化框架公约》第 3 次缔约国会议为契机，日本的 NGO 十分活跃，设立了 NGO 的网络组织——"气候论坛"等。现在，包括"气候论坛"的后继组织——"气候网"在内，共有 9 个团体参加了 CAN。

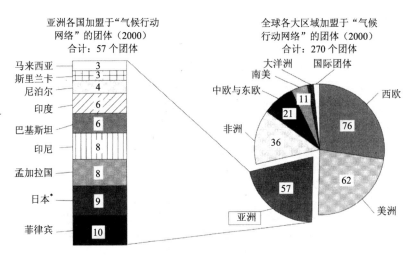

图 1 按各大地区和亚洲各国分类的加盟于"气候行动网络"（CAN）的团体图

注：*加盟团体数量采用 1999 年 5 月的数据。

摘自：Climate Action Network International NGO Directory 1999. http://www.climatework.org.candir/candir.htm/.

1995 年，东亚地区环境 NGO 网络——东亚大气行动网（Atmosphere Action Network East Asia/AANEA）建立，旨在解决本地区大气污染、酸雨等越境污染、全球规模的环境——气候变化问题等（参见表 3）。加入 AANEA 有韩国、中国、中国香港、中国台湾、俄罗斯、蒙古、日本等 7 国（地区）的 18 个环境 NGO 团体，每年举办全会等活动，进行信息交换和经验交流。但在东亚地区，由于市民对于环境问题的认识度还较低，还存在社会体制方面的问题，因此同其他国家（地区）相比，NGO 的力量还较弱。当前是以较活跃的日、韩环境 NGO 为中心在运营。同时，有必要力求提高活动的质和量。

在 1998 年 8 月，韩国建立了气候变化与能源网（Korea Climate and Energy Network/KCEN）。目的是对可再生能源和防止全球变暖对策等进行共同研究，向韩国政府提出具体的政策提议。现有 12 个团体参加，今后的活动值得关注（参见表 4）。

北方国家（地区）的和南方国家（地区）的 NGO 之间，包括活动资金的差距、语言问题在内，存在着各种应予解决的课题。亚洲的经济增长和人口增长都很显著，环境问题不仅是地区性的，它对全球环境问题也有巨大影响。其中，亚洲环境 NGO 应当发挥的作用极为重要。日本的环境 NGO，一面要加强自身能力建设，一面要发挥连接北方 NGO 和南方 NGO 的作用。

（川阪京子）

表 1 菲律宾、越南、泰国、印度尼西亚、中国的主要环境 NGO 一览（顺序不分先后）

菲律宾 27个团体	越南 12个团体	泰国 20个团体	印度尼西亚 25个团体	中国 15个团体
提倡循环利用组织（CICADA）	环境教育中心（CEE）自然资源与环境问题研究中心（CRES）	The Seub Nakhasathien Foundation（SNF 财团）	Dana Mitra Lingkungan（DML）	中国环境科学学会（CSES）
地球站（EARTH STATION）作家和艺术家联盟	环境保护研修中心（CTC）	地域开发研究所（LDI）	印度尼西亚自然环境保护法律中心（ICEL）	中华环境保护基金会（CEPF）
环境普及网络（EON）	达能环境保护中心（EPC）	绿色地球财团（GWF）	印度尼西亚生物多样性财团	中国环保产业协会
关怀创造基金组织（FCCI）	达能环境与发展中心（EDC）	泰国环境社区开发协会（TECDA）	印度尼西亚环境论坛（WALHI）	中国林学会
教育进化与发展财团（FEED）	第三世界环境开发行动（ENDA）	泰国亚洲象财团（AEF）	世界自然保护基金（WWF）印度尼西亚项目	中国环保机械工业协会
菲律宾环境财团（FPE）	Thu Duc 农林大学环境经济财团（EEG）	Hag Muang Nan 集团（HMN）	农村和沿岸社会研究所（LP3M）	陕西省环境保护产业协会
格里·罗哈斯财团（GRF）	环境资源研究所（IER）	Yadfon 协会	Mitra Tani	北京地球村环境文化中心
菲律宾绿色论坛（GFP）	荷兰开发组织（SNV）	泰国野生生物救济财团（WAR）	Gita Pertiwi（生态学研究项目）	中国人类生态学会
自然资源保护的食装雕财团（Haribon）	农业大学高地开发研究团队（UDSG）	丘陵地区开发财团（HADF）	Hualopu 财团	中国野生动物保护协会
菲律宾自然基金（KKP）	越南土地利用工作	泰国野生生物基金（WFT）	Yayasan Dian Bhuana Lestari（Dinari）	中国资源综合利用协会
菲律宾环境商务（PBC）		泰国鸟保护协会（BCST）	食肉动物文化遗产财团	北京环境保护基金会
菲律宾关注环境联盟（PFEC）		Hornbill 研究财团	BAILEO-Maluku	北京市平谷县环境保护协会
菲律宾农村再建运动（PRRM）			农村地区人力资源开发印度尼西亚人权秘书处（INDOHRRA）	

- 圣奥·古斯丁组（LWG）
- SAMBALI 基金　·世界视野国际·越南
- 菲律宾支援原注民法律中心（PANLIPI）
- VISCA 环境意识运动（VEAM）
- 支援城市农村区域的西莱特财团（WELFARE）
- 内格罗斯开发广域创意（BIND）
- 吉温开发财团（GDFI）
- 卡拉汉教育财团
- 林口陶卡里卡散（LTK）
- 环境社会教育和意识运动（PEACE）
- 融合的特别保护区 NGO（NIPA）
- 参加独立独行的社区研究、组织与教育（PROCESS）
- 菲律宾老鹰财团（PEF）
- 汤标开发中心

- （HRF）
- 自然保护俱乐部（NCC）
- 恢复生态系统财团（FER）
- 东部森林研究保护组织（EFCSC）
- 可持续社区开发财团（为了提高生活水平）（SCD）
- 下沉地面组织（思考地球组织）
- 泰国环境研究所（TEI）
- 瞭望南方组织
- 保护森林的再生纸项目组织

- CARE 印度尼西亚分部
- Dian Desa
- 推进市民主体发展研究团队（KSPPM）
- KONPHALINDO
- 妇女信息交流中心
- 印度尼西亚热带研究所（LATIN）
- 农村技术开发研究所（LPTP）
- PELANGI
- 研究环境与人类资源所（PLASMA）
- 印度尼西亚生物科学财团（YABSHI）
- 印度尼西亚消费者协会（YLKI）
- 伊里安查亚振兴村落社会财团（YPMD）

- 中国文化书院绿色文化分院（自然之友/FON）
- 人口环境社会学研究会（中国社会学会人口环境社会学专业委员会）
- 北京大学绿色生命协会（校园团体）

摘自：平成 8 年度《海外民间环境保护团体实态等调查报告书》（菲律宾），平成 9 年 3 月，《环境事业团地球环境基金》；平成 9 年度《海外民间环境保护团体实态等调查报告书》（泰国/岞南），平成 10 年 3 月，《环境事业团地球环境基金》；平成 10 年度《环境事业团地球环境基金》；平成 11 年 3 月，《海外民间环境保护团体实态等调查报告书》（中国），平成 10 年度《环境事业团地球环境基金》。

表 2 亚洲主要国家参加"气候行动网络（CAN）"的环境 NGO 一览（顺序不分先后）

印度尼西亚 9个团体	菲律宾 9个团体	印度 6个团体	日本 8个团体*	马来西亚 3个团体
• 气候行动网东南亚分部（CANSEA）	• COCAP		• 地球日日本	
• GUGUS 分析研究所	• 绿色同盟（GC）	• 环境科学中心（CES）	• 绿色和平日本	
• 印度尼西亚热带研究所（LATIN）	• 绿色论坛·菲律宾（GFP）	• 科学与环境中心（CSE）	• 地球之友日本	
• PELANGI	• Haribon 基金		• 环境市民	• 马来西亚环境技术开发中心
• 农药行动网·印度尼西亚（PANI）	• 法律权利与自然资源中心（LRC/KSK）	• Deccan 开发协会（DDS）	• 思考地球环境与大气污染的全国市民会议（CASA）	• 马来西亚环境协会（MNS）
• 印度尼西亚环境论坛（WALHI）	• 人类地球地区服务（LTK）	• 发展选择（DA）	• 热带雨林行动网（JATAN）	• 环境保护协会马来西亚（EPSM）
• 印度尼西亚生物科学财团（YABSHI）	• 环境教育与意识提高运动（P.E.A.C.E.）	• 国际能源研究所（IEI）	• 世界自然保护基金日本委员会（WWFJ）	
• GENI 研究所（GENI）	• 菲律宾地方再建运动（PRRM）	• Tata 能源研究所（TERI）	• 原子力资料情报室（CNIC）	
• 印度尼西亚消费者协会（YLKI）	• 正义与和平·儿童（Soljuspax）			

注：*日本的加盟团体数量为 1995 年 5 月的数据。

摘自：Climate Action Network International NGO Directory 1998.

表 3　参加东亚大气行动网络（AANEA）的环境 NGO（顺序不分先后）

韩国 3个团体	中国 2个团体	中国香港 1个团体	中国台湾 2个团体	日本 6个团体	蒙古 2个团体	俄罗斯 2个团体
• 经济正义实践市民同盟（CCEJ）* • 韩国环境运动联合会（KFEM） • 韩国绿色联合会	• 北京大学环境科学中心* • 自然之友（FON）	• 长春社（CA）*	• 台湾环境保护联合会（TEPU）* • 气候行动网台湾（CAN Taiwan）	• 思考全球环境与大气污染的全国市民会议（CASA） • 市民论坛2001：全球变暖研究会* • 全国公害受害者联合会* • 酸雨调查会 • 热带雨林行动网络（JATAN） • 市民大气污染调查活动（CAPS）	• 蒙古自然环境保护联合会（MACNE）* • 蒙古思考环境与发展 NGO	• 俄罗斯地理协会* • 俄罗斯野生生物保护协会

注：*记号为运行委员会团体。
摘自：AANEA Directory 1998.

表 4 参加韩国能源与气候变化问题网（KCEN）的环境 NGO 一览（顺序不分先后）

Korea Climate and Energy Network（KCEN）
12 个团体
良好生态佛教协会
经济正义实践市民同盟（EECJ）环境开发中心
环境研究市民研究所（EIES）
环境与公害研究团体
韩国绿色联合会
万物保护韩国基督教环境运动共同体（KCEMS）
绿色家庭运动联合会
韩国学生生态团体联合会
韩国生态新闻（KEY）
韩国 YWCA
绿色交通网络
韩国环境运动联合会（KFEM）

摘自：KFEM 的资料。

[23] 环境条约在亚洲的情况

● **多边环境条约的加入情况**

亚洲国家几乎都加入了近年来缔结的主要多边环境条约（见表1）。20世纪70年代缔结的关于国际重要湿地，特别是水禽栖息地的《拉姆萨尔公约》和关于濒危野生动植物物种国际贸易的《华盛顿公约》（CITES），亚洲国家曾因加入较为滞后而受到批评，但到了90年代，加入公约的工作推进了很多。但是，最近加入《拉姆萨尔公约》的各国在登录的湿地数量和面积方面，以及对于保护国际重要湿地方面尚不充分。另外，中国台湾未被接受正式参加多边条约。但在主要条约的会议上，中国台湾作为观察员身份派代表参加的同时，为了维持国际威信，避免环境条约禁止同非缔约国之开展贸易的规定，也正在努力自发地遵守条约要求的环保义务。

● **多边环境条约的实施状况**

多边环境条约在各国国内实施确实在前进。中国、印度、印度尼西亚、越南、韩国、日本等国正在加快制定履行国际条约的国内相关法律。另一方面，尽管制定了国内法，但不少发展中国家缺乏履约必要的资金与人力，在国内实施还是充满困难。中国和印度是《巴塞尔公约》的缔约国，分别都制定了限制危险废物进口的国内法规，但事实上由于海关检查不够严格等原因，据报道说，向这些国家非法出口危险废物的活动还在持续。此外，中国基于《华盛顿公约》，制定了限制濒危动植物贸易的国内法规，但据说尤其是外国人的非法捕猎仍在进行。印度和中国，未能有效取缔这些非法贸易和捕猎行为，是由于负责监管的政府部门缺乏资金与人力而造成的。在条约实施方面，有组织建议，国际社会，尤其是发达国家，应该实施资金援助和技术转让，接受这些建议。1996年7月在亚洲开发银行和联合国环境署（UNEP）的合作下，国立新加坡大学设立了亚洲太平洋环境法中心，该中心主要为条约的国内法制化与监督以及强制履行等方面提供必要的技术援助和能力培养支援。此外，中国在世界银行、联合国开发署、联合国工业发展组织的支持与合作下，执行削减和消除臭氧层破坏物质的计划，"国际臭氧基金"向中国提供了资金（1995 年 9 228 万美元）。

亚洲同非洲一样，是世界上受荒漠化影响最大的地区之一。在亚洲大陆 43 亿 hm^2 土地中，17 亿 hm^2 为干旱地，其中的 22%正受到荒漠化的影响。中国国土的 23%遭到荒漠化的影响，每年新增荒漠化土地 5 000 km^2 以上。《联合国防治荒漠化公约》针对亚洲地区的特殊状况，在附件中特别添加了作为有效实施的指针与措施的《亚洲地区实施附件（附件Ⅱ）》。在基于《公约》和《附件》而召开的亚洲地区会议上，通过了《专题规划网（TPN）办法》，计划了 6 个TPN，即：①荒漠化监控与评定；②保护农林业与土壤；③管理放牧地与固定流动沙丘；④农业的水资源管理；⑤减缓干旱影响与加强荒漠化防治对策；⑥援助地区综合开发计划的实施。各个网络都由一个"任务管理"（task manager）的国家进行调整，网络的各个成员国在国家层面上实施计划，作为承担调整任务的中心联络点，承担确保网络根据国内现有制度与活动进一步整合的责任。

近年来，亚洲发展中国家为了各自的经济发展，大力推进产业发展计划和基础设施建设计划，其中很多都引发了环境破坏问题。印度的讷尔默达大坝等便是其代表事例。这些计划遭到批评，因为它们造成自然保护区的缩减，往往对当地生态系统考虑欠周到，违背了《生物多样性公约》的宗旨。

另外，亚洲的发展中国家，对于妨碍国家经济发展的新条约缔结或条约修订一般持消极态度。在《保护森林国际公约》谈判开始时，马来西亚首当其冲地遭到来自发达国家的强烈批评。在《联合国气候变化框架公约》和《京都议定书》的基础上，关于发展中国家承担削减温室气体义务方面同样也有争议。

● 亚洲的地区性环境条约

亚洲的地区性环境条约的发展状况，在亚洲内部各个亚地区之间（Sub-region）差异很大。在东南亚地区，以东南亚联盟（ASEAM）为轴心开展了极其活跃的地区性工作，相比之下，其他地区主要由于政治原因没有缔结地区条约，多数以两国之间双边条约方式在环境领域里开展国际合作。

在东盟，关于环境保护缔结了两个条约。一个是在 1985 年签署的《东南亚联盟自然保护协议》。该协议是在缔结《生物多样性公约》之前，为维持生态学过程和生命支持系统的、维持遗传基因多样性等基本原则而制定，要求缔约国为了确保本国管辖内的自然资源的可持续利用，采取必要措施。为此，规定各缔约国，东南亚联盟要制定各国的保护战略，制定依据生态学能力的土地使用计划，设置自然保护区，实行环境影响评价等。另一个是 1995 年的《东南亚非核地带条约》，该条约禁止在东南亚地区内向海洋和大气中排放或处理放射性物质或放射性废物，也禁止向其他国家赋予投弃或处理的许可。

东南亚联盟除了上述的法律法规外，还制定了行动计划等，以促进本地区的环境合作。在 1994 年的环境部长级会议上，通过了《战略性环境行动计划（1994—1998 年）》。随着东盟自由贸易区（AFTA）创设过程中所采取的措施，会导致投资增加，也有可能引起环境问题，在确认各国政府落实具体工作的同时，决定协调东盟各国间的环境标准并制定通用标准。而且，在强化废物越境移动的管理合作方面也达成了协议。1995 年，通过了《东南亚联盟有关控制越境污染的合作计划》，确认了针对大气污染、海上运输污染、危险废物污染等，在东盟各国之间为防止污染所需采取的合作措施。

除东盟外，湄公河流域各国，也为确保湄公河流域的持续稳定发展，缔结了相关合作协定（于 1995 年 4 月起生效），目前的缔约国是柬埔寨、老挝、泰国、越南。

● 亚洲的双边环境条约

一些尚未缔结地区性环境条约的国家，为了进行环保合作，都在积极缔结双边环境条约。特别是中国，在进入 20 世纪 90 年代后，相继与各国（日本、俄罗斯、蒙古、朝鲜、韩国、奥地利、乌克兰、挪威、丹麦、荷兰、法国、罗马尼亚等）缔结了双边环境条约，同韩国之间，依据《中韩环境联合协定》，设置了中韩环境共同联合委员会，决定在公海海洋环境保护事项实施方面共同开展研究工作。

韩国也同日本、中国、俄罗斯、加拿大等国缔结了环保合作的联合协定。韩俄之间，依据《韩俄基本关系条约》缔结的《韩俄环境联合协定》，既规定了促进环境保护和持续稳定发展领域里的信息、技术交流与合作事项，也规定了设置有关环境合作的共同委员会事项。

印度很早即与共同拥有河川的邻国就河川保护和利用缔结了相关协定。类似的相关条约有：《印度河水协定》（印度与巴基斯坦于 1960 年 9 月 19 日缔结），《恒河共有条约》（印度与孟加拉国于 1977 年 11 月 5 日，1996 年 12 月 12 日缔结），《雅鲁藏布江综合开发相关协定》（印度与尼泊尔于 1996 年 1 月 29 日缔结）等。

日本除了同美国、俄罗斯、澳大利亚、中国之间缔结有关候鸟保护协定外，还同韩国、中国等缔结了环保联合协定。

再有，在亚洲还有一些促进环保的试行文件，虽然不是依据有法律效力的条约制定的，但也取得了一定进展。首先，在为了促进亚太地区经济合作而设立的 APEC 的倡导下，召开了环境部级会议，讨论如何促进亚太地区环保合作。1997 年 6 月，在北京开设了 APEC 环境保护中心。其次，在 UNEP 的倡导下，作为地区海洋计划之一，以日本海和黄海为对象的《西北太平洋地区海洋计划（NOWPAP）》，针对西北太平洋的海洋环境保护，向相关国家（日本、中国、俄罗斯、韩国、朝鲜）确认了应该推行的工作。另外，虽然东北亚的地区条约尚未出台，但经常召开有关环境专家学术会议。1996 年召开了有关长距离越境大气污染的东北亚专家会议（韩国、中国、日本等国参加），为了交流相关信息与数据，推进研究合作工作，削减大气污染物质的长距离迁移，协调相关研究工作，设置了共同委员会。

（高村 YUKARI）

表 1 亚洲各国加入主要的多边环境条约情况

	《拉姆萨尔公约》1971/2/2 签署 1975/12/21 生效	《华盛顿公约》1973/3/3 签署 1975/7/1 生效	《保护臭氧层公约》1985/3/22 签署 1988/9/22 生效	《保护臭氧层定书》1987/9/16 签署 1989/1/1 生效	《巴塞尔公约》1989/3/22 签署 1992/5/5 生效	《联合国气候变化框架公约》1992/5/9 签署 1994/3/21 生效	《京都议定书》1997/12/11 签署 未生效	《生物多样性公约》1992/6/5 签署 1993/12/29 生效	《防治荒漠化公约》1994/6/17 署 1996/12/26 生效
日本	1980/10/17 生效 10 个地方（83530 hm²）	1980/8/6 承诺	1988/9/30 加入	1988/9/30 加入	1993/9/17 加入 1993/12/16 生效	1993/5/28 承认 1994/3/21 生效	1998/4/28 签署	1993/5/28 承诺	1998/9/11 加入
韩国	1997/7/28 生效 2 个地方（960 hm²）	1993/7/9 加入	1992/2/27 加入	1992/2/27 加入	1994/2/28 加入 1994/5/29 生效	1993/12/14 批准 1994/3/21 生效	1998/9/25 签署	1994/10/3 批准	1999/8/17 批准
中国	1992/7/31 生效 7 个地方（588380 hm²）	1981/1/8 加入	1989/9/11 加入	1991/6/14 加入	1991/12/17 批准 1992/5/5 生效	1993/1/5 批准 1994/3/21 生效	1998/5/29 签署	1993/1/5 批准	1997/2/18 批准
菲律宾	1994/11/8 生效 1 个地方（5800 hm²）	1981/8/18 批准	1991/7/17 加入	1991/7/17 批准	1993/10/21 批准 1994/1/19 生效	1994/8/2 批准 1994/10/31 生效	1998/4/15 签署	1993/10/8 批准	2000/2/10 批准
越南	1989/1/20 生效 1 个地方（12000 hm²）	1994/1/20 加入	1994/1/26 加入	1994/1/26 加入	1995/3/13 加入 1995/6/11 生效	1994/11/16 批准 1995/2/14 生效	1998/12/3 签署	1994/11/16 批准	1998/8/25 加入

	《拉姆萨尔公约》1971/2/2 签署 1975/12/21 生效	《华盛顿公约》1973/3/3 签署 1975/7/1 生效	《保护臭氧层公约》1985/3/22 签署 1988/9/22 生效	《保护臭氧层议定书》1987/9/16 签署 1989/1/1 生效	《巴塞尔公约》1989/3/22 签署 1992/5/5 生效	《联合国气候变化框架公约》1992/5/9 签署 1994/3/21 生效	《京都议定书》1997/12/11 签署 未生效	《生物多样性公约》1992/6/5 签署 1993/12/29 生效	《防治荒漠化公约》1994/6/17 签署 1996/12/26 生效
马来西亚	1995/3/10 生效 1 个地方 (38446 hm²)	1977/10/20 加入	1989/8/29 加入	1989/8/29 加入	1993/10/28 加入 1994/1/6 生效	1993/7/13 批准 1994/10/11 生效		1994/6/24 批准	1997/6/25 批准
印度尼西亚	1992/8/8 生效 2 个地方 (242700 hm²)	1978/12/28 加入	1992/6/26 批准	1992/6/26 批准	1993/9/20 加入 1993/12/19 生效	1994/8/23 批准 1994/11/21 生效	1998/7/13 签署	1994/8/23 批准	1998/8/31 批准
泰国	1998/9/13 生效 1 个地方 (494 hm²)	1983/1/21 批准	1989/7/7 加入	1989/7/7 批准	1997/11/24 批准 1998/2/22 生效	1994/12/28 批准 1995/3/28 生效	1999/2/2 签署	未批准 (1993/6/12 签署)	
印度	1982/2/1 生效 6 个地方 (192973 hm²)	1976/7/20 批准	1991/3/18 加入	1992/6/19 加入	1992/6/24 批准 1992/9/22 生效	1993/11/1 批准 1994/3/21 生效		1994/2/18 批准	1996/12/17 批准

注：加入情况是 2000 年 3 月 31 日前。"批准"、"加入"、"承诺"、"承认"等根据《条约法》的第 2 条约（b）都表明同意公约条款，在全国际法律上都具有同等法律效力。在《拉姆萨尔公约》那一列，是缔约国登记的湿地数量和面积。

注释及参考文献

(1), (2), (3), ……は注の番号を示す.
1., 2., 3., ……は参考文献の番号を示す.

序 文

(1) ここでは，韓国，台湾，香港，シンガポール，マレーシア，タイ，インドネシア，その他のASEAN（東南アジア諸国連合），そして中国を含めた諸国・地域が念頭に置かれている.

(2) ただし，台湾とシンガポールは，それほど大きな打撃を受けることなく，かろうじて「プラス成長」を維持した．なお，この間のアジアの各国・地域の基本的な動向については，アジア経済研究所『アジア動向年報2000』2000年6月，参照.

(3) 日本環境会議／「アジア環境白書」編集委員会編『アジア環境白書1997/98』第III部〔2〕の表2，参照.

(4) *The Economist*（英国），1998年1月18日号，参照.

(5) 以上の叙述については，寺西俊一「アジアの危機と日本の課題」『学士会会報』No. 820, 1998年7月号，および，同「アジアの経済成長と環境問題——日本は環境保全型経済への転換支援を——」『日本経済研究センター会報』No.827, 1999年7月号，参照.

(6) たとえば，日本の環境庁は，1992年から「アジア・太平洋環境会議」（Environment Congress for Asia and the Pacific：ECO ASIA）を毎年開催している．2000年9月初旬には，「リオ＋10の成功に向けた地域協力」および「国連気候変動枠組条約第6回締約国会議（COP6）の成功に向けた取組み」を議題として，第9回会議が福岡県の北九州市で開催されている.

(7) この点については，寺西俊一「アジアの環境情報ネットワークをめざす」，小島道一「アジア環境情報ガイドの意義」『環境と公害』第30巻第1号，2000年7月，参照.

第I部 专题篇

第1章 对能源政策选择的质疑

(1) OECD/IEA, *World Energy Outlook 1998 edition*, Paris: Head of Publication Service, OECD, pp.461-3.

(2) OECD/IEA, *World Energy Outlook 1998 edition*, Paris: Head of Publication

Service, OECD, p.438.

(3) 長谷川公一『脱原子力社会の選択』新曜社, 1996年, pp.256-7.

(4) IAEA, *Report on the preliminary fact finding mission following the accident at the nuclear fuel processing facility in Tokaimura, Japan*, IAEA, 1999.

(5) http://www.jca.ax.apc.org/cnic/news/tokai_critical/index.html

(6) 鈴木達治郎「世界の原子力——その現状と未来への課題」『原子力 eye』1999年 7月号, pp.15-20.

(7) 鈴木達治郎, 前掲論文.

(8) 大島堅一・上園昌武「日本における二酸化炭素排出削減の可能性」日本科学者会 議公害環境問題編集委員会編『環境展望1999-2000』実教出版, pp.35-57.

(9) 注(8)に同じ. また, 地球環境と大気汚染を考える全国市民会議 (CASA)『CO_2 排出削減戦略の提言』1997年を参照.

(10) http://www.wpm.co.nz/windicat.htm.

(11) 新エネルギー・産業技術総合開発機構『新エネルギー海外情報』1998年 4-6号, p.151.

(12) Ravindranath, N.H. and D.O. Hall, *Biomass, Energy and Environment: A Developing Country Perspective from India*, Oxford: Oxford University Press, p.31.

第2章　矿山开发的深化与矿业公害的频现

1. 世界資源研究所他編『世界の資源と環境1998-99』中央法規出版, 1998年.

2. 資源エネルギー庁長官官房鉱業課監修『鉱業便覧　平成12年版』通商産業調査 会, 2000年.

3. 金属鉱業事業団資源情報センター「各国鉱業事情：アジア・太平洋諸国」. http://www.mmaj.go.jp (2000年3月31日).

4. 日本メタル経済研究所『中国における銅産業の現状と展望 (第2部)』1998年.

5. 畑明郎『金属産業の技術と公害』アグネ技術センター, 1997年.

6. 秋元康雄『中国の亜鉛の供給と需要』日本メタル経済研究所, 1997年.

7. 国際鉱物資源開発協力協会『平成7年度資源開発協力基礎調査プロジェクト選 定調査報告書 インド』1996年.

8. 鈴木哲夫『インドネシアの資源開発環境』金属鉱業事業団資源情報センター, 1996年.

9. 鈴木哲夫『フィリピンの資源開発環境』金属鉱業事業団資源情報センター, 1997年.

10. 下出雅義『タイ王国の資源開発環境』金属鉱業事業団資源情報センター, 1993 年.

11. 佐藤秀章『日本及びアジアにおける銅地金生産消費の短期予測』日本メタル経 済研究所, 1997年.

12. 金属鉱業事業団資源情報センター『ミャンマーの資源開発環境』1993年.
13. 朴贊勲「韓国の資源の現状と教育事情」『水曜会誌（京都大学)』22巻 4 号，1995年.
14. 渡部行「金属鉱山製錬業の戦後50年(1)～(6)」『鉱山』48巻 1 ～ 6 号，1995年.
15. 柏崎雅代「非鉄産業の現状と課題」『大和投資資料』1994年11月.
16. 中村功「わが国非鉄製錬業界の課題と展望」『興銀調査』276号，1997年.
17. 日本鉱業協会「50年の歩み」『鉱山』51巻 8 号，1998年10月.
18. 国際鉱物資源開発協力協会「平成 4 年度総合開発計画調査 発展途上国における環境保全対策調査報告書 鉱山・製錬所環境調査 中華人民共和国」1993年.
19. Jin, T. and G. Nordberg, "Renal Dysfunction Caused by Cadmium Pollution from Smelting in China," in *Advances in the Prevention of Environmental Cadmium Pollution and Countermeasures*, Kanazawa, Japan, 1999, Eiko Laboratory.
20. 栗田英幸「フィリピン，新鉱業法の陰」『海外鉱業情報』27巻 3 号，1997年 9 月.
21. 桐生康生・鈴雄蔵「日本・フィリピン水俣病経験の普及啓発セミナー・金採掘に起因する水銀の健康影響に関する国際ワークショップ」『かんきょう』1998年 2 月号.
22. Warhurst, A., *Environmental Degradation from Mining and Mineral Proceeding in Developing Countries: Corporate Responses and National Policies*, Paris, OECD, 1994.
23. Mayo-Anda, G., "NGO Pathways towards Sustainable Development: The Philippine Experience," in *Proceedings of the 4th Asia-Pacific NGOs Environmental Conference*, Singapore, 26-27, 1998.
24. 和田武『地球環境問題入門』実教出版，1994年.
25. レオン・ユー・クウォン「東南アジアにおける日本の経済活動がもたらす環境への影響」（宮本憲一編『アジアの環境問題と日本の責任』かもがわ出版，1992年）.
26. 鷲見一夫『世界銀行』有斐閣，1994年.
27. Jakarta, Kompas Online, "Lorentz National Park Closed For Mining". http://www.kompas.com/kompas-cetak/9807/31ENGLISH/lore.htm (21 Jan. 1999).
28. Meadows, D. H., D. L. Meadows and J. Randers, *Beyond the Limits*, Chelsea Green Publishing, 1992（茅陽一監訳『限界を超えて』ダイヤモンド社，1992年）.
29. 佐藤直樹「インドネシア」『海外鉱業情報』28巻 1 号，1998年.
30. Burton, B., "Landwiners Tour Leads Companies to Talk," *Mining Monitor*, Vol.3, No.1, Apr.1998.
31. 平野英男「砒素と生態影響」（湊秀雄監修『砒素をめぐる環境問題』東海大学出版会，1998年）.

32. Chansang, H., "Coastal Tin Mining and Marine Pollution in Thailand," *AMBIO（A Journal of the Human Environment）*, Vol.17, No.3, 1988.
33. "Executive Summary Asia Thailand," Eco-Law Journal, Vol.3, No.5, 1998.
34. 国際鉱物資源開発協力協会「平成 7 年度総合開発計画調査 発展途上国における環境保全対策調査報告書 鉱山・製錬所環境調査 中華人民共和国・タイ王国」1996年.
35. 宮内東洋「SX-EW 法の銅資源探査への影響」『海外鉱業情報』28巻 2 号, 1998年.
36. 西山孝『資源経済学のすすめ』中央公論社, 1993年.
37. Schmidt-Bleek, F., *Wieviel Umwelt Braucht der Mensch?*, Berlin, Basel, Birk-hauser Verlag, 1994（佐々木建・楠田貢典・畑明郎共訳『ファクター10』シュプリンガー・フェアラーク東京, 1997年）.
38. 小沢徳太郎『21世紀も人間は動物である』新評論, 1996年.
39. Karl-Henrik Robert, *Det Notvandiga Steget*, Stockholm, Ekerlids forlag, 1992（市河俊男訳『ナチュラル・ステップ』新評論, 1996年）.

第 3 章　随処乱丢的固体废物

(1) 中国国家環境保護局「『白色汚染』的現状防治対策研究」(『環境保護文献選編：1997』所収) 1997年.
(2) 通商産業省『プラスチック製品統計年報』各年版.
(3) *Lampiran: Pidato Kenegaraan Presiden Republic Indonesia*, 1998.
(4) 本章では, 紙幅の制約もあり扱えなかったが, 放射性廃棄物については第 1 章で扱う. また, 船舶解体問題については, 本章末の〔コラム 2 〕を参考にしていただきたい. この本で十分に扱えなかった廃棄物問題には, 家庭からの有害廃棄物, 医療廃棄物などがある.
(5) ごみの定義は各国によって異なる. 日本では一般廃棄物として定義されている. 英語では Solid Waste, Municipal solid waste と称されることが多い. 家庭廃棄物 (household waste), オフィスから出されるごみなど, 主として地方自治体によって収集・処理される廃棄物を, 本節では「都市ごみ」と記す.
(6) このほかに, 収集途中に作業員が有価物回収をすること, 収集作業員の社会的地位の低さが効率性を上げるインセンティブを生まないことなどがある.
(7) http://www.bestpractices.org29/4/1999.
(8) Sandra Cointreau-Levine, *Private Sector Participation in Municipal Solid Waste Services in Developing Countries*, the Urban Management Programme, the World Bank, 1994. Yok-Shiu F. Lee, "The Privatization of Solid Waste infrastructure and Services in Asia," *Third World Political Review*, Vol.19, No.2, 1997.
(9) バンコク首都圏は, 1975年バンコク首都圏行政組織法によって特別な自治体で

ある「首都圏」として正式に発足した．現在の根拠法は1985年バンコク首都圏
行政組織法である．バンコク首都圏は50のディストリクトを持ち，各ディスト
リクトは議会が設置されている．

(10)　韓国でのダイオキシン汚染・対策については，本章〔コラム 1 〕を参照のこと．

(11)　*Monitoring of Solid Waste in Hong Kong* 1997, Environmental Protection
Department, Hong Kong および香港の環境保護署でのインタビューによる．

(12)　"Refuse Incinerator Construction to Move Forward as Scheduled", *Environ-
mental Policy Monthly*, Vol.II, Issue 7, Jan. 1999, EPA, Taiwan.

(13)　*The Times of India* 23/10/1998.

(14)　*China News* 3/6/97.

(15)　*The Korea Herald* 11/14/97.

(16)　新島洋「奇形が多発するゴミ捨て場の子どもたち：フィリピン・スモーキーバリ
ーに生きる」『週刊金曜日』No.251，1999年 1 月22日号．

(17)　典型例の 1 つは，「第II部各国・地域編〈マレーシア〉」の項でも紹介されてい
る．

(18)　*Bangkok Post* 22/3/1999.

・(19)　一部事務組合によって，焼却施設やリサイクル施設の建設・運営も行われてい
る．

(20)　*The Strategy for Waste Minimization through Re-use and Recycling: A Study
on Prevention and Identification of Solution to Problems of Solid Waste and
Hazardous Waste*, Pollution Control Department, MOSTE, Thailand, 1998.

(21)　*New Straits Times* 9/11/1995.

(22)　*The Jakarta Post* 29/5/1996.

(23)　タイ：公害規制局『公害状況報告書1996』1998（タイ語）．

(24)　*The Korea Herald* 4/12/99.

(25)　*China Daily* 10/7/98.

(26)　*The Times of India* 7/6/99.

(27)　以下の貿易統計の数字は，輸入国ベースの統計である．対象国は，ベトナム以
外の本書の国別編で扱っている国とシンガポール・香港である．対象年は1997年
であるが，マレーシアは1996年，インドは1997年 4 月から1998年の 3 月の統計
を利用した．

(28)　中国と香港の輸入量から，香港の再輸出量を差し引いている．

(29)　*Environesia*, Vol.7, No.2, 1993, p.10.

(30)　植田和弘『廃棄物とリサイクルの経済学』有斐閣，1992年，198-199ページ．

(31)　インドネシアについては，北出幸一「有害廃棄物越境移動の実態」（『かんきょ
う』1993年 2 月号）13-15ページ．タイについては，Green World Foundation,
State of the Thai Environment 1996, 1997.

(32)　Greenpeace, *Heavy Burden: A Case Study on Lead Waste Imports into India*,

第4章　海洋环境破坏和保护

(1) Costanza, R. *et al.*, "The Value of the World's Ecosystem Services and Natural Capital," *Science* 387, 1997. ただし，海の二酸化炭素濃度調節機能に関しては，データ不足のためこの評価額には含まれていない.

(2) 以下の記述に関しては，とくに注記した文献以外に次のものを参照した. 日本海洋学会編『海洋環境を考える：海洋環境問題の変遷と課題』恒星社厚生閣，1994年；ESCAP (Economic and Social Commission for Asia and the Pacific) and ADB (Asian Development Bank), *State of the Environment in Asia and the Pacific 1995*, United Nations, New York, 1995; Johnston, P. *et al.*, *Report on the World's Oceans*, Greenpeace Research Laboratories Report, 1998；レスター・R・ブラウン編著／浜中裕徳監訳『地球白書1999-2000』ダイヤモンド社，1999年，第5章.

(3) Chansang, H., "Coastal Tin Mining and Marine Pollution in Thailand," *Ambio* 17(3), 1988.

(4) 原田正純ほか「ジャカルタ湾の重金属汚染」『公害研究』第14巻第2号，1984年；原田正純『水俣病にまなぶ旅』日本評論社，1985年，259-265ページ；Gomez, E.D., "Overview of Environmental Problems in the East Asian Seas Region," *Ambio* 17(3), 1988, p.168；Hungspreugs, M., "Heavy Metals and Other Non-Oil Pollutants in Southeast Asia," *Ambio* 17(3), 1988；原田正純『水俣が映す世界』日本評論社，1989年，257-268ページ；作本直行「インドネシア：ジャカルタ湾の"水俣病"問題」藤崎成昭編『発展途上国の環境問題 (改訂増補版)』(調査研究レポート14)，アジア経済研究所，1992年，144-152ページ；井上真・小島道一「インドネシア」日本環境会議／「アジア環境白書」編集委員会編『アジア環境白書1997/98』東洋経済新報社，188-189ページ.

(5) 佐尾和子ほか編『プラスチックの海：おびやかされる海の生きものたち』海洋工学研究所出版部，1995年，62-64ページ.

(6) 世界資源研究所『世界の資源1988~89年』㈱ワールド ウォッチ ジャパン，1990年，149ページ. ここでいう「東アジアの海」とは，後述する国連環境計画・東アジア地域海行動計画の対象海域を指し，インドネシア，マレーシア，フィリピン，シンガポール，タイなど東南アジア周辺海域を意味する.

(7) ITOPF, *Response to Marine Oil Spills,* ITOPF, London, 1987, pp.I.3-I.4. (石油連盟訳『海洋油流出対応』石油連盟，1997年，I.3-I.5ページ).

(8) アジアでの海上貿易量の割合に比べると石油流出量の割合が低い点に，若干説明を要すると思われる. 年間の石油流出量は，少数のしかし異常に大規模な流出によって，相当な割合が占められることが多い. 例えば，1991年の湾岸戦争による流出量だけで同年の7割以上に達する. したがって，流出量の割合が比較的低いことは，異常に大規模な流出は起きていないことを示しているが，ナホトカ号事故やエボイコス号事故が小さな事故とは到底いえないことも事実である．すぐ後で述べるように，ITOPF も700トンを超える石油流出を大規模流出としている．むしろここでは，アジア・太平洋地域での流出量の割合が高まってきているという点を重視すべきであろう．

(9) ITOPF, *An Assessment of the Risk of Oil Spills and the State of Preparedness in 13 UNEP Regional Seas Areas,* ITOPF, London, 1996.

(10) 同事故に関しては，さしあたり以下の文献を参照．粟野仁雄・高橋真紀子『ナホトカ号重油事故：福井県三国の人々とボランティア』社会評論社，1997年；大島堅一・除本理史「ナホトカ号事故による沿岸被害と流出油防除体制の問題点」『環境と公害』第28巻第 1 号，1998年；海洋工学研究所出版部編『重油汚染・明日のために：「ナホトカ」は日本を変えられるか』海洋工学研究所出版部，1998年；IOPC Funds (International Oil Pollution Compensation Funds), *Annual Report 1998,* IOPC Funds, London, n.d., pp.81-88.

(11) 富山湾内において重油の洋上回収が行われたが，富山県沿岸への重油漂着はなかった．

(12) 環境庁「ナホトカ号油流出事故による環境への影響について」1997年 5 月．

(13) 環境庁水質保全局水質規制課の報道発表資料（1997年 8 月19日）．

(14) 『福井新聞』1997年 2 月 4 日付．

(15) 「海洋汚染及び海上災害の防止に関する法律」に基づき設立された認可法人．業務は，油流出事故に際し，海上保安庁長官の指示または船主の委託により防除措置を行う等である．

(16) このうち 8 割の額が，運輸省の「ナホトカ号流出油災害応急対策交付金」（1996年度のみ．船主およびIOPC 基金から補償金が支払われた後，国に返還しなくてはならない）および自治省からの特別交付税として自治体に交付されている．この額から逆算した．

(17) IOPC Funds, *Claims Manual,* 5th ed., IOPC Funds, London, 1996；谷川久「油濁損害の賠償・補償の範囲」小室直人ほか編集代表『企業と法：西原寛一先生追悼論文集(下)』有斐閣，1995年．

(18) 1996年に日本海を航行したタンカーの平均船齢は10.7年であるのに対し，ロシア船籍タンカーでは17.1年となっている．池上武男「日本海における航行船舶の状況」『TECHNO MARINE（日本造船学会誌）』第818号，1997年，570ページの表 6．

(19) 長塚誠治「日本海沿海のタンカーの石油流出や座礁船放置等の外国船海難について」『海運』1997年 3 月号，46ページ．同「ナホトカ号とダイヤモンド・グレース号の石油流出事故を巡る問題点と今後の対応」『海事産業研究所報』No.377，1997年，26ページ．

(20) 同上，各々46-49ページ，32-33ページ．

(21)　詳しくは，大島堅一・除本理史，前掲論文，58-61ページを参照．

(22)　同事故に関しては，以下の文献等を参照した．IOPC Funds, *op.cit.*, note 10, pp. 102-104；Dicks, B. *et al.*, "The Evoikos and Pontoon 300 Incidents: The Technical Advisor's Perspective," paper presented at the Petroleum Association of Japan (PAJ) Oil Spill Symposium, Tokyo, 7-8 October 1998；シンガポールの英字紙 *The Straits Times* およびマレーシアの英字紙 *New Straits Times* の報道記事；Maritime and Port Authority of Singapore のプレス・リリース．

(23)　Tan, K. S. *et al.*, "An Assessment of the Impact of the *Evoikos* Oil Spill on the Marine Environment in Singapore," paper presented at the Seminar on Port and Maritime R&D, Singapore, 15 October 1998.

(24)　ただし，エボイコス号船主および船主の加入する保険会社は，シンガポールの海で行われた油防除・回収等の作業費用の少なくとも一部が，1971年の油濁補償基金条約による補償対象となりうるとの見解を示しており，責任限度額を上回るか否かは，この見解に対する IOPC 基金の判断にも依存する（IOPC Funds, *op.cit.*, pp.103-104）．

(25)　Spalding, M. and Grenfell, A. M., "New Estimates of Global and Regional Coral Reef Areas", *Coral Reefs* 16, 1997, pp.225-230.

(26)　世界のサンゴ礁の現状を適切に要約したものとして，次の文献を参照．Wilkinson, C. R., ed., *Status of Coral Reefs of the World: 1998,* Australian Institute of Marine Science, Townsville, 1998. また，地域別の概観は，次の文献を参照．Chou, L. M., "The Status of Southeast Asian Coral Reefs," *Proceedings of the 8th International Coral Reef Symposium* 1, 1996, pp.317-322; Maragos, J. E. and Payri, C., "The Status of Coral Reef Habitats in the Insular South and East Pacific," *Proceedings of the 8th International Coral Reef Symposium* 1, 1996, pp.307-316；White, A. T. *et al.*, "Status of Coral Reefs in South Asia, Indian Ocean and the Middle East Seas (Red Sea and Persian Gulf)," *Proceedings of the 8th International Coral Reef Symposium* 1, 1996, pp.301-306.

(27)　Kelleher, G. *et al.*, *A Global Representative System of Marine Protected Areas*, The World Bank, Washington, D. C., 1995.

(28)　Chou, L. M., "Importance of Southeast Asian Marine Ecosystems in Biodiversity Maintenance." In: Turner, I. M. *et al.*, eds., *Biodiversity and the Dynamics of Ecosystems*, DIWPA Series Vol.1, Kyoto University, Kyoto, 1996, pp.227-235.

(29)　Veron, J. E. N., *Corals in Space and Time: The Biogeography and Evolution of the Scleractinia*, UNSW Press, Sydney, 1995.

(30)　たとえば次の文献を参照．UNEP (United Nations Environment Programme) and IUCN (World Conservation Union), *Coral Reefs of the World*, Vol.2, *UNEP Regional Seas Directories and Bibliographies*, IUCN, Gland and Cambridge, U. K., and UNEP, Nairobi, 1988.

(31) Alcala, A. C., ed., *Proceedings of the Regional Symposium on Living Resources in Coastal Areas*, Marine Science Institute, University of the Philippines, 1991 ; Chou, L. M. and Wilkinson, C. R., eds., *Third ASEAN Science and Technology Week Conference Proceedings*, Vol 6, *Marine Science: Living Coastal Resources*, Department of Zoology, National University of Singapore, and National Science and Technology Board, Singapore, 1992 ; Sudara, S. *et al.*, eds., *Proceedings of the Third ASEAN-Australia Symposium on Living Coastal Resources*, Vol.2, *Research Papers*, Department of Marine Science, Chulalongkorn University, Thailand, 1994 ; Wilkinson, C. R. *et al.*, eds., *Proceedings, Third ASEAN-Australia Symposium on Living Coastal Resources*, Vol.1, *Status Reviews*, Australian Institute of Marine Science, Townsville, Australia, 1994.

(32) これらのサンゴ礁の現状に関しては，次の文献を参照．Maragos, J. *et al.*, "Status of Coral Reefs in the Northwest Pacific Ocean: Micronesia and East Asia." In: Wilkinson, ed., *op. cit.*, note 26, pp.109-122.

(33) Maragos, J., "Status of Coral Reefs of the Southwest and East Pacific: Melanesia and Polynesia." In: Wilkinson, ed., *op. cit.*, note 26, pp.89-107 ; Maragos, J. E. and Payri, C., *op. cit.*, note 26.

(34) White *et al.*, *op. cit.*, note 26 ; Rajasuriya, A. and White, A., "Status of Coral Reefs in South Asia." In: Wilkinson, ed., *op. cit.*, note 26, pp.47-52.

(35) Fouda, M., "Status of Coral Reefs in the Middle East." In: Wilkinson, ed., *op. cit.*, note 26, pp.39-46.

(36) Wilkinson, C. R., "Coral Reefs of the World Are Facing Widespread Devastation: Can We Prevent this through Sustainable Management Practices?", *Proceedings of the 7th International Coral Reef Symposium* 1, 1992, pp.11-21 ; Wilkinson, C. R. *et al.*, "Status of Coral Reefs in Southeast Asia: Threats and Responses." In: *Global Aspects of Coral Reefs: Health Hazards and History, Case Studies for Colloquium and Forum, Miami 1993*, University of Miami, 1993.

(37) Bryant, D. *et al.*, *Reefs at Risk: A Map-Based Indicator of Threats to the World's Coral Reefs*, World Resources Institute, Washington, D. C., 1998.

(38) Wilkinson *et al.*, *op. cit.*, note 26.

(39) *Ibid.*

(40) Norse, E. A., ed., *Global Marine Biological Diversity: A Strategy for Building Conservation into Decision Making*, Island Press, Washington, D. C. and Covelo, California, 1993, Chapter 8 ; ESCAP and ADB, *op.cit.*, note 2, pp.128-132.

(41) 環境庁企画調整局調査企画室編『環境白書（平成11年版）』（各論），大蔵省印刷局，1999年，357-358ページ.

(42) ICM に関する包括的な研究・解説書として，次の文献を参照．Cicin-Sain, B. and Knecht, R. W., *Integrated Coastal and Ocean Management: Concepts and Practices*, Island Press, Washington, D. C. and Covelo, 1998.

(43) アジアは，バングラデシュ，ブルネイ，中国，インドネシア，日本，韓国，マレーシア，モルジブ，フィリピン，シンガポール，スリランカ，台湾，タイの13カ国・地域．オセアニアは，アメリカ領サモア，オーストラリア，ミクロネシア連邦，グアム，ハワイ，ニュージーランド，北マリアナ諸島の7カ国・地域．*Ibid.*, pp.33-35, Table 1.5による（一部訂正）.

(44) White, A. T. *et al.*, eds., *Collaborative and Community-Based Management of Coral Reefs: Lessons from Experience*, Kumarian Press, Connecticut, 1994.

(45) Kelleher *et al.*, *op. cit.*, note 27.

(46) Wilkinson, C. and Salvat, B., "Global Coral Reef Monitoring Network: Role in Conservation of the World's Reefs." In: Wilkinson, ed., *op. cit.*, note 26, pp. 169-173.

(47) Hodgson, G., "Reef Check and Sustainable Management of Coral Reefs." In: Wilkinson, ed., *op. cit.*, note 26, pp.165-168.

第5章　环境保护与地方自治

(1) これ以外の要因として次の4点を指摘することができる．第1に，識字率や就学率で表される教育レベルが先進国とくらべて低いことである．たとえば南アジアの中低所得国の成人の非識字率（文盲率）を平均すると1990年で50％を超える（World Bank, *World Development Report 1994*, Oxford University Press, 1994, pp.162-163, Table 1より）．この高い非識字率は行政能力の向上や国民の民主主義的な運動の発展を妨げている．選挙で投票用紙に候補者の名前を綴れないといったことや，行政や市民団体が作成した広報誌や通信が読めないといった状況は一般的である．こうして環境政策の有効性が減じてしまう．

　第2に，失業や栄養失調といった貧困現象が深刻なので，そのなかに公害被害が埋没してしまうことである（健康影響の原因究明が不十分になる）．また，たとえ健康被害の原因が公害だとわかったとしても，住民が汚染企業で日雇いで働いており，批判したり告発したりすることができない．第3に，言論の自由の問題がある．とりわけ人権派のジャーナリストや弁護士や環境保全派の科学者・研究者が少なく，また存在していても自由な活動が軍事政権下で長らく制約されていた．このため未知の公害を発掘し告発し原因を専門的に追求するという努力がなかなか始まらないのである．

　第4に，社会資本の「厚み」が根本的に異なることである．このことは道路行政に端的に表れている．先進国で道路管理というと，「道」だけではなく関連施設全体が問題になる．歩道，道路照明，防護策，交通信号，道路標識，実線標示，図示標示などその種類と数は膨大で，たとえば道路標識は日本に200万枚ある（建設省道路局監修『道路ポケットブック』全国道路利用者会議，1998年）．途上国では道 1 本を敷設すればそれで事業は完遂したことになり，安全な交通管理のための諸施設は十分に整備されていない．「厚み」のない道路施設の外部不経済はそのままむき出しで住民や利用者（ドライバー含む）に襲いかかる．

(2) 廬隆熙「韓国地方自治の回顧と展望」大阪自治体問題研究所編『東アジアの地方自治』文理閣，1999年．13ページ．

(3) 同上論文．

(4) 同上論文，34-35ページ．

(5) Benjamart Ruangamnart, "11 Thailand," *Country Report for the Group Training Course in Local Government II,* JICA（Japan International Cooperation Agency）1999, より．これは日本国際協力事業団（JICA）がアジア諸国の地方行政担当官を招いて日本国内にて行う約 3 カ月の研修プログラムに提出された『国別地方行財政事情紹介報告書1999年版』のタイを扱った章で，執筆者はタイ国大蔵省の Comptroller General's Department 所属．

(6) Pitch Pongsawat, "Thai Local Government in Transition"（http://www.chula.ac.th/studycenter/pesc/Newsletter/LOCAL.html より 7 月14日にダウンロードした解説文）より．著者はチュラロンコン大学政治学部（Faculty of Political Science）政府論学科（Department of Government）講師．

(7) 同上解説文．

(8) 重富真一「タイ農村のコミュニティ——住民組織化における機能的側面からの考察——」『アジア経済』第37巻第 5 号，1996年 5 月を参照．

(9) 同上論文，19ページ．

(10) 同上論文，表 2．

(11) Mori, Akihisa, *Local Environmental Capacity Building in Thailand: A Japanese View,* Working Paper No.58, Faculty of Economics/Shiga University, April 1999, 参照．

(12) 中央政府レベルの環境政策の概略は次の通りである（同上書）．タイでは「工場法」が1969年に制定され，「国の環境の質の改善と保存」法（通称環境基本法）が75年に制定された．同時に全国環境審議会（National Environmental Board）が設置されたが，これは勧告を出すだけで，法の執行権限を与えられていない．75年の環境基本法は92年に新環境基本法に改定された．こうしたなか「第 7 次全国経済社会開発計画」（1992〜97年）が制定され，そのなかで環境保全に第 1 の優先度が与えられた．また公害防止課，環境政策・計画局ならびに環境の質保全課が執行機関として設置された．その後，「第 8 次全国経済社会開発計画」（1997〜2001年）が策定された．

(13) 松本礼史「途上国の経済成長と都市廃棄物問題に関する研究——バンコクの都

市廃棄物を事例として――」国際開発学会『国際開発研究』第 5 巻，1996年．

(14) 同上論文，56ページ．

(15) 城所哲夫・庄司仁・兎川道成「バンコクにおける軌道系都市公共交通機関整備の現状と課題――財源確保のための施策――」『開発援助研究』第 4 巻第 3 号，1997年．

(16) 平石正美「発展途上国の地方分権――フィリピンの地方分権を中心として」『都市問題研究』第46巻第 1 号，1994年 1 月，133ページ．

(17) 片山裕「警察官の犯罪：フィリピンの警察制度にみる中央＝地方関係」『国際協力論集』第 2 巻第 1 号，1994年 6 月．

(18) 発効は92年 1 月 1 日（マシュー・M・サンタマリア「フィリピンにおける個人登録行政の変容――地方分権の潮流のひとつとして――」『都市問題研究』第48巻第 7 号，1996年 7 月）．

(19) 山田恭稔「地方開発における自治体と中央政府機関の機能関係――フィリピン『1991年自治体法』の移行期終了時における一考察」『国際協力研究』第14巻第 1 号（通巻27号），1998年 4 月，22ページおよび平石前掲論文，135ページ．

(20) 片山前掲論文，160ページ．

(21) 平石前掲論文，134ページ．

(22) 山田前掲論文，21ページ．

(23) 筆者（山崎）が，1999年 6 月20日，東京で柴田徳衛教授の紹介で同教授と一緒にパディラ市長に会って聞いたところによると，フィリピンの基礎的自治体の首長の行政能力はきわめて乏しく，公債発行のような専門的財政運営は不可能な村が多いとのことである．フィリピンでは起債権の委譲が自治体の地方債乱発を招くかも知れないというような懸念はなく，実際にすでに自治体は起債権を与えられている．しかし現実に経常収入に占める公債収入はゼロに等しく，起債制度は活用されていない．なぜなら首長や行政に債券発行に関する専門知識が欠如しているためだと同市長はわれわれに対して説明した．

(24) Casimiro S. Padilla, "8 Philippines," *Country Report for the Group Training Course in Local Government II,* JICA（Japan International Cooperation Agency）1999, を参照．これは日本国際協力事業団（JICA）がアジア諸国の地方行政担当官を招いて日本国内にて行う約 3 カ月の研修プログラムに提出された『国別地方行財政事情紹介報告書　1999年版』のフィリピンを扱った章で，執筆者は基礎自治体の現首長で全国市長会会員．

第II部　各国（地区）篇

第 1 章　菲律賓

(1) フィリピンの一般的法体系は，第 1 に憲法（現法は1987年制定），第 2 に議会で立法された法律つまり共和国法のほか，大統領布告，マルコス大統領戒厳令期の大統領令，自由憲法下アキノ政権期に出された行政命令（EO）などがある．

第3には地方自治体の条例である．そして法体系の最下部に位置するものとして施行細則（AO）つまり行政実務レベルで出される規則が挙げられる．

(2) ファクトラン・オポーサ裁判では，自らの世代と将来世代を代表するものとして子供達に原告適格が与えられるという画期的な判決が下された．この裁判では19人の子供が親を代理人として，ファクトラン環境天然資源省長官を相手どり，将来世代の利益を守るために森林の伐採許可証の取り消しを求めたものである．下級裁判所は子供の原告適格を否定したが，最高裁はそれを覆して認めた．この判決が，原告適格，環境権に関する興味深い判例となることは明らかである．

(3) トーレンス（Torrens）証書は，譲渡・処分可能な私有地として認められた土地に対して政府から発行されるものである．すべての土地はこの制度の下に登録されなければならない．

(4) フィリピンの地方自治体は，州 Province—町 Municipality—バランガイ（あるいは村）Barangay の序列で構成される．複数の町・バランガイにまたがる連絡会 League も設置される．

(5) こうしたなか，フィリピン漁業法のもとでマングローブ林が保護されることになり，伐採や破壊が禁止されたことは望ましいことといえる．

第2章　越南

<新聞・雑誌・年鑑>
1. 『東南アジア月報』（社）東南アジア調査会.
2. *Nhan Dan*（『人民』，ベトナム共産党機関紙）.
3. *Vietnam Investment Review.*
4. *Vietnamese Studies,* No.3-1998(129), The Gioi Publishers, Ha Noi.
5. *Tap Chi Cong San.*（『共産雑誌』，ベトナム共産党政治理論誌）.
6. *Vietnam1998/1999,* The gioi Publishers, Ha Noi, 1999.
7. Socialist Republic of Viet Nam General Statistical Office, *Statistical Yearbook1997,* Statistical Publishing House, Ha Noi, 1998.
<書籍>
8. シャルル・ロープカン著／松岡孝児，岡田徳一訳『佛印経済発展論』有斐閣，1955年.
9. 逸見重雄『佛領印度支那研究』日本評論社，1941年.
10. Chinh phu Cong hoa Xa hoi Chu nghia Viet Nam, *Ke hoach hanh dong da dang sinh hoc cua Viet Nam*（ベトナム社会主義共和国政府『ベトナムの生物多様性行動計画』），Chinh phu Cong hoa Xa hoi Chu nghia Viet Nam, Ha Noi, 1995.
11. Dang Cong san Viet Nam, *Chi thi ve tang cuong cong tac bao ve moi truong trong thoi ky cong nghiep hoa, hien dai hoa dat nuoc*（ベトナム共産党『国土の工業化・近代化時代における環境保護工作の強化に関する指示』），Dang Cong

san Viet Nam, Ha Noi, 1998.

12. Le Manh Hung ed., *Vietnam Socio-economy : The Period 1996-1998 and Forcast for the Year 2000*, Statistical publishing House, Ha Noi, 1999.

＜報告書・ワーキングペーパー＞

13. Sikor, Thomas and Apel Ulrich, *Asia Forest Network Working Paper Series : The Possibilities for Community Forestry in Vietnam*, May, 1998.

14. UNDP, *Incorporating Environmental Considerations into Investment Decision-making in Vietnam : A Special Report for the Government of the Socialist Republic of Vietnam*, United Nations Development Programme, Ha Noi, Viet Nam, December. 1995.

15. The World Bank, *Viet Nam : Environmental Program and Policy Priorities for a Socialist Economy in Transition*, The World Bank Agriculture and Environment Operations Division Country Department 1, East Asia and Pacific Region, June 1995.

16. *Government Direction on Agriculture and Rural Development ; Government Report for Consultative Group Meeting*, Paris, 7-8, December 1998.

＜法規範文書＞

17. Bo Khoa hoc-Cong nghe-Moi truong, *Cac qui dinh phap luat ve moi truong, Tap 1* (科学技術環境省『環境関連諸法規　第1巻』), Nha Xuat ban Chinh tri Quoc gia, Ha Noi, 1995.

18. Bo Khoa hoc-Cong nghe-Moi truong, *Cac qui dinh phap luat ve moi truong, Tap 2* (科学技術環境省『環境関連諸法規　第2巻』), Nha Xuat ban Chinh tri Quoc gia, Ha Noi, 1997.

19. *Cac qui dinh phap luat ve bao ve moi truong va tai nguyen* (国家政治出版社編『環境・資源保護関連諸法規』), Nha Xuat ban Chinh tri Quoc gia, Ha Noi, 1998.

20. *Luat bao ve moi truong* (国家政治出版社編『環境保護法』), Nha Xuat ban Chinh tri Quoc gia, Ha Noi, 1999.

21. *Luat bao ve va phat trien rung va nghi dinh huong dan thi hanh* (国家政治出版社編『森林保護・開発法および施行の手引き』), Nha Xuat ban Chinh tri Quoc gia, Ha Noi, 1998.

第3章　印度

(1) 秋山紀子「インドの環境の現状——市民レポート」『公害研究』第13巻第2号, 1983年, 54-59ページ.

(2) 野村好弘「インドの環境法」『世界の環境法』国際比較環境法センター, 1996年, 372ページ.

(3) Centre for Science and Environment, State of India's Environment: The

Citizens' Report（Part 2：Statistical Database），1999, p.214.

(4) Centre for Science and Environment, State of India's Environment: The Citizens' Report（Part 1：National Overview），1999, pp.361-362.

(5) 前掲注 1，58ページ.

(6) 金沢謙太郎「地域環境における抑圧と抵抗をめぐって：インドの環境運動，チプコの論理」国立民族学博物館・地域研究センター連携研究成果報告 3 『熱帯林における生物多様性の保全と利用』2000年，123-136ページ.

(7) Kumar, L., "Civil Strife and Civil Society in India," *Institutional Development, Society for Participatory Research in Asia*, Vol.5 No.2, 1998, pp.37-50.

(8) 前掲注 4，440ページ.

第 4 章　7 个国家（地区）的续篇

〈**日本**〉

1．「特集・環境法制の新展開」『環境と公害』29巻 3 号，岩波書店，2000年 1 月.

2．「特集・循環型社会に向けた法制度改革」『ジュリスト』1184号，有斐閣，2000年.

3．尼崎公害患者・家族の会他編『子や孫に青い空 きれいな空気を——尼崎大気汚染公害訴訟/神戸地裁判決の記録（2000年 1 月31日）』2000年.

〈**韓国**〉

(1) 韓国の環境政策の体系においては，まだ「アメニティ保全」という理念が必ずしも十分には位置づけられていない.

(2) たとえば，後述の 3 - 3 での紹介のように，「開発制限区域制度」の改革に伴う土地利用規制の緩和措置を受けて，各地方自治体は，さまざまな地域開発事業案を次々と発表しているという状況が報じられている.

(3) 韓国の国会の「環境・労働委員会」の国政監査資料（1999年 9 月）では，「農漁村振興公社と韓国水資源公社等の公共機関および 9 つの地方自治体が20の干拓事業を推進し造成しようとしているが，それらの防潮堤の長さは総計106.3キロメールになる. ……セマングン干拓事業の場合は，33キロメールの防潮堤を建設する過程において，すでに15トン・トラックで130万台分にあたる1947万立方メールの土石が採取された」と述べられている. こうした大量の土石採取に伴う深刻な環境破壊も懸念されている（『韓国日報』1999年 9 月29日付，参照）.

(4) たとえば，高麗大学の研究者（Kwak, Seung-Jun）は，CVM（Contingent Valuation Method：仮想的市場評価法）を用いて東江流域の自然環境の価値評価を行っているが，それによれば，年間1118億ウォンという評価額となっている. 他方，寧越（ヨンウォル）ダムの建設による社会的便益は，年間 6 億ウォン程度にすぎないという評価が示されている.

(5) 韓国では，「ダム建設および周辺地域支援等に関する法律」にもとづいて，地元の地方自治体にはさまざまな財政負担が求められることになっている.

(6)　韓国建設交通部「開発制限区域の制度改善方案」(説明資料)，1999年7月．

〈泰国〉

(1)　民活方式は，発電事業だけでなく，高速道路や高架鉄道，上下水道にも適用されている．契約条件は，国ごと，案件ごとに異なるが，タイの発電事業では，政府がリスク保証をする範囲が狭く，用地の選定や購入をしないなど，民間の事業体が比較的大きなリスクを負うような契約になっていた．詳しくは，森(1998a，1998b) を参照にされたい．

(2)　プラチュアップ県では，当初発電公社が自ら実施する火力発電所の建設と，民活方式で実施する2つの，合計3つの事業が計画されていた．このうち発電公社の事業は中止された．そこで現在計画が進行しているのは，Gulf Electric 社の700メガワットの発電所と Union Power Development 社の1400メガワットの発電所の2つである．前者は1998年11月に，後者は1998年12月に発電公社と売電契約を締結した．

(3)　シャム湾 (Gulf of Thailand) 沖で発掘された天然ガスをタイ南部およびマレーシア北部に供給するためのガス・パイプライン建設事業 (Thai-Malaysian gas pipeline project) でも，建設に反対する住民は公聴会に対する不信感を募らせ，公聴会の開催を阻止しようとした．

(4)　タイの沿岸地域でのエビの養殖とその環境への影響については，アムポン(1992) を参照されたい．

(5)　タイ中部のみで160カ所の水田や果樹園が養殖池に転換されたとも推計されている．この結果，タイ全土で見ると，エビ養殖池の面積はむしろ急速な拡大傾向にある．

(6)　禁止区域を淡水域のみに限定したのは，淡水域での養殖のほうが潜在的には影響がより大きいと考えられたことと，相対的なモニタリングの容易さによる．

(7)　クローズド・システムとは，養殖池の汚染された排水を池の外に排出せずに処理し再利用する排水管理システムである．このためシステムが適切に運転されれば周辺の環境への影響は小さいと主張されている．

(8)　プラチュアップ県の発電事業では，民間事業体の出資者は，度重なる住民の反対運動と，それによる建設の遅延にいらだちを隠せなくなってきている．たとえば Gulf Electric 社は遅延による損失補償を求めて，タイ政府を相手に裁判を起こす構えを見せている (*Bangkok Post*, November 11, 1999)．また Union Power Development 社の外国出資者も，損失補償を求めるだけでなく，保有株式の売却も検討し始めている (*Bangkok Post*, May 10, 2000)．

(9)　*Bangkok Post*, July 17, 2000及び July 18, 2000.

1．アンポン・ケウヌ (1992)「タイ国のエビ養殖とその環境への影響」『公害研究』第21巻第4号，pp.10-18.

2．森晶寿 (1998a)「民活インフラにおける政府の財政負担」『彦根論叢』(滋賀大学) No.314，pp.113-136.

3. 森晶寿 (1998b)「途上国における民活インフラ導入の意味」『国際公共経済研究』No.8, pp.103-110.
4. 田坂敏雄編 (1998)『アジアの大都市 [1] バンコク』日本評論社.

〈马来西亚〉

(1) マレーシアは13州からなる連邦国家である. マレーシアの行政制度は, 連邦政府―州政府―地方行政団体という3層をなし, 地方行政団体は州政府の監督下におかれている.

(2) *7th Malaysia Plan*, Economic Planning Unit, 1996.

(3) 地方行政団体を連邦政府レベルで所轄する省である.

(4) 6カ月毎に請求書が送付される.

(5) 4地域とは, 北部地域（ペラ, クダ, ペナン, プルリス）, 中央地域（セランゴール, クアラルンプール, パハン, トレンガヌ, クランタン）, 南部地域（ヌグリ・スンビラン, マラッカ, ジョホール）, サバ・サラワク地域である.

(6) 熊崎実「収奪される熱帯雨林」『世界』第629号, 1996年12月号.

(7) *Malaysian Agricultural Directory & Index 1999/2000*, Agriquest Sdn Dhd, 2000.

(8) 加藤秋男『パーム油・パーム核油の利用』幸書房, 1990年.

(9) *New Straits Times* 9/7/1999.

1. Consumers' Association of Penang, *State of the Environment in Malaysia*, 1997.

2. *Privatization of Water, Sanitation and Environment-related Services in Malaysia*, JICA, 1999.

3. サラワク・キャンペーン委員会ニュースレター『サラワク・アップデイト』.

〈印度尼西亚〉

(1) この項は, 井上真「インドネシアの大森林火災」『環境と公害』第27巻第4号, 1998年4月, pp.65-66, および井上真「火災の原因と面積の推定」『平成9年度文部省科学研究費補助金（国際学術研究）研究成果報告書：インドネシア森林燃焼による煙害の環境科学的調査（研究代表者：中島映至）』1998年10月, pp.128-144, をもとにして加筆修正したものである. その後も森林焼失面積の推計値が出されているが, ここでは割愛する.

(2) Emmy Hafield, "Konglomerat, Penyebab Kebakaran Hutan," *UMMAT*, No. 12, 6, October 1997.

(3) F. Siegert and A. A. Hoffmann, "Evaluation of the forest fires 1998 in East Kalimantan using multitemporal ERS-2SAR images and NOAA-AVHRR data," International conference on data management and modelling using remote sensing and GIS for tropical forest land inventory, Jakarta, Indonesia, 26-29, October 1998.

(4) *Manuntung Kaltim Post*, 30 March 1999.

(5) James Schweithelm, "The Fire This Time," *An Overview of Indonesia's Forest Fires in 1997/98* (WWF Indonesia Programme), May 1998.

(6) GTZ-SFMP, "Forestry Highlights from the Indonesian Press," April/May 1998.

1. Edi Guharidja, Mansur Fatawi, Maman Sutisna, Tokunori Mori, and Seiichi Ohta (Eds.), *Rainforest Ecosystems of East Kalimantan: El Nino, Drought, Fire, and Human Impacts*, Springer-Verlag, Tokyo, 2000.

2. Andrew P. Vayda, *Finding Causes of the 1997-98 Indonesian Forest Fires: Problems and Possibilities*, WWF Indonesia, 1999.

3. James Schweithelm, *The Fire This Time: An Overview of Indonesia's Forest Fires in 1977/98*, WWF Indonesia, 1999.

〈中国〉

1. 『中国環境年鑑』中国環境年鑑社, 1997~1999年版.

2. 『中国環境報』1998~1999年 (国家環境行政の専門紙).

3. 徐剛『守望家園』(全6巻), 湖南科学技術出版社, 1997年.

4. 陳桂棣「淮河的警告」『報告文学 (下巻)』(魯迅文学奨獲奨作品叢書), 華文出版社, 1998年.

5. 環境庁国際環境協力ホームページ (http://www.eic.or.jp/eanet/coop/coop/).

〈中国台湾〉

(1) 台湾の家庭廃棄物の24.6%が焼却, 64.1%が埋立て, 6%が積み置き, そして5.4%が委託処理の方法で処分している.

(2) 邱花妹「福爾摩莎廃棄物之島」『天下』天下雑誌社, 1999年2月号.

(3) 植田和弘監修『地球環境キーワード』有斐閣, 1994年.

(4) 汚染地域1カ所当たりの実態調査, 予算編成など行政作業は6カ月かかり, 浄化作業は6カ月から1年間かかる. 1999年現在までの実績は1カ所しかない.

(5) いわゆる「6聯単管理規定」(6枚綴りの管理シート).

(6) 刁曼蓬「公権力戦勝環保流氓」『天下』天下雑誌社, 1999年7月号.

(7) 台湾の地方派系は政治的派閥の一種で, 地方それぞれの利権を争奪するため, やや暴力的色彩を持っている.

(8) 中国との直接貿易を行うために嘉義境外営運センターが考案された.

(9) 美濃鎮はもっぱら客家人の村であり, 特有の伝統文化が守られているが, 一旦美濃ダムが建設されれば, 客家文化の維持・発展にさらに悪影響を与えることになる.

(10) 謝淑芬「囿城裡的春天――南台湾緑色革命」『光華』光華雑誌社, 1997年7月号.

(11) 京都会議 (COP3) では, 発展途上国に対して, 二酸化炭素削減は義務づけられていないが, アルゼンチン会議 (COP4) では, 台湾, 韓国などNIEs (新興工業国家) に対して, 2020年までに2000年の排出水準にとどまるように要求されている.

〔5〕新兴发达国家的优势及其负面遗产

1．Mesuring Environmental Quality in Asia, by Peter P. Rogers, Kazi F. Jalal, Bindu N. Lohani, Gene M. Owens, Chang-Ching Yu, Christian M. Dufournaud, Jun Bi, 1997, The Division of Engineering and Applied Sciences, Harvard University and the Asian Development Bank.

2．デビッド・オコンナー／寺西俊一・吉田文和・大島堅一訳）『東アジアの環境問題』東洋経済新報社，1996年.

〔6〕生物多样性和粮食与农业遗传资源

(1) FAO, *The State of the World's Plant Genetic Resources for Food and Agriculture*, 1996.

(2) Pat Roy Mooney, "The Law of the Seed: Another Development and Plant Genetic Resources," *Development Dialogue*, No.1-2, 1983 ; "The Parts of Life: Agricultural Biodiversity, Indigenous Knowledge, and the Role of the Third System," *Development Dialogue*, special issue, 1997.

(3) FAO Conference, "The International Undertaking on Plant Genetic Resources," Resolution 8/83, 1983.なお，邦訳は国際食糧農業協会発行『国際農業技術情報』第39号に掲載されている.

(4) 1989年のCPGR第3回会期で「農民の権利」概念が導入され，植物多様性の創出に果たしてきた伝統的農民の遺伝資源に対する権利が明確に位置づけられた. 特許権ならびに新品種保護制度を知的所有権の柱に据える先進国からは歓迎されていない.

(5) マイアミ・グループには，アメリカ，カナダ，オーストラリア，アルゼンチン，ウルグアイ，チリの6カ国が含まれる. 最初に会合を持った地名が名前の由来である.

(6) バイオセイフティ議定書の合意に至る経過は，田畑真「生物多様性条約・バイオセイフティ議定書について」『輸入食糧協議会報』1999年6月，および田中康久「バイオセイフティ議定書について」『世界の農林水産』2000年5月に詳しい.

(7) http://www.fao.org/waicent/FaoInfo/Agricult/AGP/AGPS/pgr/でFAOの当該領域における活動の詳細について知ることができる.

(8) FAO, *Conservation and Sustainable Utilization of Plant Genetic Resources in East Asia; —in Southeast Asia; —in South Asia*, 1995.

(9) バイオインダストリー協会発行『バイオサイエンスとインダストリー』Vol.57, No.2, 1999年. ただし，アジア地域におけるプロジェクトの多くは医薬原料となる熱帯生物資源の探索・収集・管理を目的とするものである.

〔9〕"捕捞努力量"的增大与海洋渔业资源

(1) 漁獲対象以外の魚，イルカ，ウミガメ，鳥などが混獲された場合，経済的価値

の低い混獲物は投棄されることが多く，海洋生態系への悪影響，食料資源の浪
費などが問題にされている．投棄された魚の量は FAO の漁獲量統計には含まれ
ていないが，FAO の最近の推計によると世界の魚の投棄量は年間2000万トンに
のぼる（FAO Fisheries Department, *The State of World Fisheries and
Aquaculture 1998*, FAO, Rome, 1999, p.51）.

(2)　漁獲努力量とは，資源からの間引きの強さに比例すると考えられる漁獲行為の
量を意味する．底曳網では曳網時間，延縄では釣針の本数などが漁獲努力量の
単位として用いられる．

(3)　FAO Fisheries Department, *The State of World Fisheries and Aquaculture*,
FAO, Rome, 1995, p.8. また次の文献も参照．R. J. R. Grainer and S. M. Garcia,
*Chronicles of Marine Fishery Landings（1950-1994）: Trend Analysis and
Fisheries Potential*, FAO Fisheries Technical Paper No.359, FAO, Rome,
1996 ; FAO Marine Resource Service, Fishery Resources Division, *Review of
the State of World Fishery Resources: Marine Resources*, FAO Fisheries
Circular No.920, FAO, Rome, 1997 ; FAO Fisheries Department, *The State of
World Fisheries and Aquaculture 1996*, FAO, Rome, 1997, pp.31-48.

　　資源のそれぞれの状態の定義は，以下の通りである．完全利用（fully exploit-
ed）：漁業が最大生産量の水準，あるいはその近傍で操業しており，これ以上の
漁獲量増加の余地は望めない状態．乱獲（overexploited）：長期的に維持可能と
考えられる水準以上に漁場が利用されており，さらなる漁獲量増加の潜在的余
地はなく，資源（stock）の枯渇（depletion）あるいは崩壊（collapse）の危険
が高まっている状態．枯渇（depleted）：投入された漁獲努力量にかかわらず，
漁獲量がこれまでの水準以下に大きく落ち込んでいる状態．回復過程（recover-
ing）：漁獲量がいったん高水準に達した後に激減し，再び増加している状態．
（FAO Marine Resource Service, Fishery Resources Division, *op. cit.*, note 3, p.
137）.

　　ただし，FAO による漁業資源の評価基準である最大持続生産量（maximum
sustainable yield: MSY）の理論に対する批判的検討もなされている．さしあた
り以下の文献を参照．川崎健「世界の漁業生産量の停滞は乱獲の結果なの
か？：1995年京都国際会議に提出された FAO 報告の問題点」『漁業経済研究』
第41巻第 2 号，1996年；同「世界の水産資源に関する FAO の基本認識について
のコメント」山本忠・真道重明編著『世界の漁業　第 1 編　世界レベルの漁業動
向』財団法人海外漁業協力財団，1998年，108-131ページ．

(4)　以下，各海域の範囲と漁業資源の状態については，FAO Marine Resource Ser-
vice, Fishery Resources Division. *op. cit.*, note 3を参照．

(5)　単位努力量当たり漁獲量（CPUE）とは，漁獲量をそれを得るために投下された
漁獲努力量で割った値である．ある対象資源の漁場における CPUE は，その漁
場での操業時の資源密度を表す指標となり，また漁場面積が一定ならば CPUE

は資源量の相対的な指標となる.

(6) 加入年齢とは，水産生物がある発育段階に達して漁獲対象資源に加わるときの年齢をいう.

(7) レスター・R・ブラウン編著／澤村宏監訳『地球白書1995～96』ダイヤモンド社，1995年，42-45ページ.

(8) J. Fitzpatrick and C. Newton, "Assessment of the World's Fishing Fleet 1991 -1997," submitted to Greenpeace International, 1998, <http://www.greenpeace.org/~oceans/reports/flotta.html>, viewed on 8 August 1999.

(9) "FAO: Future of Fish for Food Depends on Better Management of the Oceans," Press Release 98/31, 19 May 1998.

(10) Fitzpatrick and Newton, *op. cit.*, note 8.

〔10〕自然保护区的现状

(1) FAO, *State of the World's Forests*, 1997.

(2) WCMC and IUCN, *1997 United Nations List of Protected Areas*, 1998.

(3) WRI, UNEP and UNDP.『世界の資源と環境 1998～1999』（日本語版）.

(4) IUCN の類型では，これらはさらに，類型Ⅰ：「厳正自然保護地域および原生地域」（生態系の保全および研究を目的とした保護区），類型Ⅱ：「国立公園」（生態系の保全および研究・教育・レクリエーションとしての利用を目的とした保護区），類型Ⅲ：「天然記念物」（希少な自然的および文化的特性の保全を目的とした保護区），類型Ⅳ：「生息域および種管理地域」（動植物の保護・管理を目的とした保護区），類型Ⅴ：「陸および海洋景観保護地域」（生態学的・文化的に価値のある景観を保護するのを目的とした保護区），類型Ⅵ：「資源管理保護地域」（生態の持続的な利用を目的とした保護区），類型Ⅶ：「人類学的保護地域」（地域住民が伝統的活動を行うのを目的とした保護区）と定義されている.

〔13〕急速的城市化

(1) United Nations, *World Population Monitoring 1996*, 1998, p.12.

(2) mega-city とは，国連の定義によれば人口が1000万人以上の都市のことである.

(3) 都市化率＝1国の総人口に対する都市人口の比率.

(4) United Nations, *World Urbanization Prospects: The 1996 revision*, 1998, p.25.

〔17〕废纸再循环中的南北关系

(1) 本稿において，アメリカとドイツの情報は，文部省科学研究費補助金（国際学術研究）（0904155）「リサイクル社会の比較調査と国際的協調可能性の研究」（研究代表者：東京大学大学院総合文化研究科助教授岸野洋久：当時）の補助に基づいて実施された調査によるものであり，台湾の情報は㈶野村学芸財団による助成に基づいて実施された調査によるものである.

(2) Sharma *et al.*, "Environmental and economic policy analysis of waste paper trade and recycling in India," *Resources, Conservation and Recycling*, 21 (1997), pp.55-70.

〔18〕面临危机的水环境

(1) ダム論争をめぐる文献は数多いが，日本語で読める日本以外のアジア地域について書いたものとして，ダム推進論の立場からは堀博『メコン川――開発と環境』1996年，アシット・K・ビスワス，橋本強『21世紀のアジア国際河川開発』1999年，反対論・懐疑論の立場からは載晴編著／鷲見一夫＋胡暐婷訳『三峡ダム――建設の是非をめぐっての論争』1989年，パトリック・マッカリー著／鷲見一夫訳『沈黙の川』1996年，松本悟『メコン河開発』1997年，等がある．

(2) この部分の記述は日本カザフ研究会『中央アジア乾燥地における大規模潅漑農業の生態環境と社会経済に与える影響』1993年による．

〔21〕推进完善环境相关法律

1. C. Cory/L. Kurukulasuriya/W. Kiatsinsap/V. Sirisumpam/P. Sukonthapan eds., Southeast Asia handbook of selected national environmental laws, Mekong Region Law Center (MRLC), 1998.

2. 野村好弘・作本直行編『発展途上国の環境政策の展開と法』アジア経済研究所，1997年．

3. 李志東『中国の環境保護システム』東洋経済新報社，1999年．

4. 日弁連『21世紀を前に環境の危機を救えるか・資料集』1999年．

5. 作本直行「アジア環境法の現状と今後の展開」『ジュリスト増刊　環境問題の行方』1999年，365-371ページ．

6. 中国国家環境保護局ホームページ (http://www.nepa.unep.net/).

7. インド環境農林省ホームページ (http://envfor.nic.in/).

8. インドネシア環境省ホームページ (http://www.geocities.com/RainForest/Vines/9160/).

9. 日本環境省ホームページ (http://www.env.go.jp/).

10. 韓国環境部ホームページ (http://www.me.go.kr/english/index.html).

11. マレーシア科学技術環境省ホームページ (http://www.mastic.gov.my/kstas/).

12. フィリピン天然資源環境省ホームページ (http://www.denr.gov.ph/).

13. 台湾環境保護署ホームページ (http://www.epa.gov.tw/english/).

14. シンガポール環境省ホームページ (http://www.env.gov.sg/).

15. シンガポール大学アジア太平洋環境法センターホームページ (http://sunsite.nus.edu.sg/apcel/dbase/asean.html).

16. メリーランド大学中国法協会ホームページ (http://www.qis.net/chinalaw/).

编辑、执笔、协作者一览表

〈編集顧問〉

宮本　憲一（滋賀大学学長，大阪市立大学名誉教授）
原田　正純（熊本学園大学教授）
柴田　徳衛（東京経済大学名誉教授）
宇井　　純（沖縄大学教授）
木原　啓吉（江戸川大学教授，千葉大学名誉教授）
岡本　雅美（日本大学教授）

〈編集委員〉

淡路　剛久（立教大学法学部教授，同学部長）（編集代表）
寺西　俊一（一橋大学大学院経済学研究科教授）（編集事務局）
Chou Loke Ming（シンガポール／National University of Singapore 教授，Depart-
　　　　　　ment of Biological Sciences）
永井　　進（法政大学経済学部教授）
磯崎　博司（岩手大学人文社会科学部教授）
礒野　弥生（東京経済大学現代法学部教授）
畑　　明郎（大阪市立大学大学院経営学研究科教授）
吉田　文和（北海道大学経済学部教授）
植田　和弘（京都大学大学院経済学研究科教授）
長谷川公一（東北大学文学部教授）
松本　泰子（東京理科大学諏訪短期大学助教授）
井上　　真（東京大学大学院農学生命科学研究科助教授）
明日香壽川（東北大学東北アジア研究センター助教授）
小島　道一（アジア経済研究所開発研究部研究員）
山崎　圭一（横浜国立大学経済学部助教授）
大島　堅一（立命館大学国際関係学部助教授）
太田　和宏（神戸大学発達科学部助教授）
中野　亜里（早稲田大学他非常勤講師）

除本　理史（東京経済大学経済学部助教授）

金沢謙太郎（神戸女学院大学人間科学部専任講師）

〈**編集・執筆の担当・協力**〉（執筆順／括弧内は担当・協力の部分）

淡路　剛久（まえがき，第Ⅱ部第4章〈日本〉）

寺西　俊一（全体編集，まえがき，序文，あとがき）

大島　堅一（第Ⅰ部第1章，同〔コラム1〕，第Ⅲ部編集）

長谷川公一（第Ⅰ部第1章）

松本　泰子（第Ⅰ部第1章，同〔コラム2〕）

張　　貞旭（韓国／京都大学大学院経済学研究科博士課程修了）（第Ⅰ部第1章，
　　　　　　第Ⅲ部〔19〕）

畑　　明郎（第Ⅰ部第2章，同〔コラム1〕）

上園　昌武（島根大学法文学部専任講師）（第Ⅰ部第2章，第Ⅲ部〔15〕〔19〕）

利根川治夫（第Ⅰ部第2章〔コラム1〕）

谷　　洋一（アジアと水俣を結ぶ会事務局長）（第Ⅰ部第2章〔コラム2〕，第Ⅰ部
　　　　　　第3章〔コラム3〕，第Ⅱ部第3章〔コラム1〕）

小島　道一（第Ⅰ部第3章，第Ⅲ部〔1〕〔16〕）

青木　裕子（横浜国立大学大学院国際開発研究科博士課程）（第Ⅰ部第3章，第Ⅱ部
　　　　　　第4章〈マレーシア〉，第Ⅲ部〔16〕）

吉田　文和（第Ⅰ部第3章，第Ⅲ部〔16〕）

礒野　弥生（第Ⅰ部第3章）

吉田　　央（東京農工大学農学部専任講師）（第Ⅰ部第3章〔コラム1〕，第Ⅲ部
　　　　　　〔18〕）

小島　延夫（弁護士）（第Ⅰ部第3章〔コラム3〕）

Chou Loke Ming（第Ⅰ部第4章，写真提供）

除本　理史（第Ⅰ部第4章，第Ⅲ部〔9〕）

川崎　　健（東北大学名誉教授）（第Ⅰ部第4章〔コラム1〕）

佐久間美明（鹿児島大学水産学部海洋社会科学講座助教授）（第Ⅰ部第4章〔コラム
　　　　　　2〕）

山崎　圭一（第Ⅰ部第5章，同〔コラム〕）

宮本　憲一（第Ⅰ部第5章）

柴田　徳衛（第Ⅰ部第5章，第Ⅱ部第4章〔コラム6〕）

太田　和宏（第Ⅱ部第1章）

Grizelda Mayo-Anda（フィリピン／弁護士，Environmental Legal Assistance Cen-
　　　　　　ter, Inc.（ELAC）第Ⅱ部第1章）

Geraldine Labradores（フィリピン／Southern Partners & Fair Trade Corporation

(SPFTC) 代表)(第 II 部第 1 章)

中野　亜里 (第 II 部第 2 章)

室井　千晶 (パリ第七大学大学院第三世界研究科博士課程)(第 II 部第 2 章,第 III 部〔2〕)

原田　正純 (第 II 部第 2 章〔コラム 1〕)

折原　浩一 (ハノイ国家大学留学生)(第 II 部第 2 章〔コラム 2〕)

金沢謙太郎 (第 II 部第 3 章,第 II 部第 4 章〈マレーシア〉)

Anil Agarwal (インド／Center for Science and Environment 代表)(第 II 部第 3 章,同〔コラム 2〕)

鎮目志保子 (一橋大学大学院経済学研究科博士課程)(第 II 部第 4 章〔コラム 1〕,第 III 部〔14〕)

鄭　　成春 (韓国／一橋大学大学院経済学研究科博士課程)(第 II 部第 4 章〈韓国〉)

森　　晶寿 (滋賀大学経済学部助教授)(第 II 部第 4 章〈タイ〉,同〔コラム 2〕)

井上　　真 (第 II 部第 4 章〈インドネシア〉)

Martinus Nanang (インドネシア／地球環境戦略研究機関研究員)(第 II 部第 4 章〈インドネシア〉)

明日香壽川 (第 II 部第 4 章〈中国〉)

大塚　健司 (アジア経済研究所開発研究部研究員)(第 II 部第 4 章〈中国〉)

相川　　泰 (東京大学大学院総合文化研究科博士課程)(第 II 部第 4 章〈中国〉)

秋　　長珉 (韓国／環境正義市民連帯国際協力委員／北京大学)(第 II 部第 4 章〈中国〉〔コラム 3〕)

金　　淞 (中国／北京大学中国持続発展研究センター客員教授)(第 II 部第 4 章〈中国〉〔コラム 4〕)

陳　　禮俊 (台湾／山口大学経済学部専任講師)(第 II 部第 4 章〈台湾〉,同〔コラム 5〕)

植田　和弘 (第 II 部第 4 章〈台湾〉)

川上　　剛 (労働科学研究所／在バンコク (ILO 出向中))(第 III 部〔2〕〔3〕)

芦野由利子 (日本家族計画連盟)(第 III 部〔4〕)

久野　秀二 (北海道大学大学院農学研究科助手)(第 III 部〔6〕)

立花　　敏 (地球環境戦略研究機関研究員)(第 III 部〔7〕〔8〕)

原田　一宏 (東京大学農学生命科学研究科博士課程)(第 III 部〔10〕)

清野比咲子 (トラフィック・ジャパン)(第 III 部〔11〕)

吉田　正人 (日本自然保護協会保護部長)(第 III 部〔12〕)

浅妻　　裕 (一橋大学大学院経済学研究科博士課程)(第 III 部〔13〕)

山下　英俊 (東京大学大学院新領域創成科学研究科助手)(第 III 部〔17〕)

大久保規子（甲南大学法学部教授）（第III部〔21〕）
茂木　智美（群馬大学社会情報学研究科修士課程修了）（第III部〔21〕）
作本　直行（アジア経済研究所経済協力研究部研究員）（第III部〔21〕）
川阪　京子（地球環境と大気汚染を考える全国市民会議：CASA）（第III部〔22〕）
髙村ゆかり（静岡大学人文社会学部助教授）（第III部〔23〕）

〈APNEC 等の会議・ワークショップ等での報告，コメント助言，その他協力〉
Rick Davis（Japan Environmental Monitor 代表／翻訳業）
Rhee Jeong-Jeon（韓国／ Seoul National University 教授, Director of Graduate
　　School of Environmental Studies）
Kim Jung Wk（韓国／ Seoul National University 教授, Graduate School of Envi-
　　ronmental Studies）
Lee See-Jae（韓国／ The Catholic University of Korea 教授）
Sang Gon Lee（韓国／ Inha University, Department of Economics 教授）
Lee In-Hyun（韓国／ Korean Federation of Environmnetal Movement）
Kweenson Kim（韓国／ Green Korea United）
Chun Jae Kyung（韓国／ Korean Legislation Research Insititute）
Gea-Jee Joo（韓国／ Pusan National University, College of Natural Science）
Wang Xi（中国／武漢大学環境法研究所教授）
Taiyi Jin（中国／ Shanghai Medical Universiy 教授, Occupational Health Depart-
　　ment）
Tang Xiaoyan（中国／北京大学）
Zhang Shiqui（中国／北京大学）
王　　燦発（中国／中国政法大学教授，公害被害者法律援助センター主任）
Suraphol Sudara（タイ／ Chulalongkorn University 教授, Department of Marine
　　Science）
Simon Tay（シンガポール／ Singapore Environmental Council）
Khoo Hong Woo（シンガポール／ Nature Society, Singapore）
Koh Kheng Lian（シンガポール／ Director of Asia-Pacific Center for Environmen-
　　tal Law）
Yeoh Hock Hin（シンガポール／ National University of Singapore, Department
　　of Biological Sciences）
Diong Cheong Hoong（シンガポール／ Singapore Institute of Biology）
Adelene Tay（シンガポール／ The National University of Singapore）
Nigel Goh（シンガポール／ The National University of Singapore）
Angela Dikou（シンガポール／ The National University of Singapore）

Robert Beckerman（シンガポール／The National University of Singapore）

Leong Yueh Kwong（マレーシア／Socio-Economic and Environmental Research Insititute 代表）

Ahyaudin bin Ali（マレーシア／University Sains Malaysia 教授，School of Biological Sciences）

Desh Bandhu（インド／Indian Environmental Society 代表）

Surya Dhungel（ネパール／弁護士）

Bishnu Bhandari（ネパール／地球環境戦略研究機関研究員）

Fernando Ranjen（スリランカ／Nature Conservation Society of Sri Lanka 前会長）

Herman Hidayat（インドネシア／Center for Social and Cultural Studies）

Hoang Lieng Son（ベトナム／Forest Science Insititute of Vietnam）

Khampha Chanthirath（ラオス／Department of Forestry, Laos P.D.R.）

Atiq Rahman（バングラデシュ／Bangladesh Centre for Advanced Studies）

Sanowar Hossain Sarkar（バングラデシュ／Bangladesh POUSH）

Ram Shrestha（タイ／Asian Insititute of Technology, Energy Program）

Sharmila Barathan（インド／TATA Energy Research Insititute：TERI）

Agus P. Sari（インドネシア／Pelangi Indonesia：Policy Research Institute for Sustainable Development）

Xia Ling（中国／東京農工大学大学院）

S. M. A. Rashid（シンガポール／Center for Advanced Research in National Resource & Management：CARINAM）

Zahirul Islam（シンガポール／Center for Advanced Research in National Resource & Management：CARINAM）

小松　潔（地球環境戦略研究機関研究員）

寺尾　忠能（アジア経済研究所開発研究部研究員）

柳沢　雅之（京都大学東南アジア研究センター助手）

高橋　佳子（国際協力事業団／ベトナム駐在）

高橋　克彦（アメニティ・ミーティング・ルーム：AMR 事務局長）

當間　健明（琉球大学）

〈編集事務協力〉

平田　昭子（一橋大学経済学部助手）

片山　博文（桜美林大学経済学部専任講師）

鄭　成春（韓国／一橋大学大学院経済学研究科博士課程）

原 书 后 记

　　在本书前言中已经介绍过，本书是《亚洲环境情况报告》丛书的第二卷（2000/2001 年版）。从 1994 年年初起，开始有此构想，即把研究会的活动成果积累起来，再加上其他各项准备工作，出版丛书的创刊号（1997/98 年版）。这个构想在将近 3 年前终于实现了。幸运的是该创刊号出版之后，得到了多方好评和关注，截至目前（2000 年），创刊号共印刷了 5 次。而且，在创刊号出版 2 年之后的 1999 年 12 月，出版了该书的英文版（The State of the Environment in Asia 1999/2000，Springer-Verlag，Tokyo）。今年 5 月，韩文版也在首尔出版发行，丛书开始向国际化普及。对于本丛书的编辑委员会和执笔作者们（也包括给予合作的人们），没有比这样的进展更令人高兴的了。

　　在创刊号里也介绍过，本书编辑委员会的主体是日本环境会议（Japan Environmental Council：JEC），该组织成立于 1979 年 6 月，主要是进行关于环境问题与环境政策等跨领域的调查研究，并在调研基础上提出政策建议。之后，几乎是每年组织召开一次"日本环境会议"（Japan Environmental Conference，JEC），参会人员有日本各地致力于解决各种环境问题的人们，也有从海外邀来的参会者。在今年新千禧年（New Millennium Year）的 3 月 31 日，为了纪念"JEC 成立 20 周年"，在东京曾召开了座谈会。明年 4 月 1 日将召开"第 19 届日本环境会议"（川崎），该次会议关注大气污染，围绕其受害事件的法院判决，争论曾长达 17 年之久，终于在 1999 年 5 月，通过川崎公害诉讼案判决达成了和解，JEC 在此发生地举行，这也揭示了会议的基本主题"从环境破坏到环境再生"。

　　日本环境会议近年来开始重视对公害环境问题国际化的对策，

特别是与日本紧密相关的。10 多年前的 1989 年 9 月召开的"第 9 届日本环境会议"（东京），日本就明确了方针要重视日益严重的公害与环境问题的现实对策。在 20 世纪 90 年代，我们从亚洲各国（地区）的诸多问题出发，积极推进解决方法，努力构建亚洲环境 NGO 和有关研究人员与专家层面的独特网络。具体说，1991 年 12 月，作为最初的摸索尝试，召开了"第 1 届亚太 NGO 环境会议"（Asia-Pacific NGO Environmental Conference：APNEC 1）（曼谷，8 个国家，约 100 人）；之后，相继举办了第 2 届会议（APNEC 2）（1993 年 3 月，首尔，10 个国家，约 300 人）；第 3 届会议（APNEC 3）（1994 年 11 月，京都，16 个国家，约 650 人）；第 4 届会议（APNEC 4）（1998 年 11 月，新加坡，15 个国家，约 100 人）。此外，去年 8 月，日本、韩国、中国 3 个东亚国家策划并召开了"环境专家交流研究会"（于首尔，约 30 人）。今年 9 月，预计在印度阿格拉召开第 5 届会议（APNEC 5）。

这套 NGO 版的《亚洲环境情况报告》丛书的编辑和发行，是基于上述从 20 世纪 90 年代初开始的日本环境会议（JEC）而整理的，我们把它当作是建立亚洲地区独立的"环境合作网络"不可缺少的基础，我们会继续努力整理发行该丛书。在创刊号中已经提出，"全球环境保护从亚洲开始"，这蕴涵了我们的共同思想。本书是继创刊号后的该套丛书第二卷，为了亚洲地区的环境保护，甚至是全球的环境保护。我们衷心希望该套丛书能供大家灵活使用。

但是，仔细想想，3 年前的创刊号几乎差点夭折，该套丛书的编辑发行在卷末列了《编辑・执笔・合作者一览表》，可以看到，跨领域的所有成员总共 80 名左右，正是依靠他们的意志和合作，该套丛书才能出版发行。在此期间，作为整个编辑办公室的负责人，我首先思考的是，应该怎样整理好这么多成员的意向，之后通过反复调整，加上大家的齐心努力，终于拿出了创刊号这个"共同作品"。这次的第二卷，在卷末也列了《编辑・执笔・合作者一览表》，相比创刊时期，得到了更多人的支持，终于完成了本书。由于编辑办公室的水平不够，给大家增添了很多麻烦。但是，通过全体成员的共同努力，终于克服了所有困难。在此我们深表谢意！

最后，感谢从创刊一开始就承担本套丛书出版工作的东洋经济新报社和该社的小岛信一先生和本书的新担当者井坂康志先生。另外，感谢丰田财团提供的宝贵资金以出版本套丛书及其英文版，还解决了我们为继续推进有关一系列活动所需的资金。还要感谢环境事业团的"地球环境基金"支持我们的活动和"消费生活研究所"对于研究的合作。

在此，还要感谢给予我们研究项目以有力支持的"地球环境战略研究机构（IGES）"的领导人和相关研究成员们。今后若能继续得到各位人士的援助与合作，备感荣幸。

2000 年 9 月

编辑事务局 寺西俊一